中国石油大学(华东)"211工程"建设
重点资助系列学术专著

复杂油气藏物理-化学强化开采
工程技术研究与实践丛书

卷五

致密砂岩油藏水平井/直井联合注采整体压裂优化技术

THE OVERALL FRACTURING OPTIMIZATION TECHNOLOGY OF JOINT INJECTION-PRODUCTION WELL SPACING OF HORIZONTAL AND VERTICAL WELLS IN THE TIGHT SANDSTONE OIL RESERVOIR

蒲春生　石道涵　何举涛　张　兵　著

图书在版编目(CIP)数据

致密砂岩油藏水平井/直井联合注采整体压裂优化技术/蒲春生等著. —东营：中国石油大学出版社，2015.12

(复杂油气藏物理-化学强化开采工程技术研究与实践丛书；5)

ISBN 978-7-5636-4963-1

Ⅰ.①致… Ⅱ.①蒲… Ⅲ.①致密砂岩—砂岩油气藏—水平井—注采系统—压裂—技术 ②致密砂岩—砂岩油气藏—直井—注采系统—压裂—技术 Ⅳ.①TE357

中国版本图书馆 CIP 数据核字(2015)第 313850 号

书　　名：致密砂岩油藏水平井/直井联合注采整体压裂优化技术

作　　者：蒲春生　石道涵　何举涛　张　兵

责任编辑：袁超红(电话 0532—86981532)

封面设计：悟本设计

出 版 者：中国石油大学出版社(山东 东营　邮编 257061)

网　　址：http://www.uppbook.com.cn

电子信箱：shiyoujiaoyu@126.com

印 刷 者：山东临沂新华印刷物流集团有限责任公司

发 行 者：中国石油大学出版社(电话 0532—86981531,86983437)

开　　本：185 mm×260 mm　印张:9.75　插页:24　字数:260 千字

版　　次：2015 年 12 月第 1 版第 1 次印刷

定　　价：65.00 元

总序

"211工程"于1995年经国务院批准正式启动,是新中国成立以来由国家立项的高等教育领域规模最大、层次最高的工程,是国家面对世纪之交的国内国际形势而做出的高等教育发展的重大决策。"211工程"抓住学科建设、师资队伍建设等决定高校水平提升的核心内容,通过重点突破带动高校整体发展,探索了一条高水平大学建设的成功之路。经过17年的实施建设,"211工程"取得了显著成效,带动了我国高等教育整体教育质量、科学研究、管理水平和办学效益的提高,初步奠定了我国建设若干所具有世界先进水平的一流大学的基础。

1997年,中国石油大学跻身"211工程"重点建设高校行列,学校建设高水平大学面临着重大历史机遇。在"九五""十五""十一五"三期"211工程"建设过程中,学校始终围绕提升学校水平这个核心,以面向石油石化工业重大需求为使命,以实现国家油气资源创新平台重点突破为目标,以提升重点学科水平,打造学术领军人物和学术带头人,培养国际化、创新型人才为根本,坚持有所为、有所不为,以优势带整体,以特色促水平,学校核心竞争力显著增强,办学水平和综合实力明显提高,为建设石油学科国际一流的高水平研究型大学打下良好的基础。经过"211工程"建设,学校石油石化特色更加鲜明,学科优势更加突出,"优势学科创新平台"建设顺利,5个国家重点学科、2个国家重点(培育)学科处于国内领先、国际先进水平。根据ESI 2012年3月更新的数据,我校工程学和化学2个学科领域首次进入ESI世界排名,体现了学校石油石化主干学科实力和水平的明显提升。高水平师资队伍建设取得实质性进展,培养汇聚了两院院士、长江学者特聘教授、国家杰出青年基金获得者、国家"千人计划"和"百千万人才工程"入选者等一批高层次人才队伍,为学校未来发展提供了人才保证。科技创新能力大幅提升,高层次项目、高水平成果不断涌现,年到位科研经费突破4亿元,初步建立起石油特色鲜明的科技创新体系,成为国家科技创新体系的重要组成部分。创新人才培养能力不断提高,开展"卓越工程师教育培养计划"和拔尖创新人才培育特区,积极探索国际化人才的培养,深化研究生培养机制改革,初步构建了与创新人才培养相适应的创新人才培养模式和研究生培养机制。公共服务支撑体系建设不断完善,建成了先进、高效、快捷的公共服务体系,学校办学的软硬件条件显著改善,有力保障了教学、科研以及管理水平的提升。

17年来的"211工程"建设轨迹成为学校发展的重要线索和标志。"211工程"建设所取得的经验成为学校办学的宝贵财富。一是必须要坚持有所为、有所不为,通过强化特色、突出优势,率先从某几个学科领域突破,努力实现石油学科国际一流的发展目标。二是必须坚持滚动发展、整体提高,通过以重点带动整体,进一步扩大优势,协同发展,不断提高整体竞争力。三是必须坚持健全机制、搭建平台,通过完善"联合、开放、共享、竞争、流动"的学科运行机制和以项目为平台的各项建设机制,加强统筹规划、集中资源力量、整合人才队伍,优化各项建设环节和工作制度,保证各项工作的高效有序开展。四是必须坚持凝聚人才、形成合力,通过推进"211工程"建设任务和学校各项事业发展,培养和凝聚大批优秀人才,锻炼形成一支甘于奉献、勇于创新的队伍,各学院、学科和各有关部门协调一致、团结合作,在全校形成强大合力,切实保证各项建设任务的顺利实施。这些经验是在学校"211工程"建设的长期实践中形成的,今后必须要更好地继承和发扬,进一步推动高水平研究型大学的建设和发展。

为更好地总结"211工程"建设的成功经验,充分展示"211工程"建设的丰富成果,学校自2008年开始设立专项资金,资助出版与"211工程"建设有关的系列学术专著,专款资助石大优秀学者以科研成果为基础的优秀学术专著的出版,分门别类地介绍和展示学科建设、科技创新和人才培养等方面的成果和经验。相信这套丛书能够从不同的侧面、从多个角度和方向,进一步传承先进的科学研究成果和学术思想,展示我校"211工程"建设的巨大成绩和发展思路,从而对扩大我校在社会上的影响,提高学校学术声誉,推进我校今后的"211工程"建设发挥重要而独特的贡献和作用。

最后,感谢广大学者为学校"211工程"建设付出的辛勤劳动和巨大努力,感谢专著作者孜孜不倦地整理总结各项研究成果,为学术事业、为学校和师生留下宝贵的创新成果和学术精神。

中国石油大学(华东)校长

2012年9月

序 一

在世界经济发展和国内经济保持较快增长的背景下，我国石油需求持续大幅度上升。2014年我国石油消费量达到5.08×10^8 t，国内原油产量为2.1×10^8 t，对外依存度接近60%，预计未来还将呈现上升态势，国家石油战略安全的重要性愈加凸显。

经过几十年的勘探开发，国内各大油田相继进入开采中后期，新发现并投入开发的油田绝大多数属于低渗、特低渗、致密、稠油、超稠油、异常应力、高温高压、海洋等难动用复杂油气藏，储层类型多、物性差，地质条件复杂，地理环境恶劣，开发技术难度极大。多年来，蒲春生教授率领课题组在异常应力构造油藏、致密砂岩油藏、裂缝性特低渗油藏、深层高温高压气藏和薄层疏松砂岩稠油油藏等复杂油气藏物理-化学强化开采理论与技术方面进行了大量研究工作，取得了丰富的创新性成果，并在生产实践中取得了良好的应用效果。尤其在异常应力构造油藏大段泥页岩井壁失稳与多套压力系统储层伤害物理-化学协同控制机制、致密砂岩油藏水平井纺锤形分段多簇体积压裂、水平井/直井联合注采井网渗流特征物理与数值模拟优化决策、深层高温高压气藏多级脉冲燃爆诱导大型水力缝网体积压裂动力学理论与工艺技术、裂缝性特低渗油藏注水开发中后期基于流动单元/能量厚度协同作用理论的储层精细评价技术和裂缝性水窜水淹微观动力学机理与自适应深部整体调控技术、薄层疏松砂岩稠油油藏注蒸汽热力开采“降黏-防汽窜-防砂”一体化动力学理论与配套工程技术等方面的研究成果具有原创性。在此基础上，将多年科研实践成果进行了系统梳理与总结凝练，同时全面吸收相关技术领域的知识精华与矿场实践经验，形成了这部《复杂油气藏物理-化学强化开采工程技术研究与实践丛书》。

该丛书理论与实践紧密结合，重点论述了涉及异常应力构造油藏大段泥页岩井壁稳定与多套压力系统储层保护问题、致密砂岩油藏储层改造与注采井网优化问题、裂缝性特低渗油藏水窜水淹有效调控问题、薄层疏松砂岩稠油油藏高效热采与有效防砂协调问题等关键工程技术的系列研究成果，其内容涵盖储层基本特征分析、制约瓶颈剖析、技术对策适应性评价、系统工艺设计、施工参数优化、矿场应用实例分析等方面，是从事油气田开发工程的科学研究工作者、工程技术人员和大专院校相关专业师生很好的参考书。同时，该丛书的出版也必将对同类复杂油气藏的高效开发具有重要的指导和借鉴意义。

中国科学院院士

2015 年 10 月

序　二

随着常规石油资源的减少，低渗、特低渗、稠油、超稠油、致密以及异常应力构造、高温高压等复杂难动用油气藏逐步成为我国石油工业的重要接替储量，但此类油气藏开发难度大且成本高，同时油田的高效开发与生态环境协调可持续发展的压力越来越大，现有的常规强化开采技术已不能完全满足这些难动用油气资源高效开发的需要。将现有常规采油技术和物理法采油相结合，探索提高复杂油气藏开发效果的新方法和新技术，对促进我国难动用油气藏单井产能和整体采收率的提高具有十分重要的理论与实践意义。

自20世纪90年代以来，蒲春生教授带领科研团队基于陕甘宁、四川、塔里木、吐哈、准噶尔等西部油气田地理条件恶劣、生态环境脆弱以及油气藏地质条件复杂的具体情况，建立了国内唯一一个专门从事物理法和物理-化学复合法强化采油理论与技术研究的“油气田特种增产技术实验室”。2002年，“油气田特种增产技术实验室”被批准为“陕西省油气田特种增产技术重点实验室”。2006年，开始筹建中国石油大学(华东)油气田开发工程国家重点学科下的“复杂油气开采物理-生态化学技术与工程研究中心”。经过多年的科学研究与工程实践，该科研团队在复杂油气藏强化开采理论研究和工程实践上取得了一系列特色鲜明的研究成果，尤其在异常应力构造大段泥页岩井壁稳定防控机制与储层伤害液固耦合微观作用机制、致密砂岩储层分段多簇体积压裂、水平井与直井组合井网下的渗流传导规律及体积压裂裂缝形态的优化决策、深层高温高压气藏多级脉冲深穿透燃爆诱导体积压裂裂缝延伸动态响应机制、裂缝性特低渗储层裂缝尺度动态表征与缝内自适应深部调控技术、薄层疏松砂岩稠油油藏注蒸汽热力开采综合提效配套技术等方面获得重要突破，并在生产实践中取得了显著效果。

在此基础上，他们将多年科研实践成果进行系统梳理与总结凝练，并吸收相关技术领域的知识精华与矿场实践经验，写作了这部《复杂油气藏物理-化学强化开采工程技术研究与实践丛书》，可为复杂油气藏开发领域的研究人员和工程技术人员提供重要参考。这部丛书的出版将会积极推动复杂油气藏物理-化学复合开采理论与技术的发展，对我国复杂油气资源高效开发具有重要的社会意义和经济意义。

中国工程院院士

韩大匡

2015 年 10 月

PREFACE 前言

随着我国陆上主力常规油气资源逐渐进入开发中后期，复杂油气资源的高效开发对于维持我国石油工业稳定发展、保障石油供应平衡、支撑国家经济可持续发展、维护国家战略安全均具有重要意义。异常应力构造储层、致密砂岩储层、裂缝性特低渗储层、深层高温高压储层、薄层疏松砂岩稠油储层是近年来逐步投入规模开发的几类重要复杂油气资源。在这些油藏的钻井、储层改造、井网布置、水驱控制、高效开发等各环节均存在突出的技术制约，主要体现在异常应力构造储层的井壁稳定与储层保护问题、致密砂岩储层的储层改造与井网优化问题、裂缝性特低渗储层的水驱有效调控问题、疏松砂岩储层的高效热采与有效防砂协调问题等。由于这些复杂油气藏自身的特殊性，一些常规开发技术方法和工艺手段的应用受到了不同程度的限制，而新兴的物理-化学复合方法在该类储层开发中体现出较强的适用性。由此，突破常规技术开发瓶颈，系统梳理物理-化学复合开发技术，完善矿场施工配套工艺等，对于提高复杂油气资源开发的效率和效益具有十分重要的意义。

基于上述复杂油气藏的地质特点和开发特征，将现有常规采油技术与物理法采油相结合，探索提高复杂油气藏开发水平的新思路与新方法，必将有效地促进上述几类典型难动用油气藏单井产量与采收率的提高，减少油层伤害与环境污染，提高整体经济效益和社会效益。1987 年以来，作者所带领的科研团队一直致力于储层液/固体系微观动力学、储层波动力学、储层伤害孔隙堵塞预测诊断与评价、裂缝性水窜通道自适应调控、高能气体压裂强化采油、稠油高效开发等复杂油气藏物理-化学强化开采基本理论与工程应用方面的研究工作。在理论研究取得重要认识的基础上，逐步形成了异常应力构造泥页岩井壁稳定、储层伤害评价诊断与防治、致密砂岩油藏水平井/直井复合井网开发、深层高温高压气藏多级脉冲燃爆诱导大型水力缝网体积压裂、裂缝性特低渗油藏水窜水淹自适应深部整体调控、薄层疏松砂岩稠油油藏注蒸汽热力开采“降黏-防汽窜-防砂”一体化等多项创新性配套工程技术成果，并逐步在矿场实践中获得成功应用。特别是近十年来，项目组的研究工作被列入了国家西部开发科技行动计划重大科技攻关课题“陕甘宁盆地特低渗油田高效开发与水资源可持续发展关键技术研究(2005BA901A13)”、国家科技重大专项课题“大型油气田及煤层气开发(2008ZX05009)”、国家863计划重大导向课题“超大功率超声波油井增油技术及其装置研究(2007AA06Z227)”、国家973计划课题“中国高效气藏成藏理论与低效气藏高效开发基础研究”三级专题“气藏气/液/固体系微观动力学特征(2001CB20910704)”、国家自然科学基金课题“油井燃爆压裂中毒性气体生成与传播规律研究(50774091)”、教育部重点科技攻关项目“振动-化学复合增产技术研究(205158)”、中国石油天然气集团公司中青年创新基金项目“低渗油田大功率弹性波层内叠合造缝与增渗关键技术研究(05E7038)”、中国石油天然气股份公司风险创新基金项目“电磁采油系列装置研究与现场试验(2002DB-23)”、陕西省重大科技攻关专项计划项目“陕北地区特低渗油田保水开采提高采收率关键技术研究(2006KZ01-G2)”和陕西省高等学校重大科技攻关项目“陕北地区低渗油田物理-化学复合增产与提高采收率技术研究(2005JS04)”，以及大庆、胜利、吐哈、长庆、延长、辽河、大港、塔里木、吉林、中原等石油企业的科技攻关项目和技术服务项目，使相关研究与现场试验工作取得了重要进展，获得了良好的经济效益与社会效益。在作者及合作者近30年研究工作积累的基础上，结合前人有关的研究工作，总结撰写出《复杂油气藏物理-化学强化开采工程技术研究与实践丛书》。在作者多年的研究工作和本丛书的撰写过程中，自始至终得到了郭尚平院士、王德民院士、韩大匡院士、戴金星院士、罗平亚院士、袁士义院士、李佩成院士、张绍槐教授、葛家理教授、张琪教授、李仕伦教授、陈月明教授、赵福麟教授等前辈们的热心指导与无私帮助，并得到了中国石油大庆油田、辽河油田、大港油田、新疆油田、塔里木油田、吐哈油田、长庆油田，中国石化胜利油田、中原油田，中海油渤海油田，以及延长石油集团等企业的精诚协作与鼎力支持，在此特向他们致以崇高的敬意和由衷的感谢。

本书为丛书的第五卷，全面系统地介绍了鄂尔多斯盆地致密砂岩油藏成藏背景、储层渗流特征、水平井/直井联合井网开发模式、水平井分段压裂的基本理论和关键技术。

近年来，随着北美致密油资源的大规模成功开采，此类以往被忽视的非常规石油资源已经成为各国石油工业争相介入的热点领域。我国致密油分布广泛，资源丰富，总资源量达$(110\sim135)\times10^8$ t，主要分布在鄂尔多斯、四川、松辽、渤海湾、准噶尔等盆地，其中鄂尔多斯盆地延长组油藏属于典型的致密砂岩油藏，致密油资源量达61.8×10^8 t，已成为我国石油工业重要接替力量。水平井体积压裂技术作为近年发展起来的新技术，最早应用于美国页岩气藏。所谓体积压裂，是指在水力压裂过程中使天然裂缝不断扩张和脆性岩石产生剪切滑移，实现对天然裂缝、岩石层理的沟通，以及在主裂缝的侧向强制形成次生裂缝，并在次生裂缝上继续分支形成二级次生裂缝，以此类推，形成天然裂缝与人工裂缝相互交错的裂缝网络，增大渗流面积及导流能力，提高初始产量和最终采收率。

作者带领科研团队以鄂尔多斯盆地储层为例，在致密砂岩油藏水平井体积压裂技术方面开展了大量研究工作，并在以下方面取得了一些重要进展：

(1) 制定了体积压裂可行性评价标准及评价方法，并利用此方法对鄂尔多斯盆地致密砂岩储层从岩石物性、脆性指数、裂缝发育状况和地应力条件四个方面进行研究，表明了鄂尔多斯盆地致密砂岩油藏可以实现体积压裂。

(2) 建立了裂缝参数可调的模拟水平井体积压裂的电模拟物理模型，揭示了相应的油水渗流机制，明确了分段纺锤形裂缝为致密砂岩油藏体积压裂裂缝几何参数的优化方向，并经数值模拟验证了该模拟方法的合理可靠性。

(3) 借助数值模拟技术，优化了鄂尔多斯致密砂岩油藏不同井网下的最佳体积压裂裂缝参数。借助 Meyer 压裂设计软件，对影响致密砂岩油藏体积压裂的地质及施工参数进行了定量分析，并优化了鄂尔多斯致密砂岩油藏体积压裂的前置液液量、排量及砂比等施工参数。

(4) 建立了致密砂岩油藏经济效益评价模型，利用该模型验证了水平井的预计投资回报期较短，经济效益较好。

(5) 给出了 5 口水平井分段多簇体积压裂的方案和措施效果分析，评价了优化后的缝网参数的作用效果。

全书共分 8 章。第 1 章概述致密砂岩油藏、水平井体积压裂技术及水电模拟实验等的概念、发展研究和应用状况，以及致密砂岩油藏的主要开发技术与难点；第 2 章简述致密砂岩油藏的储层地质特征，主要包含储层构造特征、沉积背景、沉积微相、储层物性及其渗流特征等；第 3 章分析致密砂岩油藏水平井体积压裂可行性，从岩石力学特征、储层天然裂缝发育状况、地应力条件等角度对鄂尔多斯盆地致密砂岩油藏体积压裂可行性进行定性评价，并在筛选出综合评价体积压裂可行性指标的基础上对体积压裂可行性进行定量综合评价；第 4 章根据水电相似原理建立考虑天然裂缝的电模拟实验模型，研究致密砂岩储层及近井区域的压力分布特征，并分析体积压裂水平井产能的影响因素；第 5 章结合矿场实际数据，运用油藏数值模拟方法，模拟不同水平段长度、不同注采井网下裂缝几何参数对致密砂岩油藏压裂水平井产能的影响；第 6 章分析体积压裂的主控因素，通过 Meyer 软件优化水平井体积压裂的具体工艺参数；第 7 章介绍矿场常用水平井分段压裂工艺，分析矿场试验案例，并建立水平井分段压裂经济评价模型；第 8 章阐述致密砂岩油藏水平井开采理论与技术展望。

本书可供从事油气田开发工程、石油开发地质等方面工作的科研工作者和工程技术人员参考，也可以作为相关专业领域的博士、硕士研究生和高年级大学生的参考教材。

本书内容主要基于作者及所领导的科研团队取得的研究成果，同时也参考了近年来国内外同行专家在这一领域公开出版或发表的相关研究成果，相关参考资料已列入参考文献之中，特做此说明，并对这些资料的作者致以诚挚的谢意。

中国石油大学(华东)油气田开发工程国家重点学科“211 工程”建设计划、985 创新平台建设计划和中国石油大学出版社对本书的出版给予了大力支持和帮助,在此表示衷心的感谢。本书的出版还得到了国家出版基金和中国石油大学(华东)“211 工程”建设学术著作出版基金的支持,在此一并表示感谢。

目前,致密砂岩油藏水平井体积压裂技术在诸多方面仍处于研究发展阶段,加之作者水平有限和经验不足,书中难免有不少缺点和错误,欢迎同行和专家提出宝贵意见。

作 者

2015 年 8 月

CONTENTS | 目 录

第 1 章　绪　论 ………………………………………………………………… 1

1.1　致密砂岩油藏简述 ………………………………………………………… 1
1.2　致密砂岩油藏研究现状 …………………………………………………… 3
1.2.1　压裂水平井渗流机理研究现状 ……………………………………… 3
1.2.2　裂缝参数对水平井产能影响敏感性研究现状 ……………………… 4
1.2.3　水平井体积压裂技术研究现状 ……………………………………… 5
1.2.4　水平井体积压裂技术在致密砂岩储层中的应用 …………………… 6
1.2.5　水平井开发水电实验模拟研究 ……………………………………… 7
1.3　致密砂岩油藏主要开发技术及难点 ……………………………………… 7
1.3.1　开发技术 ……………………………………………………………… 7
1.3.2　开发难点 ……………………………………………………………… 9
1.4　本书主要研究成果及矿场实践 …………………………………………… 10

第 2 章　致密砂岩油藏储层地质特征 ………………………………………… 12

2.1　致密砂岩油藏区域构造背景 ……………………………………………… 12
2.2　致密砂岩油藏区域沉积背景 ……………………………………………… 14
2.2.1　沉积背景 ……………………………………………………………… 15
2.2.2　成藏特征 ……………………………………………………………… 15
2.2.3　地层划分 ……………………………………………………………… 17
2.3　致密砂岩油藏储层沉积微相 ……………………………………………… 20
2.3.1　沉积相特征及其相标志 ……………………………………………… 21
2.3.2　相剖面分析 …………………………………………………………… 24
2.3.3　平面微相分布规律 …………………………………………………… 24
2.3.4　沉积微相对油田注水开发的影响 …………………………………… 26

2.4 致密砂岩油藏储层物性特征 …… 32
2.4.1 岩石学特征 …… 32
2.4.2 孔隙特征 …… 34
2.4.3 油藏和流体物性 …… 40
2.5 致密砂岩油藏储层渗流特征 …… 40

第 3 章 致密砂岩油藏水平井体积压裂可压性评价 …… 42

3.1 储层岩石力学特征 …… 42
3.2 储层天然裂缝发育状况 …… 45
3.3 体积压裂所需地应力条件 …… 46
3.4 致密砂岩油藏体积压裂可行性综合评价 …… 48
3.4.1 体积压裂可行性评价指标及评价标准的确定 …… 48
3.4.2 体积压裂可行性评价指标——层次分析法确定权重 …… 49
3.4.3 致密砂岩油藏体积压裂可行性评价结果 …… 52
3.5 小 结 …… 53

第 4 章 致密砂岩油藏水平井体积压裂渗流特征 …… 54

4.1 致密砂岩油藏多裂缝水平井渗流特征电模拟实验装置及方法 …… 54
4.1.1 电模拟实验装置 …… 55
4.1.2 水电相似原理及模型参数确定 …… 56
4.1.3 实验准备及步骤 …… 57
4.2 分段射孔水平井渗流规律实验 …… 60
4.3 等长分段多簇裂缝渗流规律分析 …… 60
4.4 纺锤形分段多簇裂缝渗流规律分析 …… 61
4.5 传统压裂与分段多簇压裂水平井渗流规律对比 …… 61
4.6 小 结 …… 62

第 5 章 致密砂岩油藏水平井体积压裂裂缝参数优化 …… 64

5.1 模型建立与方案设计 …… 64
5.1.1 油藏及流体参数 …… 64
5.1.2 模型尺寸 …… 64
5.1.3 裂缝几何参数优化方案设计 …… 66
5.2 裂缝几何参数优化结果及讨论 …… 69
5.2.1 五点井网 800 m 水平段模型 …… 69
5.2.2 五点井网 1 500 m 水平段模型 …… 76
5.2.3 七点井网 1 500 m 水平段模型 …… 83
5.3 小 结 …… 90

第 6 章　致密砂岩油藏水平井体积压裂工艺参数优化 …… 92

6.1　改造体积计算方法及主控因素研究 …… 92

6.1.1　体积压裂改造体积计算方法分析 …… 92

6.1.2　储层体积压裂改造体积计算方法 …… 94

6.1.3　体积压裂改造体积影响因素分析 …… 95

6.2　体积压裂施工参数优化研究 …… 100

6.2.1　前置液液量优化 …… 101

6.2.2　排量优化 …… 103

6.2.3　砂比优化 …… 104

6.3　小　结 …… 105

第 7 章　致密砂岩油藏水平井体积压裂工艺技术及矿场试验 …… 106

7.1　体积压裂主体工艺技术 …… 106

7.1.1　水力喷射分段多簇压裂工艺 …… 106

7.1.2　水力泵注桥塞分段多簇压裂工艺 …… 108

7.2　矿场试验分析 …… 109

7.2.1　对比井分析 …… 109

7.2.2　优化井分析 …… 116

7.3　试验效果对比 …… 120

7.4　经济效益评价 …… 120

第 8 章　致密砂岩油藏水平井开采理论与技术展望 …… 123

8.1　致密砂岩油藏水平井压裂技术存在的主要问题 …… 123

8.2　致密砂岩油藏水平井压裂技术发展趋势 …… 124

参考文献 …… 127

第1章 绪 论

随着北美致密油资源的大规模成功开采，此类以往被忽视的非常规石油资源已成为各国石油工业争相介入的热点领域。致密砂岩油藏是指覆压基质渗透率小于或等于 $0.1\times10^{-3}\mu m^2$ 的砂岩、灰岩等储层所形成的油气聚集，具有原油大面积连片分布、储层孔喉细小（呈纳米级）、裂缝发育、原油运移距离短、原油物性好等特点[1]，规模开采需要水平井技术结合分段压裂技术才能有经济效益。我国致密砂岩油藏分布广泛，资源丰富，总资源量达 $(110\sim135)\times10^8$ t，主要分布在鄂尔多斯、四川、松辽、渤海湾、准噶尔等盆地，其中鄂尔多斯盆地延长组油藏属于典型的致密砂岩油藏，致密油储量达 61.8×10^8 t[2]。目前，该油藏借鉴国外致密砂岩油藏水平井体积压裂技术，即由人造主裂缝沟通储层中的天然微裂缝并扩张天然裂缝，形成复杂的网状裂缝，扩大单井泄油面积，提高裂缝导流能力，进而提高储层产能[3-4]。应用该技术在鄂尔多斯长 7 致密砂岩油藏进行试验，获得了很好的开发效果。但该油藏与北美同类油藏相比存在不同之处（油藏压力系数较低、脆性指数相对较小），开发难度大，照搬国外的理论和技术难以实现大规模有效开发[5-15]，因此对于体积压裂技术在致密砂岩油藏中的应用还需要进一步深入探讨[16-20,226]。当前，此方面的理论研究十分欠缺，本书将通过电模拟实验以及油藏数值模拟研究，得到致密砂岩油藏水平井体积压裂渗流特征和不同水平段长度、不同注采井网下的水平井压裂裂缝几何参数及施工参数，为该类油藏水平井体积压裂开发提供理论指导和技术支持[239,241]。

1.1 致密砂岩油藏简述

目前，国内外对致密砂岩油藏的讨论较少，美国一般将渗透率小于 $10\times10^{-3}\mu m^2$ 的油藏称为低渗透油藏或致密砂岩油藏。前苏联将低渗透油藏的上限定为 $50\times10^{-3}\mu m^2$，并将渗透率为 $(0.01\sim0.1)\times10^{-3}\mu m^2$ 的储层定义为致密层[21]。2011 年颁布的中华人民共和国石油天然气行业标准《油气储层评价方法》(SY/T 6285—2011)同样将低渗透碎屑岩储层的渗透率上限定为 $50\times10^{-3}\mu m^2$、下限定为 $10\times10^{-3}\mu m^2$，并将 $(1\sim10)\times10^{-3}\mu m^2$ 的储层定义为特低渗储层，将小于 $1\times10^{-3}\mu m^2$ 的储层定义为超低渗储层。赵靖舟根据对鄂尔多斯盆地中生界油藏储层的研究，将小于 $0.1\times10^{-3}\mu m^2$ 的低渗透储层定义为致密储层。

我国目前流行的储层判定方法大多沿用了前苏联的低渗透储层界限。然而，随着石油开采技术的进步及油气成藏理论的深化发展，原先被认定为低渗透的储层已成为常规储层。鉴于此，胡文瑞提出了一种新的低渗透储层划分标准，将渗透率为(1～10)$\times10^{-3}\mu m^2$ 的储层称为一般低渗透储层，渗透率为(0.1～1)$\times10^{-3}\mu m^2$ 的储层称为特低渗透储层。

对于致密层，我国以往多将其理解为无法获得工业油气流的非储层或非有效厚度层，因而许多有关低渗透储层的分类要么不包括致密层，要么将其渗透率上限定得很低(大多认为其渗透率在 0.1$\times10^{-3}\mu m^2$ 以下)。实际上，致密层在国外特别是美国普遍被作为非常规储层对待并早已从中生产，而且美国政府为了鼓励对这类油气的勘探开发还制定了相应的税收优惠政策。到目前为止，致密层已在国际上被广泛作为一种非常规油气储层对待。之所以对致密层会产生不同的理解，是因为我国学者以往所称的致密层与国际上广泛接受的致密层概念并不相同。国外将致密层渗透率上限一般定为 0.1$\times10^{-3}\mu m^2$，但指的是地层条件下的渗透率，而且多指的是致密气层[22]。

致密油则直到最近才引起关注，对其概念的讨论几乎还是空白。根据对国内外致密油储层的调研结果，结合对鄂尔多斯盆地致密油藏储层特征和成藏研究认识，本书中将致密油藏定义为储层致密的油藏。致密油藏主要包括致密砂岩油藏和致密碳酸盐岩油藏两大类型。我国主要含致密油盆地分布、储层特征及资源量见表 1-1。

表 1-1 我国主要含致密油盆地分布、储层特征及资源量

含油盆地	含油层系	储层类型	孔隙度/%	渗透率/($\times10^{-3}\mu m^2$)	预测资源量/($\times10^8$ t)
鄂尔多斯盆地	延长组长 6～长 8 段	粉细砂岩	2～12	0.01～1	19.9
四川盆地	侏罗系	粉细砂岩、介壳灰岩、泥质灰岩	2～7	0.000 1～1	10.7
塔里木盆地	志留系	致密砂岩	7～10	0.02～1	15.9
三塘湖盆地	芦草沟组	白云岩、灰岩、黑色泥岩	3～13	0.1～1	5.6
吐哈盆地	侏罗系	粉细砂岩	4～10	＜1	1～1.5
酒西盆地	白垩系	粉砂岩、碳酸盐岩	5～10	＜0.1	1.8～2.3
柴达木盆地	干柴沟组	泥灰岩、藻灰岩、粉砂岩	5～8	＜1	4～5
松辽盆地	青山口组青一段	泥岩裂缝	2～15	0.6～1	1.8～4.4
	高台子油层高三、高四段	致密砂岩			4
	扶杨油层				＞10
准噶尔盆地	芦草沟组	白云石化岩类	3～10	＜1	13.17
	平地泉组				7.48
	风城组				8.35
渤海湾盆地	沙河街组一段	湖相白云岩	5～10	0.2～1	3.8～4.5
	沙河街组三、四段	致密砂岩			6～7.5

1.2 致密砂岩油藏研究现状

近几年发展起来的水平井体积压裂技术最早是应用于美国页岩气藏。体积压裂是在水力压裂过程中使天然裂缝不断扩张和脆性岩石产生剪切滑移，实现对天然裂缝、岩石层理的沟通，以及在主裂缝的侧向强制形成次生裂缝，并在次生裂缝上继续分支形成二级次生裂缝，以此类推，形成天然裂缝与人工裂缝相互交错的裂缝网络[23-28]，从而将可以进行渗流的有效储层打碎，实现长、宽、高三维方向的全面改造，增大渗流面积及导流能力，提高初始产量和最终采收率。目前，该技术在北美致密砂岩油藏及致密页岩气藏均得到了推广应用，获得了理想的产量，我国长庆油田也开始引进体积压裂技术，取得了预期的矿场开发效果[29-34]。

在矿场实践方面，国内外均做了大量工作。目前，北美是致密油资源开发最多和最成功的地区。美国致密油主要开发区块分布在北部落基山地区 Bakken 和南部 Eagle Ford，目前开发效果最好的是 Bakken 油藏。

Bakken 致密油藏埋深 2 590～3 200 m，含油面积 7×10^4 km^2，资源量达 566×10^8 t，可采资源量 68×10^8 t。Bakken 致密油储层以白云质粉砂岩、生物碎屑砂岩、钙质粉砂岩为主，单层厚 5～10 m，累计厚度达 55 m；孔隙类型主要为粒间孔和溶蚀孔，孔隙度为 5%～13%，渗透率为(0.1～1.0)$\times10^{-3}$ μm^2；压力系数为 1.2～1.5；紧邻致密油储层上下发育 2 套优质泥页岩，厚 5～12 m，有机碳含量 *TOC* 为 10%～14%，镜质体反射率 R_o 为 0.6%～0.9%，生烃能力强。

随着北美致密油资源的成功开发，我国也加快了致密油资源的勘探开发和研究步伐。我国在致密油勘探方面虽然起步较晚，但已经有良好开端：鄂尔多斯盆地在西 233、安 83 开展长 7 段致密油试验攻关并取得突破，单井产量达 10.0 t/d 以上，最高超过 20 t/d[35-36]；四川盆地侏罗系致密油储层 146 口井累计产量超过万吨[37]；松辽盆地最早在大安构造大 4 井青山口组泥岩内获油产量 2.66 t/d，南部新北油田泥岩裂缝型油藏 10 余年累计产油超过 3×10^4 t[38]；渤海湾盆地济阳坳陷内已有 320 多口井见泥质岩油气显示，30 多口井试油获油气流，单井最高产量 110 t/d[39]。2013 年，中石油在长庆、吉林、新疆油田建立了 3 个致密油规模效益开发试验区。

长庆油田致密油勘探开发走在全国前列，形成了以油藏快速评价、超前精细分层注水、井网优化、丛式井钻井、水平井开发、多级加砂压裂、定向射孔多缝压裂、混合水体积压裂等为核心的开发技术系列，成功实现致密油Ⅰ＋Ⅱ类，即(0.3～1.0)$\times10^{-3}$ μm^2 的超低渗透油藏的规模有效开发。

下面简要介绍致密砂岩油藏的勘探与开发及水平井压裂技术的相关研究现状。

1.2.1 压裂水平井渗流机理研究现状

压裂水平井是特低渗透油气藏开发的有效方式之一，对压裂水平井渗流规律的认识则是水平井压裂优化设计、压裂水平井产能计算必需的研究基础[40-57]。国外学者在该方面的研究起步比较早。Thompson 与 Roberts 于 1981 年对低渗透储层中水力压裂垂直井渗流特征进行了研究，认为其椭圆流动体系应该是一个介于线性流与拟径向流动之间的过渡流动体系；1991 年，Riley，Brigham 及 Horne 提出了无限大储层椭圆流动方程的解，随后 Amini，Ilk 以及 Blasingame 于 2007 年提出了椭圆泄油区域压裂直井典型曲线的解。此外，针对压裂垂直井渗流特征的更多研究成果也得到了发表。自从 Rosa 与 Carvalho 于 1988 年第 1 次对多孔介质系统提出利用水平井生产的解决方案之后，针对压裂水平井渗流规律的研究才逐渐开始。Van Kruysdijk 与 Dullaert 于 1989 年提出了基于"边界-要素理论"的解析解，他们的研究表明早期的主要流动体系为线性流，垂直于裂缝面，当不同裂缝的压力变化开始相互干扰时将在晚期产生复合径向流动，最后拟径向流动将会发生，但是在特低渗储层（如页岩气藏）中拟径向流动将不会发生；Ozkan 以及 Brown 等于 2009 年提出了三线性流动方程的解析解，利用理想化双孔介质模型模拟了多压裂裂缝水平井的压力动态特征与生产特征。三线性流方程基于 3 个独立的区域（水力压裂裂缝区、相邻裂缝中间区以及裂缝顶端区），利用压力及流动连续性条件计算不同区域之间的干扰；Mayer 等于 2010 年基于三线性流动方程以及裂缝干扰条件得到了有限导流裂缝压裂水平井的近似解析解。在国内，2010 年吕志凯等分析了温度场和渗流场的相似关系，使用有限元软件 ANSYS 热模块以温度场模拟压裂水平井的渗流场，取得了较好的模拟效果[58]；2010 年程林松等利用流线模拟方法研究了压裂水平井流线分布特征，对低渗透油藏中有井网的压裂水平井复杂渗流规律有了更深入的认识[59]；2014 年才博等对复杂人工裂缝网络系统流体流动进行了耦合研究[60]。

综上所述，目前针对压裂水平井渗流机理研究的主要手段是数学建模和物理模拟方法。数学方法有一定的参考和指导性，但较为复杂，较难求得解析解，且考虑条件过于理想；物理模拟方法具有直观性的优点，可以动态地反映渗流过程，目前此方面研究较少，且研究的主要是常规压裂水平井渗流规律。

1.2.2 裂缝参数对水平井产能影响敏感性研究现状

裂缝几何参数的优化设计是压裂设计最重要的部分之一，是影响水平井产能的直接因素[61-68]。近年来，随着水平井压裂技术的发展，国内外专家学者对压裂裂缝参数的优化及其对产能的影响规律也做了大量的研究。

国外研究人员对水平井压裂设计中的裂缝参数优化进行了广泛而深入的研究，其基本思路都是围绕建立水平井压裂后多条裂缝（或多条天然裂缝）生产产能的解析模型或数值模型，结合压裂经济评价模型，确定水平井压裂的最优生产裂缝参数[69-73,231-234]。Karcher 等论述了具有网状裂缝的油藏中水平井及压裂井拟稳定流动时的产能分析方法，与直井的产能进行了比较，并在 1986 年研制了一个数值模拟器，研究了多条横向裂缝对水平井产能的改善，进行了水平井压开多条具有无限导流能力裂缝的产能研究，给出了稳态下增产倍比的计算模型；Soliman 等研究了无限厚油藏中的一口水平井存在多条具有有限导流能力裂缝的早期产量模型，研究表明高导流能力裂缝可以克服由于水平井周围流线汇集引起的附加压降；Mukherjee 基于稳态流体流动方程提出了预测水平井筒周围压降的方程，以此预测油井产能，对比了压裂后的水平井产量和垂直井产量的比值以及压裂水平井的产量和压裂垂直井在相同条件下产量的比值，并用净现值的概念计算给定条件下需要的裂缝数目；Hegre 结合图表给出了有效井筒半径与裂缝导流能力、裂缝尺寸、井筒半径、裂缝数目、裂缝间距之间的简单关系。

在国内，郎兆新等假设每条裂缝产量相同，应用位势理论和叠加原理，研究了水平井压裂后造成多条裂缝情况下的产量确定办法，得出了产量和生产压降与裂缝长度和裂缝条数的关系；张学文等利用中国石油勘探开发研究院研制的多功能模型对压裂水平井产能及影响因素进行了研究，对压裂水平井裂缝参数进行了优化；周代余结合大位移井压后多缝产能数值模拟和经济评价模型，优选了大位移井的压裂裂缝条数；曲占庆对 Genliang Guo 产能公式进行了修正，并以电模拟实验装置研究了裸眼水平井的产能影响因素，建立了水平井压裂温度场模型，根据实验结果对现场的一口水平井做了详细的施工设计；徐严波综合考虑了裂缝条数、裂缝长度、裂缝间距、裂缝方位角、导流能力等对压裂水平井产量的影响，推导出压裂水平井产量计算公式；张矿生对压裂水平井生产动态数值模拟理论和计算方法进行了深入研究，建立了水平井的三维油水两相渗流模型；通过对不同油藏尺寸、裂缝位置、裂缝几何尺寸的数值模拟，评价了水平井不同生产时间的压后多缝生产动态，根据压裂经济评价模型建立了水平井压裂裂缝条数优化数值模型；郭建春等从裂缝-油藏系统的二维油水两相模型出发，模拟了多条裂缝压裂水平井产能，结合压裂经济评价提出了一套水平井裂缝条数优选模型，并结合水平井压后裂缝形态和生产过程中油气在裂缝中的渗流机理，建立了考虑裂缝干扰的产能计算模型，并进一步分析了压裂水平井产能的影响因素，实现了对压裂水平井裂缝条数、裂缝长度、导流能力、与水平井筒的夹角等方面的优化[74-80,227-230]。

目前对水平井分段压裂裂缝参数的研究主要以数值模拟方法为主，与数学建模的方法相比，油藏数值模拟方法可较好地反映油藏的动态变化，操作简单，比较系统化，优化的裂缝参数主要有裂缝条数、裂缝长度、裂缝导流能力、裂缝与水平段夹角、裂缝的分布等，但目前大多数研究只是考虑单井的情况，针对注采井网内的压裂水平井裂缝参数的研究较少。

1.2.3 水平井体积压裂技术研究现状

1986 年，美国首次在 Barnett 页岩气藏开展大规模的水力压裂，1992 年在 Barnett 气藏完成第一口水平井，通过不断提高的水力压裂技术和工艺加速了 Barnett 气藏的开发。Craig，Fisher 和 Warpinski 等认为压裂后形成的网络裂缝可以通过微地震信号进行关联。虽然目前还没有直接观察到页岩气储层中由于压裂形成的网络裂缝，但根据对岩心和煤层、火山岩压裂后的观察结果，人们推断页岩压裂后也形成了类似的网络裂缝。M. J. Mayerhofer 等于 2006 年研究 Barnett 页岩的微地震技术与压裂裂缝的变化时，第 1 次用到油藏的改造体积（stimulated reservoir volume）这个概念，并研究了不同改造体积与累积产量的关系，以及相应的裂缝间距、导流能力等参数，总结提出了通过增加水平井筒长度、增大施工规模、增加改造段数、转向、多井同步压裂、重复压裂等方式实现增大改造体积、提高采出程度的技术思路。目前，国内外页岩储层的改造大都延续 Barnett 页岩压裂的方法，并在其基础上进行了优化改进。Cipolla 通过分析给出了有利的网络裂缝形态，认为储层改造体积越大，增产效果越明显，储层的改造体积与增产效果具有显著的正相关性，因此通过技术手段提高改造体积就成为页岩压裂增产的关键。Cipolla 还通过定义裂缝复杂性指数（fracture complex index）来描述网络裂缝的有效性，即网络裂缝宽度与长度之比[81-88]。

研究及实践表明，对油气藏进行体积压裂改造需要满足以下条件：

(1) 天然裂缝发育。

(2) 岩石硅质含量高,脆性系数高。岩石在压裂过程中产生剪切破坏,不是形成单一裂缝,而是有利于形成复杂的网状缝,从而大幅度提高裂缝体积。

(3) 敏感性不强,适合大型滑溜水压裂。弱水敏地层有利于提高压裂液用液规模,同时使用滑溜水压裂时由于其黏度低,可以进入天然裂缝中,迫使天然裂缝扩展到更大范围,大大扩大改造体积。

(4) 油气藏储层渗透率越低,次生裂缝网络在产能贡献中的作用越明显,体积压裂改造效果越好,但应不低于 $1\times10^{-5}\ \mu m^2$[89-90]。

1.2.4 水平井体积压裂技术在致密砂岩储层中的应用

水平井体积压裂技术在北美页岩气藏中的成功应用已众所周知。基于其在页岩气藏开发中的显著优势,水平井体积压裂技术已在越来越多的致密油气藏得到应用[91-93,235-238]。

调查研究表明,北美致密油藏的特征主要有以下几点:

(1) 圈闭界限不明显,原油大面积连片分布。致密油富集区不受构造的明显控制,在构造高、低部位和斜坡部位均有分布。

(2) 非浮力聚集,油水分布复杂。

(3) 普遍存在异常高压,裂缝高产,油质轻。

(4) 非达西渗流为主。

(5) 短距离运移为主。压力传播距离短,当递减到无法突破致密储层的毛管阻力时,石油就停止运移。

(6) 纳米级孔喉连通体系为主。在致密储层的基质中,虽然孔喉尺寸进入纳米级,但孔喉系统仍具有连通性,这也是致密油有效聚集的前提条件。

(7) 规模开采需要水平井技术结合分段压裂技术。

正是由于以上特征,2000 年 Bakken 高压致密油藏通过水平井、体积压裂和“工厂化”作业等技术的综合应用,产量才大幅攀升,水平井初始产量达到 35 t/d,致密油产量实现 7 000 t/d;2010 年,美国境内 Bakken 致密油生产井共有 2 362 口,单井产油 10 t/d 以上,年产油 $3\ 000\times10^4$ t 左右[94-95]。目前北美已发现致密油盆地 19 个,主力致密油产层 4 套,采用当前水平井体积压裂技术后预计到 2020 年年产量可以达到 1.5×10^8 t。

我国致密油资源潜力也很大,分布范围广,重点包括鄂尔多斯盆地延长组致密砂岩、四川盆地侏罗系碳酸盐岩、渤海湾盆地沙河街组湖相碳酸盐岩、酒泉盆地白垩系泥灰岩、准噶尔盆地二叠系云质岩等。大致为三种类型:陆相致密砂岩油藏,如鄂尔多斯盆地延长组油藏;湖相碳酸盐岩油藏,如渤海湾盆地歧口凹陷、四川盆地川中地区侏罗系大安寨组油藏;泥灰岩裂缝油藏,如渤海湾盆地济阳坳陷、酒泉盆地青西凹陷油藏[96-105]。其中,鄂尔多斯盆地上三叠统长 7 致密砂岩油藏为主的有效烃源岩面积 $8.5\times10^4\ km^2$,厚度 20～110 m,致密油资源量 61.8×10^8 t,TOC 为 2.0%～20%,R_o 为 0.7%～1.1%。

虽然现场试验获得了良好效果,但与北美不同的是长庆油田致密砂岩储层以陆相沉积为主,且具有压力系数低、脆性指数相对较小等特点[106-109,240,242-245],开发难度更大,体积压裂技术在鄂尔多斯长 7 致密砂岩油藏中的应用不能完全照搬国外技术。目前,国内针对致密砂岩油藏水平井体积压裂技术的研究很少，理论研究已经滞后于现场实践。

1.2.5 水平井开发水电实验模拟研究

基于水电相似原理的电模拟实验是反映储层渗流特征及产能的一种有效的实验方法。贾振岐等依据水电相似原理结合大庆油藏某口水平井的完井情况，建立了水平井电模拟模型，测定了压裂水平井的压力分布并进行了分析对比；陈长春等将电模拟的实验数据与常用的水平井产能公式计算得到的产能进行对比，评价了 6 种水平井产能公式的精度，得到了不同产能公式的应用条件和精度[110]；周德华等对裂缝网络和水平井-直井井网进行了一系列的电模拟实验，研究了裂缝网络与水平井井网的关系，重点考虑了裂缝网络的不同性质(即离散与连通性、密度、方位等)的影响因素，对优化水平井设计和压裂提供了有益的参数[111]；曲占庆等使用电模拟实验的方法研究了水平井压裂过程中裂缝与井筒斜交的情况下水平段井筒附近压力分布、油藏中的压力场形态和影响斜交裂缝产能的部分因素等，并将实验结果与垂直裂缝情况做了对比，评价参数对产能的影响[75-77,112-114]；程林松利用保角变换法、镜像反映原理和势叠加原理推导了菱形反九点井网和直线排状注水方式下水平井-直井联合井网的产能计算公式，并采用电模拟实验手段对所建立的井网产能公式进行了验证和对比[45-47,115-118]。冯金德等为研究天然裂缝发育油藏的渗流特征，利用坐标变换原理设计新的电模拟实验方法，并将天然裂缝表征参数应用到油藏工程研究中，建立求解裂缝各向异性储层渗透率张量的模型，形成了研究裂缝性低渗透砂岩油藏渗流规律和产能评价的新方法。上述研究结果表明：储层中发育的天然裂缝一方面有利于改善储层物性，提高油井产能，另一方面加剧了储层的各向异性，降低井网效率和油井产能；采取水平段垂直裂缝发育方向的布井方式有利于建立优势渗流场和提高单井产能[45,119-120]。何顺利等利用电模拟实验装置对影响压裂水平井产能的部分因素进行了研究，并用电流密度比的概念表征压裂水平井的产能比，其实验结果表明：增大裂缝与水平井井筒的夹角可以增加产能；对具体油藏，存在着最优的无因次长度和裂缝条数；电流比值能够反映压裂水平井的产能大小。因此，利用电模拟实验可直观快捷地实现压裂水平井产能预测[58]。吴晓东根据水电相似原理，设计了压裂水平井的电模拟实验，研究了单井状态下和井网条件下裂缝参数对压裂水平井产能的影响状况及其等压线分布规律。结果表明，压裂水平井存在极限产能；压裂井最优裂缝条数受水平井段长度、裂缝长度、层位是否射开等因素的影响，在不同的井网中，最优裂缝条数也会相应变化。对比不同井型的等压线发现，压裂水平井扩大泄油面积的能力优于普通水平井[121-122,246,248]。

因此，国内外针对压裂直井、复杂井网、分支水平井、压裂水平井等开采方式做了大量的电模拟实验研究[123-142,247,249-250]。

1.3 致密砂岩油藏主要开发技术及难点

1.3.1 开发技术

致密砂岩油藏开发技术包括加密井、水力压裂、水平井、体积压裂等方法，其中水平井体积压裂技术是目前致密砂岩油藏开发技术中研究最多的一种[143-155]。当然，我国致密油藏的开发效果受到地质条件、工程工艺等因素的影响，油井产量相对国外低、递减率相对较快，水平井体积压裂技术作为致密油藏油井产量较高的一种开发方式而受到青睐[210-225]。

• 布井方式：美国、加拿大等的许多油田多采用面积注水方式。如正方形井网、反九点法井网以及菱形井网注水方式，这几种注水方式灵活机动。为了提高采收率，在高孔渗区域采用大井距、小井网密度，而在低渗透致密砂岩区块采用小井距、大井网密度。就目前来说，利用优化井网的方式来提高致密油气藏采收率是一种比较成熟的致密砂岩开发方式，但是在地质情况复杂的情况下应当根据实际的地质情况选择合适的井网，不能盲目布井。

• 压裂技术：低渗透油藏开发中最早使用也是目前最常使用的技术是水力压裂。美国最早将水力压裂技术应用到圣胡安盆地的致密含气砂岩层，到1970年美国全国的年天然气产量达到了 1×10^8 ft^3(1 ft=0.304 8 m)。但许多低渗透储层的水敏、强水锁等特性使之不适合采用水力压裂，因而国外发展起来了 CO_2 加砂压裂技术（又称干式压裂技术），最近又出现了液态 CO_2 井下配置加砂压裂技术和超长水平井技术取代压裂缝技术等，解决了许多低渗透储层水敏、强水锁的难题。

HiWAY流道水力压裂技术是2010年出现的一种新型水力压裂技术。传统水力压裂施工是在压开的裂缝中形成支撑剂充填层，使流体在支撑剂颗粒间的缝隙中流向井筒。通过优选支撑剂颗粒大小和强度可以增强裂缝的导流能力，但无论如何，裂缝的导流能力始终受支撑剂充填层渗流能力的束缚。HiWAY流道水力压裂技术通过在裂缝中形成支撑剂充填塞，让流体通过充填塞之间的流道流向井筒，从而使裂缝具有无限导流能力。自2010年起，HiWAY流道水力压裂技术已经在美国、加拿大、俄罗斯、墨西哥等10个国家的非常规油气开采中得到成功应用，累计压裂级数达5 000多级，平均增产20%以上。最近一次在美国Eagle Ford油田的压裂施工中，该技术使作业区2个月内的产油、气量分别增加43%和61%。据统计，该技术的成功应用已减少用水量约 9.5×10^5 m^3，相当于1 700个家庭1年的用水量；已减少支撑剂使用量 3.4×10^5 t，减少 CO_2 排放量近3 000 t，并使支撑剂的返排率降至0.04%，达到行业领先水平，显示出其在非常规油气开采领域的巨大潜力。流道的产生是HiWAY流道水力压裂技术增产的关键，增产的机理主要表现在4个方面：① 裂缝中的流道使流体的渗流阻力大大减小，裂缝的导流能力不再受支撑剂充填层的约束，从而使其具有无限导流能力；② 相较于传统支撑剂充填层与油藏的孔隙接触，流道与油藏具有更大的接触面积；③ 流道的存在使压裂液的压力损失降低，有利于压出更长的裂缝半长；④ 裂缝的无限导流能力使压裂液的返排更加充分，从而减少了压裂液残渣对裂缝壁面的伤害，此外返排能力的增强也是保证裂缝半长增加的前提。HiWAY流道水力压裂中支撑剂采用的是间歇式浓度脉冲注入方式，脉冲间歇时注入高浓度凝胶压裂液，伴随压裂液注入的一种新型纤维添加物是保证支撑剂段塞从地面注入井底过程中不发生分散，以及在裂缝闭合前流道保持稳定的关键。

• 完井方式：完井方式不同，分段压裂的技术也有差异。美国巴肯组储层开发初期探索应用了各种完井方式，主要为胶结和未胶结套管完井、裸眼完井。目前以裸眼完井为主，封隔器和滑套单缝分段压裂。水平段长度为1 600 m的井，压裂段数从2008年的10段上升到2011年的15～20段；水平段长度为3 200 m的井，压裂段数从2008年的10段上升到2011年的20～40段，最多达47段；段间距从初始的120～170 m缩短为75～100 m。部分应用胶结和未胶结套管完井，泵送桥塞分段压裂，段内分簇射孔压裂，每段分 3～6 簇。加拿大巴肯油区的巴肯组储层控制水平井的水平段长度主要为 800～1 350 m。巴内特组和鹰滩组主要为套管完井，段内分簇压裂；在水平段长度相同时，巴内特组的水平井压裂段数少、段间距大、段内簇数少，同时控制压裂的缝长，段间距为200～250 m，段内为 1～2 簇。

• 压裂液类型和支撑剂用量：美国巴肯组储层开发早期主要采用清水压裂，虽成本低，但压裂半径小；中期采用减阻水力压裂技术，但由于含有凝胶剂，对地层会产生一定的损害；目前主要采用滑溜水或滑溜水和线性胶的复合体系，实现大排量、大砂量、小粒径、低砂比压裂；每口井压裂液和支撑剂用量都在不断上升，目前每段压裂液和支撑剂的用量分别为 1 000～1 500 m^3 和 100～200 t。巴内特组开始采用大体积减阻水压裂液，但是压裂规模小，目前主要采用减阻水和交联凝胶复合体系压裂液；鹰滩组钙质岩石成分与其他已知页岩不同，可以单独使用交联压裂液压裂，对地层无损害。

另外，致密砂岩油藏开发技术还有钻井和完井过程中的储层保护技术、射孔参数优化技术、油藏精细描述技术、多期压裂技术、低压低产油藏油井井筒举升技术、三维地震技术等。

1.3.2 开发难点

体积压裂技术是致密砂岩油藏的重要开发技术，经历了技术探索、启蒙、突破，以及现在的大规模应用阶段，对其理解也越来越深刻。与常规压裂方式对比，体积压裂技术的主要特点是：

(1) 复杂网络裂缝扩展形态。常规压裂以形成双翼对称裂缝为目的，在致密油藏中垂直于裂缝面方向的基质渗流能力并未得到改善。体积压裂的裂缝是在三维方向上形成相互交错的网状裂缝或者树状裂缝，在缝网区域形成一定的改造体积，增大了泄油体积。

(2) 复杂渗流机理。油气在复杂缝网中的渗流机理至今仍没有理想的研究成果。学者研究了页岩基质向复杂缝网中的渗流，考虑裂缝中达西流和基质中扩散流的双机理渗流以及压敏性对渗透率的影响，建立了天然裂缝发育的双重孔隙度模型，求解用拟压力的方法进行了标准简化。目前比较主流的观点是采用分形理论来精确刻画缝网内的渗流特性，利用缝网中主裂缝与次裂缝的自相似性建立油气在复杂缝网中的渗流模型。

(3) 裂缝发生错断、滑移、剪切破坏。剪切缝是岩石在外力作用下破裂并产生滑动位移，在岩层表面形成不规则或凹凸不平的几何形状，具有自我支撑特性的裂缝。体积压裂过程中裂缝的扩展形式不是单一的张开型裂缝，当压力低于最小水平主应力时产生剪切断裂。

(4) 诱导应力和多缝应力干扰裂缝发生转向。当裂缝延伸净压力大于 2 个水平主应力的差值与岩石的抗张强度之和时，容易在主裂缝上产生分叉缝，分叉缝延伸到一定距离后又恢复到原来的裂缝方位，最终多个分叉缝便形成复杂的裂缝网络。

体积压裂能否形成复杂网络裂缝，取决于储层地质和压裂施工工艺两方面因素。

(1) 地质因素。

地质因素主要包含储层岩石矿物成分及天然裂缝发育状况两个部分。

储层岩石的矿物成分会影响岩石的力学性质，从而影响裂缝的起裂方式和延伸路径。研究证明，硅质含量较高且钙质填充天然裂缝发育的页岩最易形成复杂缝网，增产效果好。黏土矿物含量较高的页岩或者缺少硅质和碳酸盐岩夹层的储层实现体积压裂非常困难。岩石矿物成分与缝网形成的难易程度可用脆性指数来表示。脆性指数的概念融合了泊松系数和弹性模量的双重含义，也可以用岩石中的脆性矿物质（石英等硅质矿物和碳酸盐矿物）所占比例表示。岩石中的脆性矿物质含量越高，脆性指数越大；岩石的综合弹性模量越大，泊松比越小，脆性指数越大，越容易产生剪切裂缝，进而容易形成缝网。不同储层的矿物组分差异较大，使用的改造技术和液体体系各不相同。

在大多数情况下，体积压裂缝网主要由人工裂缝沟通天然裂缝而形成，因此储层天然裂缝的发育程度和方位都会影响人工裂缝的延伸和缝网的形成。研究表明：在人工裂缝与天然裂缝夹角较小的情况下（小于30°），无论水平应力差多大，天然裂缝都会张开，改变原有的延伸路径，为形成缝网创造条件；当人工裂缝与天然裂缝夹角为中等角度（30°～60°）时，在水平低应力差情况下天然裂缝会张开，具备形成缝网的条件，而在水平高应力差情况下天然裂缝将不会张开，主裂缝直接穿过天然裂缝向前延伸，不具备形成缝网的条件；当人工裂缝与天然裂缝夹角较大（大于60°）时，无论水平应力差多大，天然裂缝都不会张开，主裂缝直接穿过天然裂缝向前延伸，不具备形成缝网的条件。

另外，影响体积压裂缝网形成的因素还有地应力的各向异性、沉积相变等。地应力各向异性越强，越易形成窄缝网，在主裂缝两侧不易形成分支裂缝，更不利于形成复杂缝网；相反，当地应力各向异性较弱时，体积压裂容易形成宽的缝网，改造体积扩大。

(2) 施工工艺因素。

对于不同的储层地质特征，体积压裂所需的施工条件不同，需要对压裂液类型及用量、支撑剂类型及浓度和泵的排量等参数进行优化设计。体积压裂形成网络裂缝的复杂程度可以用裂缝复杂指数来表征。对于不同储层，开发效果最好的缝网裂缝复杂指数值不同。

针对致密储层，研究认为大缝网、高裂缝复杂指数缝网的有利条件为大排量、大液量，有利于形成复杂缝网。泵入高强度、小粒径的支撑剂（70～100目或40～70目陶粒）可以支撑远井地带的裂缝，实现较高的次裂缝导流能力。当难以提高次裂缝导流能力时，也可以通过提高主裂缝导流能力降低对次裂缝导流能力的要求；压裂后期适当提高砂液浓度，泵送较大粒径、高强度支撑剂，可使主裂缝进一步充分扩展。

长庆油田致密砂岩储层以陆相沉积为主，且具有压力系数低、脆性指数相对较小等特点，这决定了长庆致密砂岩储层的体积压裂实现难度大、渗流机理更复杂，也导致开发难度更大。

1.4 本书主要研究成果及矿场实践

本书主要以鄂尔多斯盆地致密砂岩油藏为研究对象，对致密砂岩油藏水平井分段体积压裂可行性、联合注采井网渗流特征、水平井分段压裂布缝方式及裂缝参数、水平井体积压裂工艺参数、体积压裂工艺技术等方面进行了研究，并得到以下研究成果：

(1) 在定性分析的基础上，筛选综合评价体积压裂可行性的多项指标并分别打分，赋予各指标统一权重，实现对体积压裂可行性的定量化综合评价；

(2) 根据水电相似原理确立致密砂岩油藏电模拟实验相似关系，设计体积压裂所形成复杂缝网的电模拟物理实验模型，对五点法水平井/直井联合注采井网的不同裂缝形态的渗流机理进行研究；

(3) 开展油藏数值模拟，对 800 m 五点法井网、1 500 m 五点法井网及 1 500 m 七点法井网进行模拟，优化裂缝展布形态、裂缝段间距、裂缝导流能力等具体参数；

(4) 对改造体积的主要影响因素进行分析，得到鄂尔多斯盆地长 7 致密砂岩油藏改造体积计算方法，并对该类储层条件下体积压裂前置液、排量、砂比等具体施工参数进行优化研究；

(5) 介绍矿场中体积压裂常用的水力喷射、泵注桥塞等分段多簇压裂工艺技术，并建立相应的经济评价模型，对水平井分段压裂的经济效益进行分析；

(6) 基于研究成果，参与 5 口试验井的矿场设计和施工，矿场试验效果较理想，达到预期目标。

第2章　致密砂岩油藏储层地质特征

2.1　致密砂岩油藏区域构造背景

鄂尔多斯盆地原属大华北盆地的一部分，在晚侏罗世与早白垩世之间才逐渐与华北盆地分离，演化为一大型内陆拗陷盆地。其结晶基底在新元古代末固结之后，进入稳定的华北克拉通沉积盖层发育阶段，在基底岩系之上沉积了巨厚的沉积岩系，包括自中元古界至新生界第四系，累计厚度超过 10 000 m。中生代遭受印支构造运动，导致华北地台解体，加上西缘冲断带左旋走滑作用的影响，鄂尔多斯盆地在挤压和剪切作用下发生弯曲拗陷，并沿西缘冲断带下滑，经历了不同阶段的构造演化。现今的鄂尔多斯盆地是由一个极其简单的西深东浅、南低北高的大向斜组成的构造盆地。根据盆地不同发展阶段的地球动力学背景[156-158]，鄂尔多斯盆地演化分成以下几个阶段：

(1) 中—晚元古代拗拉槽裂陷盆地阶段。

早元古代形成的鄂尔多斯陆壳在中元古代沉积形成了中元古界的长城系和蓟县系。因晋宁运动，晚元古代盆地除盆地西缘和南缘外均上升为陆，该时期的沉积缺失青白口系和南华系沉积，后期在局部地区沉积了震旦系罗圈组冰碛泥砾岩。晋宁运动后，区内裂陷作用基本结束，盆地进入克拉通拗陷与边缘沉降阶段，表现为稳定的整体升降运动，在陆块内部形成典型的克拉通坳陷。

(2) 早古生代边缘海盆地阶段。

早古生代时为一南缘面向秦祁海洋的宽阔陆架，此后在此陆架上沉积形成以碳酸盐岩为主的寒武系和中下奥陶统；早奥陶世末，在渭北一带形成逆冲推覆构造带，它将华北地块同其以南的秦岭海槽隔开，从而使边缘海盆地转变为内克拉通盆地，且该隆起带在后期成为物源剥蚀区。同一时期，华北地块受南北洋壳向陆下俯冲，使鄂尔多斯地台及贺兰拗拉槽整体抬升遭受剥蚀，期间经历了 1.4 亿年的沉积间断和剥蚀，缺失了早石炭世的沉积，同时也结束了华北陆缘海盆的地质历史。

(3) 晚石炭世—中三叠世大型内克拉通盆地阶段。

晚石炭世，北部的中亚—蒙古海槽区在关闭后逐渐褶皱、隆升，使其成为鄂尔多斯盆地北部的物源区。鄂尔多斯地台在华力西运动中期又发生沉降，也曾进入海陆过渡发育阶段。

在早二叠世沉积了以海陆交互相为主的山西组煤系地层。在石千峰组沉积时，地壳发生巨大的调整，由南部和北部沉降逐渐代替了东部和西部沉降，中央古隆起走向消亡，标志着鄂尔多斯沉积区逐步与大华北盆地分离并走向独立的沉积盆地演化。

(4) 中生代内陆盆地阶段。

早三叠世鄂尔多斯地区依然承袭了二叠纪的沉积面貌，为滨浅海沉积。中三叠世随着扬子海向南退缩，仅在盆地西南缘有些海泛夹层，陆相沉积的特征变得更加明显。晚三叠世的印支运动造就了鄂尔多斯盆地整体西高东低的古地貌。此时鄂尔多斯盆地内部形成了大型的内陆淡水湖泊，该湖泊位于盆地的南部，其北部为一南倾的斜坡，西部为隆坳相间的雁列构造格局，而整个湖盆向东南开口。

三叠纪末的印支旋回使鄂尔多斯盆地整体抬升，湖泊逐渐消亡，同时地层遭受侵蚀，形成了沟谷纵横、残丘广布的古地貌景观，在这样的背景下发育了早侏罗世大型河流相沉积。鄂尔多斯盆地侏罗纪的古构造面貌主要表现为东西差异：西部为南北走向、呈带状分布的坳陷，是盆地的沉降中心；向东变为宽缓的斜坡，完全不同于晚三叠世的构造面貌。

晚侏罗世早期，即在安定组沉积之后，鄂尔多斯盆地及周围地区发生了一次强烈的构造热事件，即以前所谓的燕山运动中幕。此次构造运动在山西地块西部形成了一个以吕梁山为主体，由复背斜和复向斜组成的吕梁隆起带，从而将鄂尔多斯盆地的东界推移到吕梁山以西。

早白垩世盆地西缘继续受向东的逆冲作用，使晚侏罗世的沉降带(芬芳河组砾岩)继续向东推进，形成第二条沉降带，即现在的天环向斜。东部隆起带继续向西推进，使山西地块被掀起，在鄂尔多斯盆地范围内形成了一个西倾大单斜，至此鄂尔多斯盆地才发展为一个四周边界和现今盆地范围基本相当的独立盆地。

(5) 新生代周缘断陷盆地形成阶段。

在新生代，由于太平洋板块向亚洲大陆东部之下俯冲产生的弧后扩张作用，同时印度板块与亚洲大陆南部碰撞并向北推挤，在鄂尔多斯地区产生了北西—南东向张应力，形成了环绕鄂尔多斯盆地西北和东南方向的河套弧形地堑和汾渭弧形地堑系。同时在盆地一侧导致此前已经存在的伊盟隆起和渭北隆起进一步隆升，隆起部位的中生代地层遭受进一步剥蚀，最终形成现今的高原地貌景观。

纵观鄂尔多斯盆地的演化过程，可以看出盆地是在吕梁期形成的统一的固化结晶基底——太古代和早元古代变质岩与中、晚元古代以后形成的盖层沉积构成，具有明显的二元结构，因此它属于克拉通边缘拗陷盆地。另外，中生代后期在盆地西缘发育逆冲断层并伴有褶皱，成为较窄的陡翼，显示出不对称性，也有部分学者认为鄂尔多斯盆地属前陆盆地。无论怎样，该盆地都是一个中、新生代盆地叠加在古生代盆地之上的叠合盆地。

鄂尔多斯盆地具有构造稳定，且持续沉降、整体抬升、坡降宽缓、褶皱微弱等地质特征，通常在盆地内较少发育大型活动性断裂体系，由此决定了渗透性砂体和不整合面运移形式是鄂尔多斯盆地中生界最主要的油气运移通道。

鄂尔多斯盆地地面海拔 1 263～1 490 m，呈东高西低，向西倾斜，东西高差 165 m，倾斜度为 0.36°；区内发育了几个近东西向的低缓鼻状构造，倾角 0.2°～0.5°。区内无断层发育，由差异压实作用发育了有一定继承性的小型鼻状隆起，鼻隆间以凹槽相隔，局部可见微裂缝。鄂尔多斯盆地区域构造单元如图 2-1 所示。

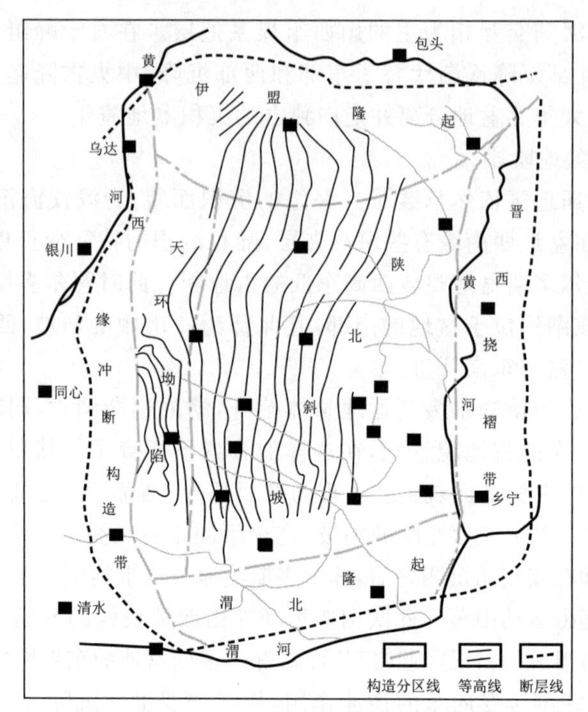

图 2-1　鄂尔多斯盆地区域构造单元示意图

2.2　致密砂岩油藏区域沉积背景

鄂尔多斯盆地上三叠统延长组以北 38°为界，以北的沉积粗、厚度小(100～600 m)，以南的沉积细、厚度大(1 000～1 400 m)，并且在盆地西缘的石沟驿、安口窑一带形成岩性单一(含砾粗砂岩)、厚度达 3 000 m 的前渊堆积。延长组的坳陷中心位于盆地西缘的前渊地带，而沉积中心则位于盆地南部的深水湖区，二者并不重合。湖泊全盛时期的范围可达 10×10^4 km^2 以上。

鄂尔多斯盆地四周都有延长组的物源区，东北部物源来自吕梁隆起的岩浆岩和高级变质岩，北部物源来自阴山南侧的深变质岩，西北部物源来自贺兰山以西的变质岩和沉积岩，西南部物源来自秦祁褶皱带及盆地西缘陆梁的变质岩和早古生代沉积岩，东南部物源来自秦岭北坡的变质岩和碳酸盐岩。它们在盆地中形成明显的由河流沉积、三角洲沉积、半深湖沉积所组成的环状相带，使延长组经历了湖泊产生、发展乃至消亡的完整过程，记录着陆相生油的典型地质历史[159-162,175]。

晚三叠世鄂尔多斯盆地演变为面积大、水域广的内陆湖泊环境，沉积着厚度达千米的延长组生、储、盖含油组合。其中，环湖三角洲沉积体系对油气富集有明显的控制作用。

根据砂体展布、沉积层序及重矿物组合特征，可将延长组划为九大三角洲(含湖底扇)，其中湖区西部的环县、华池三角洲(含湖底扇)的范围约 6 000 km^2，石油现实资源量 3×10^8 t。

由于当时的深湖区偏向盆地西南部，所以湖泊东侧低缓且水浅，西侧低陡且水深。所形成的三角洲以东侧、北侧的规模最广，储集的油气量最大，约占油气聚集总量的 65%以上。

2.2.1 沉积背景

延长组长8段沉积时期鄂尔多斯盆地面积大，水域广，深度浅，地形平坦，分割性较弱，湖盆四周由构造作用形成的隆起古陆发育，因而物源补给充沛，沉积厚度较大。在湖盆内由粗碎屑岩组成的浊积扇和扇三角洲主要发育在西部和东南部古陆边缘，虽分布面积不大，但厚度巨大。在北部、东部和西南部，则以发育强烈向湖盆方向推进的三角洲为主。据前人研究资料，围绕湖盆的北部、东部和西南边缘，依次发育有安边、靖边—志丹、子长—安塞、延长—富县、泾川—宁县、崇信—西峰、镇北和环县等8个规模较大的湖泊三角洲，平面上这些三角洲的轴长都在100 km以上，轴宽在15～30 km，面积达上千至数千平方千米，均呈向湖盆方向强烈推进的朵状或鸟足状。朵体间被相对较狭窄的湖湾分割，构成相间分布的半环状三角洲裙带。西峰油田董志—白马南含油区就位于此三角洲裙带格局中的崇信—西峰三角洲前缘。晚三叠世该区经历了湖盆的形成、发展、全盛到萎缩、消亡的整个阶段，形成了多套生、储、盖组合，构成了油气成藏的基本地质条件。根据沉积旋回及油层纵向分布规律，自上而下延长组可划分为10个油层组，即长1～长10[163-165]。其中长6～长8期是湖盆演化的全盛阶段，长7期是湖盆最大的扩张期，湖水深、水域广，沉积了一套以油页岩为主的厚达100 m以上的生油岩系，奠定了中生代陆相生油的基础。从湖进早期的退积型三角洲沉积演变为湖侵阶段的低密度浊流沉积，随后又形成湖退期的进积型三角洲沉积，从而在纵向上构成了长6～长8期的相序演化序列[166-171]。这种序列不仅反映了沉积物先由粗变细，再由细变粗的旋回特征，同时也决定了成藏组合的方式及油气的纵向分布特征。

2.2.2 成藏特征

1）成藏期次

（1）储层荧光特征。

彩图2-1所示为长8段储层部分井的荧光薄片照片，镜下明显存在两种不同颜色的荧光：一种发黑色（或褐色）荧光，鉴定为沥青，主要呈斑块状分布在孔隙和裂缝中；另一种是发蓝色（或黄色）荧光的油，呈“零星”状或“点”状分布于黑色填隙物（铁方解石、绿泥石、沥青等）的残余孔中，为后期聚集的油。

（2）流动原油与储层抽提物存在差异。

储层抽提物主要是残留在储层中的有机质，它与流动原油之间的差异可反映油气成藏特征。如果是一次成藏，那么流动原油与储层抽提物应相似；如果存在多期成藏，两者可能存在差异，因为储层抽提物是多期油的混合物。

① 原油与储层抽提物成熟度不同。生物标志化合物是油源对比最常用的方法之一，可用于原油成因及其演化阶段性的研究。甾烷成熟度参数C_{29} 20S/(20S+20R)和C_{29} ββ/(αα+ββ)比值具有随成熟度增加而增大的趋势，前者平衡值为0.50～0.55，后者平衡值为0.60～0.66。T_s/T_m[18α(H)-三降藿烷/17α(H)-三降藿烷]受成熟度的影响明显，在相同来源的情况下，随成熟度的增大其比值增大，也可用来判断原油的成熟度。

ML地区长8段，流动原油甾烷成熟度参数C_{29} 20S/(20S + 20R)，C_{29} ββ/(αα +ββ)和

T_s/T_m 高于储层抽提物。储层抽提物 C_{29} 20S/(20S + 20R),C_{29} ββ/(αα +ββ)分别为 0.3～0.41 和 0.39～0.49,而流动原油的上述值分别为 0.49～0.52 和 0.62～0.66,T_s/T_m 也具有相同的对比特征,说明流动原油成熟度高于储层抽提物。

如前所述,长 8 段储层孔隙中见沥青,在绿泥石和铁方解石充填后的残余孔中还见发蓝色荧光的油,因此储层抽提物实际上是沥青和后期充注油的混合物。储层抽提物成熟度反映的是储层沥青和后期油的混合物的特征,其成熟度介于沥青和原油之间,单纯沥青的成熟度比值应低于储层抽提物(混合物),也就是说长 8 段储层沥青应为源岩成熟度较低的产物[172-174]。

② 储层抽提物存在生物降解,25-降藿烷是生物降解产物,它的存在指示着原油曾遭严重的生物降解。长 8 段储层抽提物中发现 25-降藿烷,而原油中没有,说明沥青形成时间较早,因保存条件较差而遭受强烈的生物降解,原油成藏时间相对较晚,保存条件变好,未受生物降解。

(3) 储层油气包裹体。

从储层油气包裹体形态及其分布特征来看,油气包裹体可分为两类:第一类包裹体气液比较小,主要小于 10%,个体一般较小(2～7 μm),主要分布于矿物溶蚀孔和早期裂隙中,被长石和石英等后期次生加大边包裹起来;第二类包裹体气液比较大,一般大于 8%,个体较大(多为 4～10 μm),主要分布在石英晚期裂隙和亮晶方解石胶结物中。从储层油气包裹体均一化温度来看,温度分布为 71.2～169.5 ℃,范围较宽,存在两个明显的温度峰区,分别为 90～100 ℃和 130～140 ℃(图 2-2)。两个峰区高值分别对应两类不同的包裹体,包裹体均一化温度低温峰区对应第一类包裹体,高温峰区对应第二类包裹体,说明该区长 8 油层组原油运移成藏存在两个高峰,即存在两期成藏。

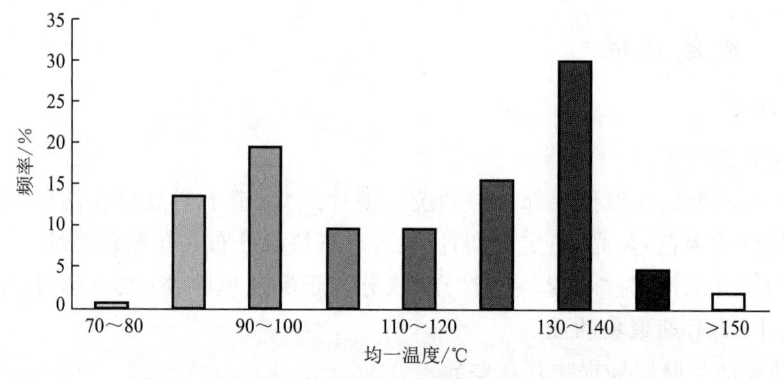

图 2-2　ML 地区储层油气包裹体均一化温度分布图

综合储层荧光、储层包裹体、储层沥青和原油地化特征研究,表明 ML 地区长 8 油层组存在两期成烷,受破坏发生较严重生物降解作用,成熟度较低;第二期油在镜下发蓝色荧光,主要分布在残余孔隙中,未受生物降解作用,保存较好,成熟度较高,为源岩生烃高峰期产物。

2) 成藏时间

包裹体均一温度与其形成时间正相关,故可利用与成藏有关的包裹体均一温度,再结合盆地的古地温史和储层埋藏史,确定包裹体形成的时间,从而推测油气藏的形成时间。利用 ML 地区储层油气包裹体均一化温度频率分布特征、原油和储层沥青成熟度特征及长 7 段源岩埋藏史,综合前人研究成果认为,长 7 段源岩在晚侏罗世进入生烃门限,早白垩世达到成熟阶段，进入生烃高峰期。ML 地区长 8 油层组第一期油成藏时间应在晚侏罗世，第二期油成藏时间应在早白垩世[175-178,183-185]。

2.2.3　地层划分

1）延长组地层划分

陇东地区三叠系延长组是一套以湖泊沉积为主的陆源碎屑岩系，沉积厚度约 1 300 m，它的底部与纸坊组呈假整合接触，顶部受到不同程度的侵蚀，与侏罗系下统呈假整合接触。延长组共分为 10 个油层组（长 1～长 10），油层组之间或油层组内部分布着厚度小、电性特征明显的凝灰岩或炭质泥岩标志层（K_1～K_{10}）。XF 地区地层对比主要标志层为长 7 下部的高电阻、高伽马的页岩及长 8 顶部的低阻凝灰岩，在全区分布稳定，特征明显。根据岩性特征、沉积旋回、电性组合特征对长 6～长 8 油层进一步细分，分为 8 个小层（长 6^1、长 6^2、长 6^3、长 7^1、长 7^2、长 7^3、长 8^1、长 8^2），其中长 8^1 是该区的主力含油层。LD 地区延长组地层见表 2-1。

表 2-1　LD 地区延长组地层简表

地质时代					厚度/m	岩性描述	标志层
系	组	段	油层组				
三叠系	延长组 T_3y	第五段 T_3y5	长 1		0～240	暗色泥岩、泥质粉砂岩、粉细砂岩不等厚互层，夹炭质泥岩及煤线	K_9
		第四段 T_3y4	长 2		125～145	灰绿、浅灰色细砂岩夹暗色泥岩	K_8 K_7
			长 3		100～100	浅灰、灰褐色细砂岩夹暗色泥岩	K_6
		第三段 T_3y3	长 4+5		80～100	暗色泥质岩夹浅灰色粉细砂岩	K_5
			长 6	长 6^1	35～45	浅灰色粉细砂岩夹暗色泥岩	K_4
				长 6^2	35～45	褐灰色块状细砂岩夹暗色泥岩	K_3
				长 6^3	35～40	灰黑色泥岩、泥质粉砂岩、粉细砂岩互层，夹薄层凝灰岩	K_2
			长 7	长 7^1	30～40	粉细砂岩夹暗色泥岩、炭质泥岩	
				长 7^2	30～40	粉细砂岩及暗色泥岩、炭质泥岩互层	
				长 7^3	30～40	暗色泥岩、炭质泥岩、油页岩夹薄层粉细砂岩及薄层凝灰岩	K_1
		第二段 T_3y2	长 8	长 8^1	30～45	灰色粉细砂岩夹暗色泥岩、砂质泥岩	
				长 8^2	30～45	灰、浅灰色块状细砂岩夹暗色泥岩	
			长 9		90～120	暗色泥岩、页岩夹灰色粉细砂岩	
		第一段 T_3y1	长 10		280	灰色厚层块状中细砂岩，底粗砂岩	
	纸坊组 $T_{1+2}z$					灰紫色泥岩、砂质泥岩与紫红色中细砂岩互层	

2）长 8 小层划分

小层的对比与划分为沉积微相及储层结构研究提供了等时地层格架，是储层研究及油藏建模的基础。它是油藏描述的关键性技术之一,也是后续研究工作的前提。针对厚油层的划分已经提出了几种方法,包括:① 切片分层技术;② 等高程对比法;③ 旋回对比、分级控制,不同相带区别对待;④ 高分辨率层序地层学方法等。后两种方法是从不同的角度对同一事物进行研究。

以上划分方法的共同点在于都注重地层沉积的成因意义,主要区别在于第4种方法在海相地层内应用较容易,研究精度也相对较高。对于陆相湖盆,沉积物供给比海相盆地复杂得多,表现为物源近、物源多、事件性沉积作用多,从而构造、气候等异旋回作用过程与近源的自旋回作用过程往往复杂地交织在一起,因此第4种方法主要用于识别准层序或建立大的地层格架。在准层序内部往往需要利用测井资料或测井反演资料进行约束对比。就这一点而论,旋回对比法对于划分小层或单砂体还是比较适用的。针对长 8^1 油层顶部标志层明显的特点,研究认为长 8^1 油层为准层序规模沉积体,其内部小层主要采用旋回对比法进行划分[179-182]。

(1) 单井划分。

依据沉积学原理,采用"旋回对比、分级控制"的对比方法,利用自然伽马、自然电位、声波时差、双感应-八侧向等测井曲线,分析曲线形态的旋回性、幅度和泥(钙)质夹层的分布特征,经过对已完钻井的反复研究,最终将长 8^1 油层划分为4个小层(长 8_1^1、长 8_1^{2-1}、长 8_1^{2-2}、长 8_1^3)。

长 8_1^3 小层沉积时期可容空间大,沉积物供给不充分,河道发育程度低,为初期进积河道。曲线以指型、齿型为主,主河道部位发育齿化箱型和钟型,水体能量弱,岩性较细,小层连续性较差,与长 8_1^{2-2} 小层呈孤立性接触关系。长 8_1^{2-2} 小层沉积时期可容空间小,沉积物供给充分,河道发育好,为进积河道。曲线以齿化箱型和钟型为主,呈正韵律或均匀韵律,有时为复合韵律;河口坝数目较多,为漏斗型,呈反韵律;边缘沉积为指型;水体能量高,小层延伸长、连续性好。长 8_1^{2-1} 小层沉积时期可容空间小,沉积物供给充分,河道发育好,为进积或加积河道。曲线以齿化箱型和钟型为主,呈正韵律或均匀韵律,少数为复合韵律,水体能量高,小层延伸长、连续性好,与长 8_1^{2-2} 小层主要呈切割或叠置关系。长 8_1^1 小层沉积时期可容空间大,沉积物供给少,河道发育程度低,为退积河道。曲线以双指型(复合韵律)、手掌型(反韵律)为主,主河道部位发育齿化箱型和钟型,呈正韵律或复合韵律,水体能量弱,岩性较细,小层连续性较差,与长 8_1^{2-1} 小层呈孤立性接触关系。

(2) 油藏剖面连井对比和曲线闭合。

由于陆相盆地储层发育特点是岩性及厚度变化大,不同区块沉积相类型、剖面特征(厚度及岩性组合)差异极大,只采用统一层组划分对比方案是难以做到的,因此需要在油田的各个不同生产区块选择位置适当,录井、岩心、测井资料齐全的井,在单井相分析的基础上划分旋回和层组,作为全油田对比和统一划分层组的出发井,即标准剖面。位于标准剖面的井,比较均匀地分布在油田的各个区块或不同相区,作为层组划分的骨架网。通过骨架网的反复对比,确认对比标准层和对比原则,这一骨架网就可作为控制全油田对比的标准。

骨架剖面通过典型井向外延伸,一般先选择岩性变化小的方向,这样容易建立井间相应的地层关系,然后从骨架剖面向两侧建立辅助剖面以控制全区。

标志层系指剖面中那些岩性稳定、厚度均匀、标志明显、分布范围广、测井曲线上易于识别、与上下岩层容易区分出来的时间-地层单元,可以是一个单层或是一套岩性组合,也可以是一个界面。在标志层的控制之下，结合岩性、沉积旋回、沉积相序组合特征、电性特征综合考虑，才能得到比较准确的小层划分结果。显然，剖面上标志层越多，分布越普遍，对比就越容易进行。有的标志层分布范围小，岩性或电性不太稳定时可以选作辅助标志层，或作为小层范围的标志层。因此，在确定了剖面和骨架井网后就需要寻找标志层。研究区延长组地层共有 9 个标志层，其中 K_1 标志层对于研究区目的层的小层划分对比较为重要。K_1 标志层位于长 7 油层组的下部，其底与长 8 油层组接触。

依据 XF 油田某区的井位分布，选择了 5 条标准剖面作为小层对比的骨架井网。在小层划分标准确定、单井划分基础之上，对研究区完钻的井进行了拉网式反复对比，围绕该区共拉连井剖面 5 条。通过连井砂体对比和纵横向剖面井点的闭合，进一步明确了层内砂体对比的界限。从 DZ 区绘制的 5 条油藏剖面(图 2-3 和彩图 2-2)可以看出：层间特征明显，小层的对比结果合理。

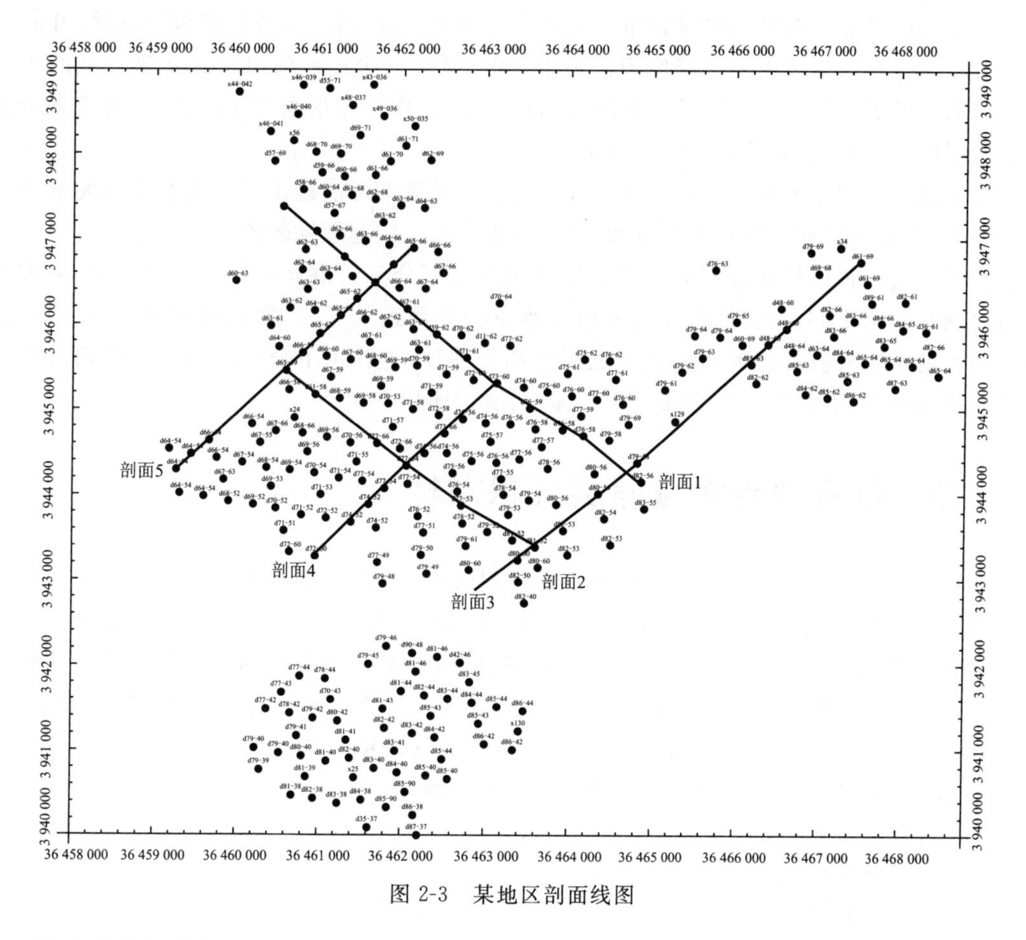

图 2-3　某地区剖面线图

综合单井划分结果、连井对比剖面和油藏剖面分析，表明该区三角洲前缘沉积体系的发育具有如下特点：

长 8^1 储层主要发育水下分流河道、河口坝、水下天然堤及支流间湾 4 种沉积微相，其中占主导地位的砂体微相为水下分流河道，河口坝相对不发育。

对比发现，长 8_1^1、长 8_1^3 小层砂体发育较为局限，分别处于长 8^1 油层沉积的末期和初期，为物源供给不充分情况下形成的离散式储层沉积。而长 8_1^{2-1}、长 8_1^{2-2} 小层砂体发育广泛，几乎覆盖整个研究区，处于物源供给充分时期。长 8_1^{2-2} 小层沉积后受到长 8_1^{2-1} 小层的改造，形成垂向和侧向的切叠砂体，因此属于丛聚式储层沉积。

大部分水下分流河道的末端并未形成具有隆起地貌的“坝”，砂质物质在河道消失之前便已沉积下来，即随着水道向湖流动，由于湖水的阻力，流速逐渐减小，发生沉积分异，粗粒物质不断沉积，至水下分流河道末梢处只剩下粉砂和泥。当然，对于一些水下主河道，水动力作用很强(尤其是在洪水期)，搬运的粗粒物质多且流速较大，这样在出河口处可能形成一定规模的砂坝。因此，沉积骨架砂体主要为水下分流河道砂体，其次为河口坝砂体。

水下分流河道流量和携带沉积物的多少直接影响河口坝的大小，而波浪作用的加入又对其形状加以修饰。从理论上说，水下分流河道末梢处都会形成或大或小、或粗或细的河口坝沉积。这些规模不一的河口坝一开始可能是平行河道分布的椭圆形，随后的波浪作用可能将之修改成扇形甚至平行岸线分布。波浪作用越强，河口坝的改造作用也就越强，并趋向于平行湖岸分布。当波浪和水流作用都为中等时，就会产生扇形河口坝和从侧绕道的水下分流河道。而更多的河口坝形成于水流作用较弱、波浪作用却很强的情形下，在河道末梢形成平行岸线的河口坝，并可能使河道终结。

在分流河道间主要为泥质沉积，但在洪水期，砂质物质可能漫出河道而在河道间形成一些小型的、孤立的砂体。这些砂体较薄(夹于泥岩中)，横向连续性较差。

水下分流河道的横向迁移形成了成片分布的水下分流河道复合体。一般来说，河道与河道之间存在河道间泥岩，但这些泥质由于水下分流河道的迁移、冲刷而被侵蚀，但冲刷作用又不可能整整齐齐地将泥质河道间沉积全部侵蚀掉，这样水下分流河道复合体内就会存在斑斑块块的河道间沉积，它们孤立于砂体中，所占面积不大。

2.3 致密砂岩油藏储层沉积微相

沉积微相对储层物性的控制主要表现在沉积微相类型控制着砂体的展布范围和内部的结构变化。不同微相类型就有不同的沉积构造、粒度、分选等特征，而这正决定着储层的结构差异和物理特性。不同的沉积微相带其孔渗性不同，如水下分流河道砂体由于沉积时水动力条件较强，杂基含量低，砂岩粒度较粗，云母矿物及泥质含量相对较低，原始粒间孔隙较发育，孔隙度和渗透率就较高，储集性能较好，利于油气聚集。

鄂尔多斯盆地上三叠统延长组沉积体系类型主要有：

(1) 冲积扇沉积体系；

(2) 河流沉积体系；

(3) 湖泊沉积体系；

(4) 辫状河三角洲沉积体系；

(5) 曲流河三角洲沉积体系。

致密砂岩油藏主要分布在三叠系延长组长 8、长 7、长 6 半深湖和三角洲前缘沉积砂体中，水下分流河道广泛发育，垂向上相互叠置，形成了大面积的砂体展布，为油气储集最有利的沉积相带。下面将以长 8 为例进行介绍。

2.3.1　沉积相特征及其相标志

通过对某地区取心井岩心系统的观察描述，结合地质录井、测井曲线、岩心分析化验等资料进行单井相分析，并对泥岩颜色、沉积旋回性、粒度特征、沉积构造、岩石成熟度进行系统研究，将某地区长 8^1 油层确定为三角洲前缘亚相沉积。

1）具有反映浅水环境的泥岩颜色

根据岩心观察和单井相分析，研究区泥岩颜色以杂色、灰色、浅灰色为主，并且含有大量的钙质结核和铁质结核；砂岩中见有泥质团块和泥砾。这反映了浅水弱还原的沉积环境。

2）反映以牵引流为主的粒度特征

（1）利用判别函数计算沉积环境。

由萨胡公式可以判断研究区取心井的沉积环境，研究区长 8^1 油层沉积环境为三角洲。

（2）利用概率累积曲线区分沉积环境。

通过对粒度资料的归纳整理可知，研究区主要有 3 种类型的粒度概率曲线。

① 二段式。由跳跃、悬浮 2 个次总体组成，并以跳跃总体为主，占 90％以上。这反映了牵引流的搬运机制，代表河道砂沉积（图 2-4a）。

② 三段式。由滚动、跳跃、悬浮 3 个次总体组成。滚动组分欠发育（＜1％），跳跃组分最发育（70％～90％），悬浮组分相对较发育（5％～20％）。这反映了典型的牵引流搬运机制（图 2-4b）。

③ 多段式。由滚动、跳跃及悬浮 3 个次总体组成，其中跳跃次总体又分为 2 个更次一级的总体。以跳跃总体为主（＞90％），反映水流密度较小；悬浮组分含量较少（1％左右）；滚动组分不发育（＜1％）。分选较差，反映了快速沉积的特点（图 2-4c）。

（3）利用 C-M 图判断沉积环境。

最粗颗粒粒度与粒度中值变化图称为 C-M 图。其中，C 为累积曲线上 1％处对应的粒度（最粗颗粒粒度），M 为粒度中值。由 C-M 图（图 2-5）可知，研究区主要为牵引流沉积，其特点是主要发育 PQ-QR-RS 段，说明研究区以递变悬浮和均匀悬浮沉积为主，这正好是河道沉积的特点。

3）反映牵引流沉积为主的沉积构造特征和岩石相

（1）沉积构造。

沉积构造是恢复古沉积环境的重要标志，具有良好的指相性。根据岩心观察，DZ—BM 南长 8^1 油层主要发育底部冲刷、砾石定向排列、流水波痕、交错层理、斜波状层理、平行层理、压扁层理等反映牵引流水动力机制的沉积构造类型。

（2）岩石相特征。

岩石相是指在特定水动力条件下形成的岩石单元，它以岩石结构特征为主并结合沉积构造来反映各类砂体在沉积过程中的古水动力条件，并依此作为划分沉积环境的主要依据。它比单一研究岩石结构或沉积构造更能反映古水动力环境，也具有更强的指相意义。根据岩心观察揭示的沉积构造发育特征及岩石结构特征，研究区发育了多种反映牵引流沉积机制的岩石相：① 斜层理粉砂岩相；② 平行层理细砂岩相；③ 爬升层理粉砂岩相；④ 槽状交错层理中—细砂岩相；⑤ 波状交错层理粉砂岩相；⑥ 平行层理、交错层理粉砂岩相。

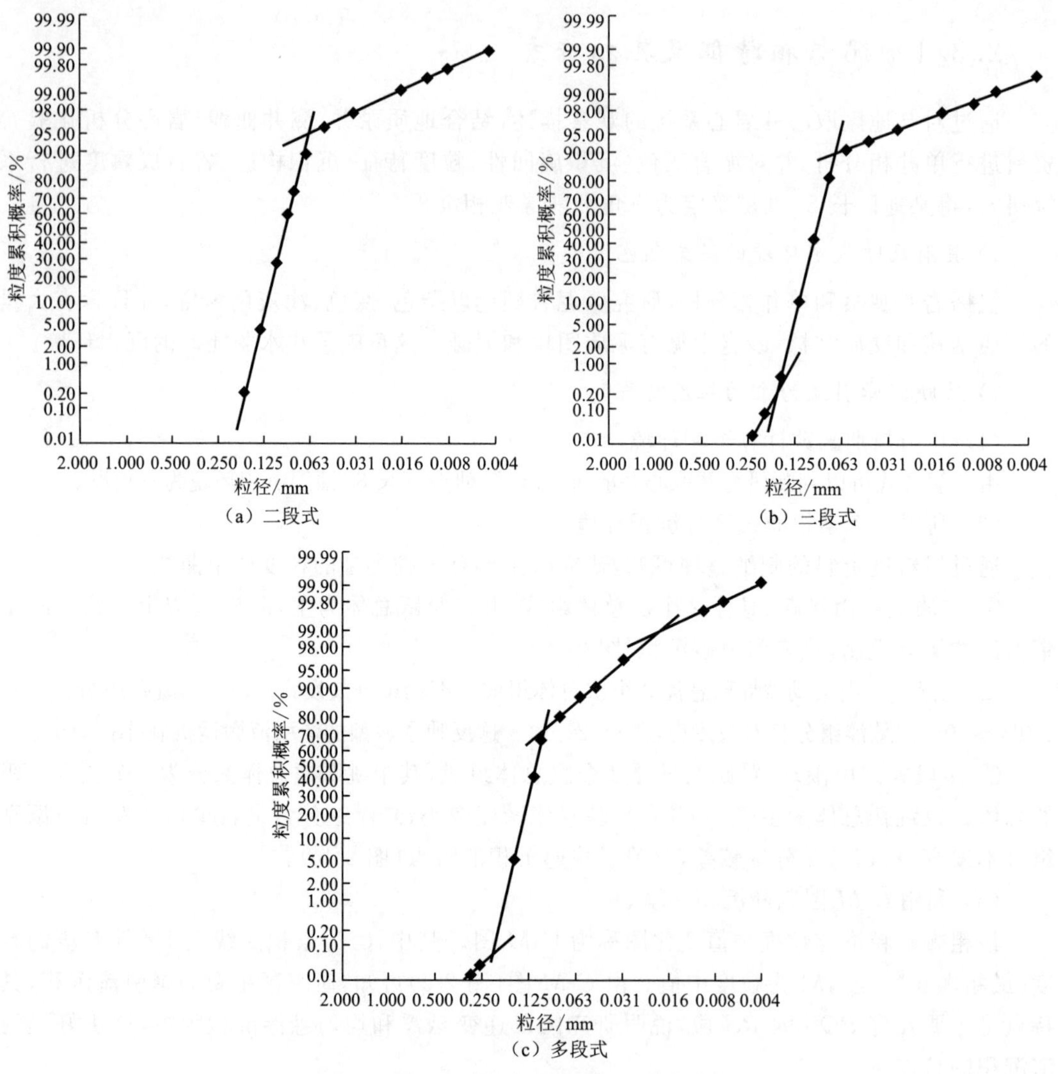

(a) 二段式

(b) 三段式

(c) 多段式

图 2-4 某地区长 8^1 油层粒度概率曲线图

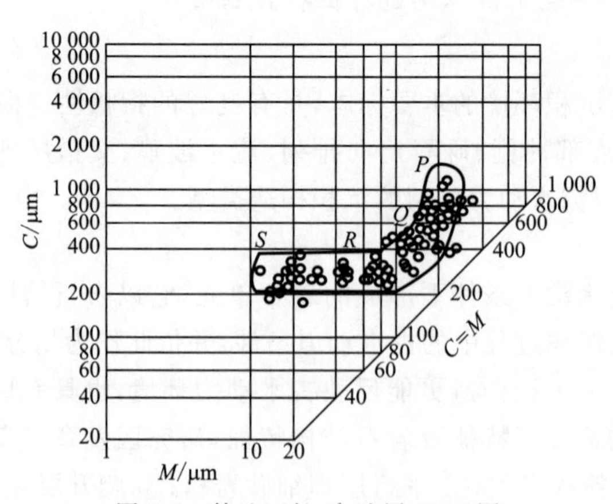

图 2-5 某地区长 8^1 油层 C-M 图

将某地区长 8^1 油层确定为三角洲前缘亚相沉积，研究区主要发育 3 个微相。

a. 水下分流河道微相。

水下分流河道是三角洲前缘分流河道入湖后在水下的延伸部分，在向湖延伸过程中，河道加宽，深度减小，分叉增多，流速减缓，堆积速度增大，具底部冲刷或突变面。水下分流河道与明显的水下分流间湾相伴生，冲刷能力较弱、砂薄粒细、顶部突变、具湖能层理等特征而有别于分流河道。

研究区发育"箱型"和"钟型"两种类型河道，电测曲线幅度较高，在中部厚砂层处发育，在油层顶底处发育局限(图 2-6)。

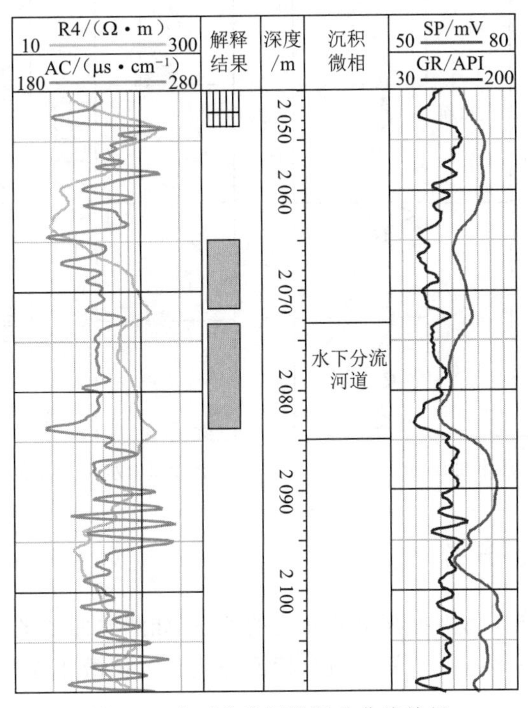

图 2-6　水下分流河道测井曲线特征

b. 河口坝微相。

分流河道入湖后，砂质物质由于流速降低而在河口处沉积下来，形成河口坝。由于强烈的冲刷和簸选作用，使泥质沉积物被带走，砂质沉积物被保存下来，故河口坝沉积物主要由分选好、质纯净的细砂岩和粉砂岩组成。

研究区地层中，河道砂体与河口坝砂体常叠加出现，下部常为先期沉积的河口坝砂体，被后来的水下分流河道砂体所切割，上部叠加着水下分流河道的正粒序砂体。由于上部河道砂体对下部河口坝砂体的切割，常使河口坝砂体保存不完整或在主河道部位消失而表现为河道沉积特征。它以细砂为主，在垂向上表现为上粗下细的粒度反韵律。砂体中可见平行层理和交错层理。电测曲线显示明显的"漏斗型"幅度较高(图 2-7)。

c. 水下分流间湾沉积。

水下分流间湾沉积是位于三角洲前缘分流河道之间的低洼区，沉积特点与河流相的泛滥平原相似，岩性主要为粉砂质泥岩或泥岩与粉砂岩不等厚互层，局部地区为块状泥岩。常见微细波状交错层理、水平层理。电测曲线幅度低，呈波状起伏(图 2-8)。

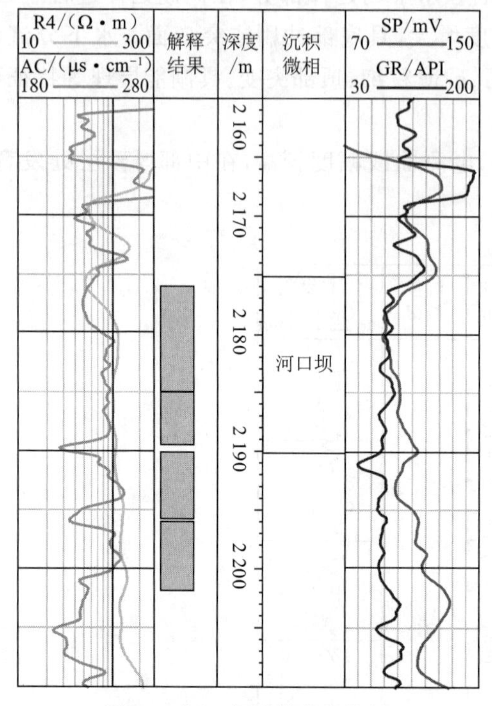

图 2-7　河口坝测井曲线特征

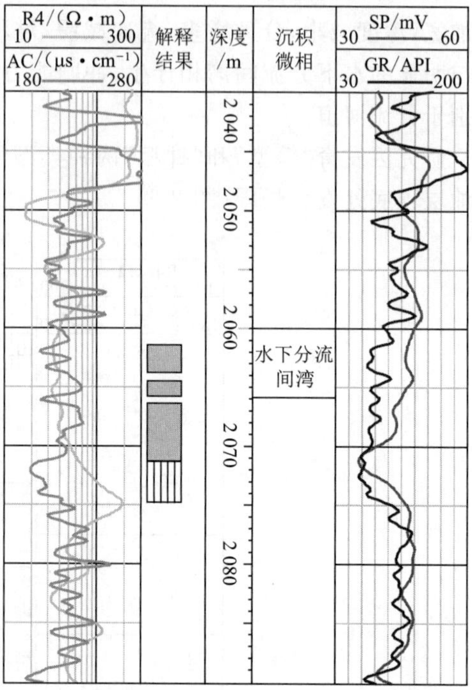

图 2-8　水下分流间湾沉积测井曲线特征

2.3.2　相剖面分析

在制作单井相的基础上，根据其测井曲线的形态(如测井曲线的形状、光滑程度、顶底的接触关系、齿中线的形态等特征)、韵律组合特征等编制沉积微相连井剖面。从剖面图(彩图 2-3～彩图 2-21)可以看出：

(1) 整体而言，长 8_1^{2-1}、长 8_1^{2-2} 两个小层砂体发育，相互叠置，厚度大，连续性好，成为砂体厚、物性好、油气聚集的主力产层；其他小层砂体发育相对较差(砂体展布范围小，厚度薄，砂层个数少)。

(2) 沿北东—南西方向，即沿着物源的方向，水下分流河道微相带砂体连续性好，延伸距离长；而北西—南东方向，即垂直于物源的方向，水下分流河道微相带延伸性差，砂体延伸距离短，砂体欠发育。

通过对沉积微相的分析，建立研究区目的层沉积微相骨架剖面，宏观上对研究区长 8 油藏沉积微相的展布和发育特征有了清楚的认识，为平面微相的分布规律研究奠定了基础。

2.3.3　平面微相分布规律

依据所建立的各类沉积微相测井相模式，对研究区单井逐一进行沉积微相识别，统计各小层中微相类型的比例，可以得出：长 8_1^{2-1}、长 8_1^{2-2} 水下分流河道微相最发育，构成研究区主要的储集体，是油气富集层。长 8_1^1、长 8_1^3 以支流间湾和水下天然堤沉积为主，同时它们的河道沉积厚度规模相对小，所以储集能力相对较差。依据各井的沉积微相识别和统计结果，各小层沉积微相特征如下。

（1）长 8_1^3 层沉积微相展布特征。

长 8_1^3 层沉积时期为三角洲初始向湖盆推进时期，此时期研究区的砂体发育面积较为局限，大致呈近南北向沿河道展布，水下分流河道较窄，沉积微相以水下分流河道为主，河道间还零散分布一些堤泛沉积微相带。研究区目的层微相带及砂体发育不好的主要原因是此时期湖盆刚刚脱离长 7 最大湖泛期，水体相对较深，水体能量弱，其携砂的能力也较弱，故砂体欠发育。

（2）长 $8_1^{2\text{-}1}$、长 $8_1^{2\text{-}2}$ 层沉积微相展布特征。

长 $8_1^{2\text{-}1}$、长 $8_1^{2\text{-}2}$ 层沉积时期是三角洲发育最为鼎盛的时期。研究区内砂体大致呈北东—南西方向展布，此时的物源主要来自西南方向，即沉积微相带和砂体的展布均是沿着物源的方向，也体现了沉积微相对砂体展布的控制作用。长 8_1^2 期该地区沉积了一整套细—粗—细的完整旋回。各种类型沉积微相均有发育，以水下分流河道为主，局部地区发育河口砂坝及分流间湾等微相。

长 8_1^2 层沉积时期为三角洲的强烈推进时期，这个时期的古沉积格局以水下分流河道广泛发育和多级次的分流汇合为特征，水下分流河道砂体构成三角洲尤其是研究区的三角洲前缘的骨架砂体。同时也存在由河道带来的比较细粒、物性较为均一的粉砂岩或细砂岩受湖水的作用在河口附近沉积形成的有利于油气储集的河口坝砂体。由于三角洲的快速生长推进，三角洲进积序列中先期堆积的前缘远砂坝和河口砂坝组成的进积复合体，常受到向湖泊方向延伸的后期水下分流河道的冲刷截切或改造作用而保存不完整。这种河道的冲刷截切或改造作用使得后期的分流河道砂沉积覆盖原有的河口坝，形成河口坝＋分流河道的向上变粗的漏斗型的复合砂体储层类型。又或者由于水流动力强，后期水下分流河道冲刷前期的水下分流河道沉积，这样经过一期又一期的沉积、冲刷、沉积、再冲刷后，多期的水下分流河道砂体叠置在一起而形成较厚的多期水下分流河道砂体叠加沉积，这种砂体构成的储层类型也非常有利于油气的富集。

（3）长 8_1^1 层沉积微相展布特征。

长 8_1^1 层沉积时期研究区的砂体发育面积较为局限，大致呈近南北向沿水下分流河道展布，水下分流河道较窄，沉积微相以水下分流河道为主。河道间还零散分布一些堤泛沉积物。

下面以 MLL148 地区长 8 储层为例，具体说明各小层的沉积微相类型、砂体特征和展布规律。

（1）长 8_2^3 层沉积微相及砂体展布特征。

研究区长 8_2^3 层沉积时期沉积作用相对较弱，河流呈交织条带状沿南西—北东方向展布，发育规模和范围相对较小。水下分流河道主体微相带最大单渗砂能量厚度在 3.0～17.7 m，平均 9.7 m；砂层厚度在 6.7～23.2 m，平均 13.1 m；砂地比在 0.44～0.96。

（2）长 8_2^2 层沉积微相及砂体展布特征。

研究区长 8_2^2 层沉积时期沉积作用较长 8_2^3 期增强，河流呈交织条带状沿南西—北东方向展布,发育规模和范围增大。水下分流河道主体微相带最大单渗砂能量厚度在2.0～12.2 m,平均6.6 m;砂层厚度在2.0～12.4 m,平均8.3 m;砂地比在0.17～0.95。

(3) 长 8_2^1 层沉积微相及砂体展布特征。

研究区长 8_2^1 层沉积时期沉积作用又相对有所减弱,河流呈交织条带状沿南西—北东方向展布,发育规模和范围有所减小。水下分流河道主体微相带最大单渗砂能量厚度在2.0～16.8 m,平均8.6 m,高值区主要分布在L120、L6及L52井附近;砂层厚度在4.0～16.8 m,平均8.6 m;砂地比在0.28～0.96。

(4) 长 8_1^3 层沉积微相及砂体展布特征。

研究区长 8_1^3 层沉积时期沉积作用稍稍增强,河流呈交织条带状沿南西—北东方向展布,发育规模和范围有所增大。水下分流河道主体微相带最大单渗砂能量厚度在2.0～13.6 m,平均6.1 m,高值区主要分布在L146、L180、L78井一带及L173井附近;砂层厚度在3.0～15.4 m,平均8.3 m;砂地比在0.20～0.96。

(5) 长 8_1^2 层沉积微相及砂体展布特征。

研究区长 8_1^2 层沉积时期沉积作用继续增强,河流呈交织条带状沿南西—北东方向展布,发育规模和范围增大。水下分流河道主体微相带最大单渗砂能量厚度在2.0～20.2 m,平均5.8 m,高值区主要分布在L47、M53井一带及L52井附近;砂层厚度在2.5～20.2 m,平均8.1 m;砂地比在0.18～0.94。

(6) 长 8_1^1 层沉积微相及砂体展布特征。

研究区长 8_1^1 层沉积时期沉积作用减弱,河流呈交织条带状沿南西—北东方向展布,发育规模和范围相对较小。水下分流河道主体微相带最大单渗砂能量厚度在2.3～16.3 m,平均4.9 m;砂层厚度在2.3～17.1 m,平均6.7 m;砂地比在0.13～0.85。

2.3.4 沉积微相对油田注水开发的影响

1) 沉积微相对油井产能的控制作用

下面分析河口砂坝微相与产量的关系。此微相带生产井的投产初期产量普遍较高,但随着开采时间的延续,产量递减缓慢。其主要原因是河口砂坝微相韵律形态为反韵律,生产的早及中期注水时,因注入水的重力和其特有的粒度韵律,层间非均质性较弱(至少较正韵律的水下分流道微相带弱),水驱动用效果最好。因河口坝微相碎屑颗粒粒度较粗,相对于其他微相带微裂缝欠发育(微裂缝宽度较大,微裂缝密度及发育程度较低),故此类微相带的油井在生产中表现为产量相对较“稳”的特点。河口砂坝微相带砂体的特点是厚度大,但分布面积小,连片性差。此种微相带油井生产后期表现出一定的递减速度,且产量的递减很难控制。

分析水下分流河道微相产量的变化曲线,发现其生产中表现为产量相对较为稳定(消除生产天数对月产油量的影响)。其原因在于水下分流河道微相的砂体厚度较大(在砂体厚度方面稍差于河口砂坝),储层砂体在地下的连片性好,微裂缝密度虽较小,但其在地下储层中的开度较大。微裂缝受注入水(注水压力和注水速度)的影响较小,故处于此微相带的油井生产中产量较为稳定。另外,此种微相带砂体表现正韵律的形态,故刚开始注水时注水受效好,水驱动用状况好。因砂体的连片性好,生产中其油井的产油量一直较高,后期有较大幅度的递减(正韵律的粒级分布,纵向非均质性较强)。

处于水下分流河道侧翼部位的油井因其微相带砂层厚度较小,微裂缝密度较大,故注水受效较为明显。但因砂层厚度薄,稳产能力差,微裂缝受注水影响较大。又因该微相带砂体的泥质含量较高,各种敏感性较强,给油井产量的稳定带来难度。敏感性强也是此微相带生产中产量下降、产水上升、含水上升的主要原因。当注水压力较高时,一些稍大的裂缝可能张开,形成水窜。

结合研究区长 8^1 储层的物性特征进行分析、比较可知,水下分流河道中部主河道和河口坝中部区域由于砂体厚度大,粒度均一,孔、渗值相对较高,物性也好,非均质程度弱,采出程度高,剩余油饱和度相对较低。处于此两种微相带的油井,因其储层质量较好,微裂缝在生产中所起的输导作用也较好,而微裂缝受注入水的干扰较弱。此两类微相带对于特低渗储层的开发应引起高度重视,也是低渗、特低渗油田高产、稳产的重点工作目标。但是在水驱油的过程中,水下分流河道和河口坝微相带很容易发生水淹,所以在注水开发过程中一定要采用合适的注采比(尽可能保持注采平衡)。位于水下分流河道边部或外侧、河口坝边部的微相带,投产初期的产油量普遍较低,此区带储层的渗流能力和储集能力均较差,非均质性较强,砂体厚度小,孔、渗值较低,物性较差,平面剩余油分布差异较大,当油井进入高含水阶段后仍有较多的剩余油富集,采出程度相对较低,可进一步开采和挖潜。这是低渗透油藏下一步挖潜的主要对象,同时也具有较大的挖掘潜力。处于不利微相中的"甜点"(如水下天然堤中的较好部位)也是特低渗储层提高开发效果的有利区带,但其单井产量不会太高。对于BM南和DZ这样的生产区块,因地下砂体连片性好,油层厚度大,分布于不利微相带中的有利部位,累积起来其产量也相当可观。

2) 沉积微相与沉积韵律对注水井吸水能力的控制作用

研究区内吸水剖面曲线与自然电位曲线呈近似的"镜像式"对应关系。剖面上,自然电位负异常越大,吸水剖面同位素伽马曲线与自然伽马曲线所夹面积越大,代表层段相对吸水量越大;相反,自然电位负异常越小,吸水剖面同位素伽马曲线与自然伽马曲线所夹面积越小,代表层段相对吸水量越小。自然电位负异常幅度与吸水剖面曲线对应关系良好,这为未测吸水剖面的井定性判断单个层段内的吸水情况提供了依据。

(1) 正韵律油层的吸水规律。

X24-29井射孔井段2 174～2 180 m,对应油层为2 174～2 183.5 m,自然电位曲线为上小下大的"钟型",是典型的正韵律油层,沉积微相应为三角洲前缘水下分流河道沉积。吸水剖面也表现为相对吸水量从上部到下部逐渐增大(图2-9)。

正韵律油层在水驱油开采过程中,注入水首先沿底部高渗透段向前突进,重力作用使这一突进过程得到加剧,以致底部水淹严重,注入水波及体积小,层内动用状况很不均匀。随着其对应的油井见水,油层底部耗水量增加,出现强水淹段。

(2) 反韵律油层的吸水规律。

X36-20井射孔井段2 090～2 095 m,对应油层为2 090.5～2 099.1 m,自然电位曲线为上大下小的"漏斗型",测井解释孔隙度与渗透率也从上到下减小,是典型的反韵律油层,沉积微相应为三角洲前缘河口坝沉积(图2-10)。反韵律油层的注入水首先沿上部高渗透率段向前推进,同时由于受重力作用,注入水进入下部低渗透层段,吸水剖面相对均匀,从而油层纵向水淹较均匀，水淹厚度较大。

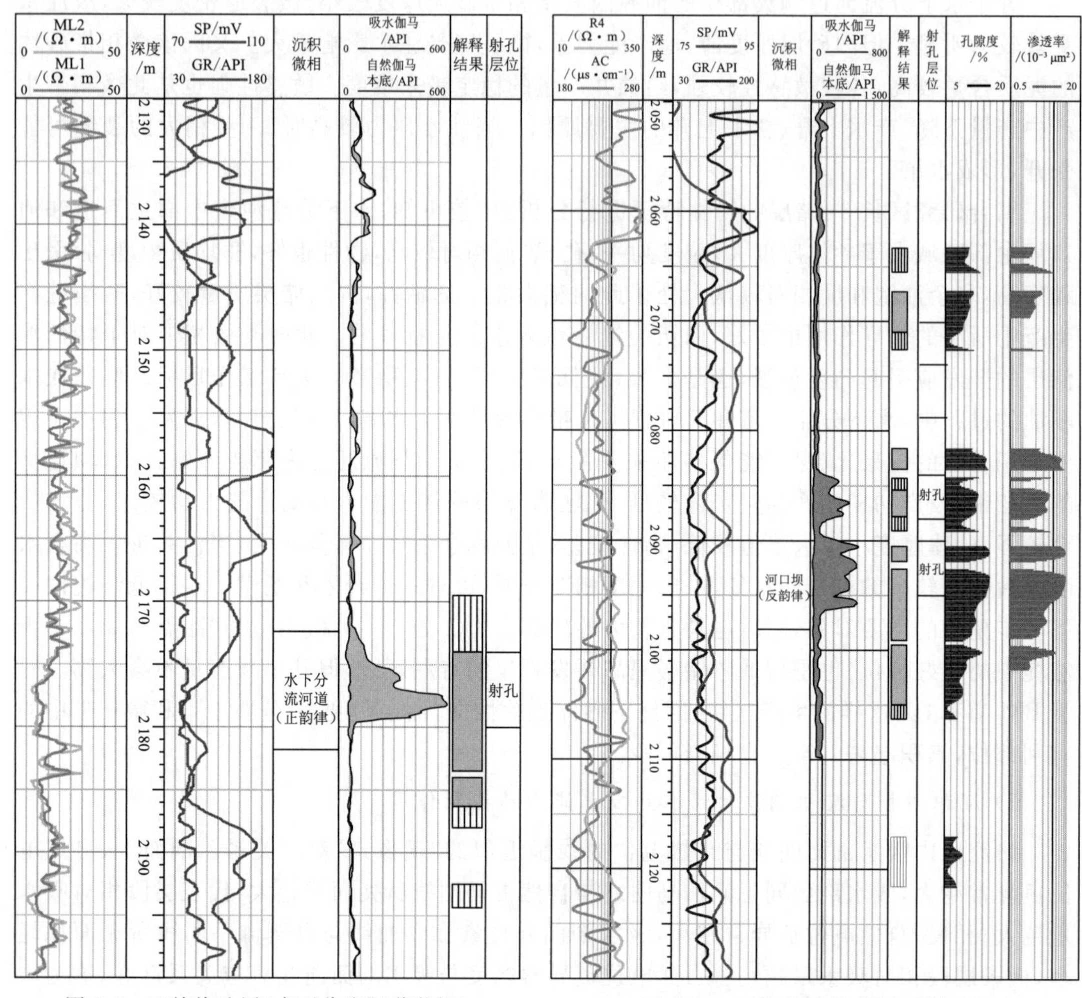

图 2-9　正韵律油层(水下分流河道微相)吸水剖面(X24-29 井)

图 2-10　反韵律油层(河口坝微相)吸水剖面(X36-20 井)

(3) 多段多韵律油层水淹特点。

多段多韵律油层水淹特点是多段水淹，水淹厚度比较大。每个韵律段内部水淹特点与正韵律油层相似，一般具有不均匀的底部水淹特征，这主要是层内岩性、夹层的普遍存在起到了扩大水淹厚度的作用，如 D80-53 井(图 2-11)。

3) 沉积微相与沉积韵律对井间油水运动的影响

油田注水开发过程中，油层纵向上的油水运动与沉积韵律、渗透率的变化有密切关系。图 2-12 所示为研究区常见的三角洲前缘水下分流河道沉积(正韵律)和河口坝沉积(反韵律)纵向上的测井解释渗透率分布。水下分流河道沉积渗透率上小下大，而河口坝沉积渗透率上大下小。研究区同一砂体内部，由于沉积时水动力条件的变化，渗透率级差可达 10～20 倍，表现出较强的非均质性。

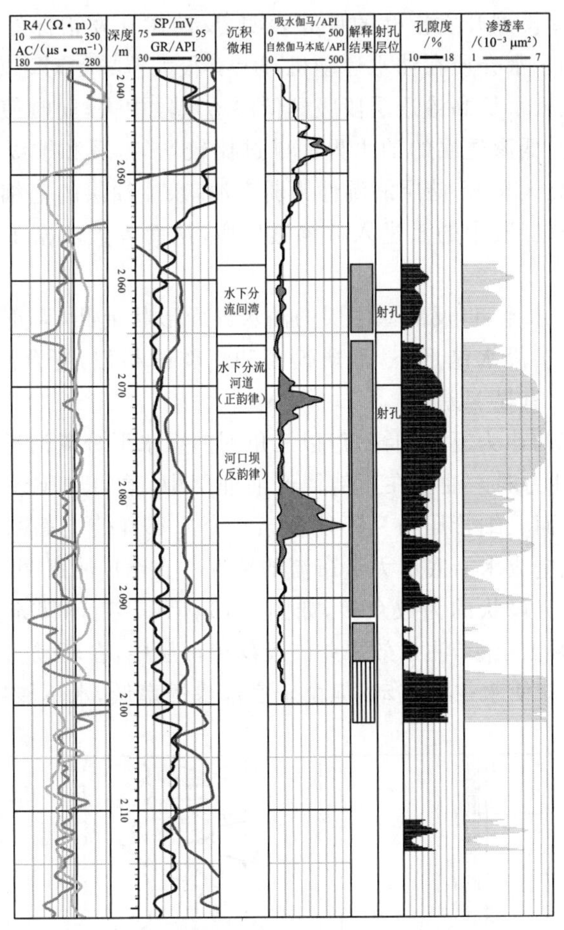

图 2-11　复合韵律油层吸水剖面(D80-53 井)

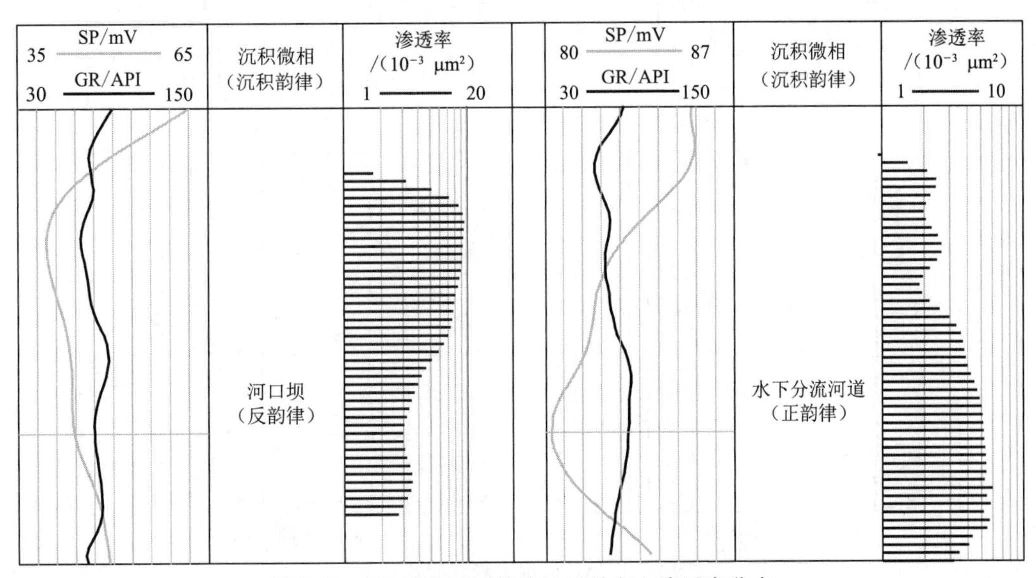

图 2-12　XF 油田不同韵律油层纵向上渗透率分布

对正韵律和反韵律模型开发指标的计算表明，反韵律开发指标好于正韵律。另外需要注意的是，亲油介质和亲水介质在油水运动机理上有很大差异。对亲水介质来说，由于毛细管压力的作用，可使注入水从高渗透层段吸到低渗透层段中去，同时使油从低渗透层段进入高渗透层段，使层内高、低渗透层的油水界面推进比较均匀，缓和了纵向渗透率的差异对油水运动的影响。而研究区长 8^1 储层润湿性为弱亲油，亲油油层的毛细管压力在非均质界面上的作用是阻止高渗透层段中的水进入低渗透层段，从而大大加剧了纵向渗透率对油水运动的影响。

4 种模型底部先被水淹，但反韵律油层的油水界面形状上凸，而正韵律油层油水界面则是下凹，复合正韵律呈多段水淹形态，均质模型和正韵律相似，复合反韵律则近于反韵律。它们在水淹厚度系数上有显著差异。

XF 油田储层沉积韵律为复合韵律，但以三角洲前缘水下分流河道微相的正韵律沉积为主，且长 8^1 储层润湿性为弱亲油。在正韵律亲油油层中，重力和驱动力的作用都使水易于流向下部高渗透层段，而毛细管压力又不能像亲水介质那样使上面的低渗透层段吸引下面高渗透层段的水，因此造成水沿底部大量窜流的情况。在 XF 油田 2007 年所测试的吸水剖面中，吸水剖面底部呈尖峰状的为数众多，如图 2-13 所示。正韵律亲油油层水线形状是凹的，水窜快，扫油厚度系数很小，注水效果差。反韵律油层中，在驱动力作用下水易于流向上部高渗透层段，而重力却使水往下流动，但由于底部渗透率低，水不能畅通流动，毛细管压力

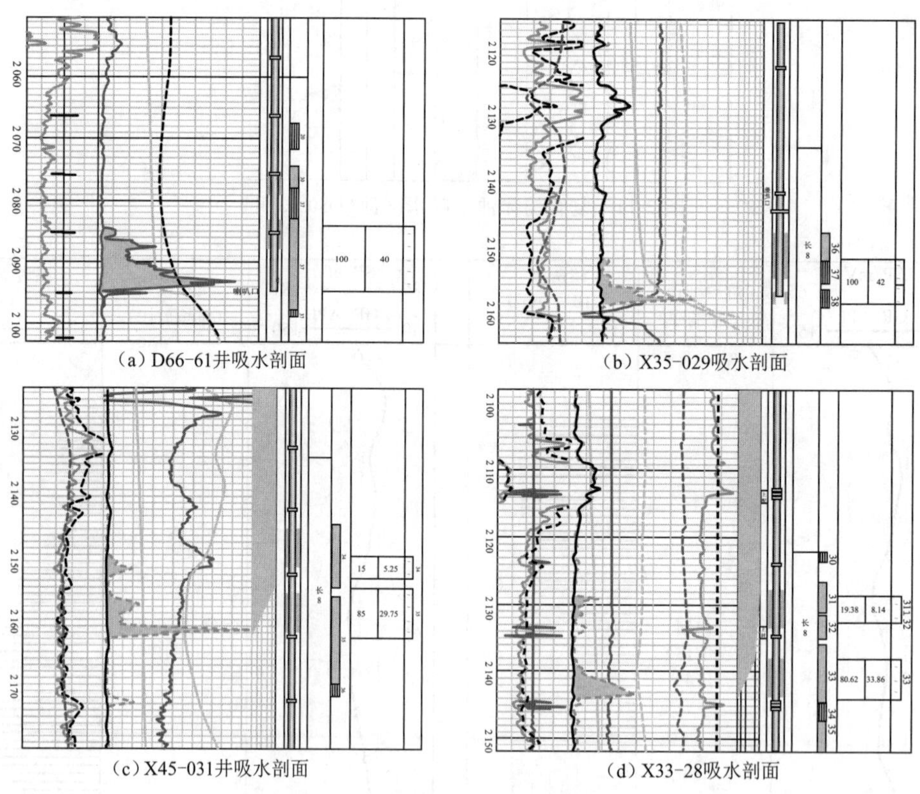

(a) D66-61井吸水剖面　(b) X35-029吸水剖面

(c) X45-031井吸水剖面　(d) X33-28吸水剖面

图 2-13　XF 油田尖峰状吸水剖面

也在一定程度上阻止水沉到底部低渗透层段中，在这些力的共同作用下使反韵律油层的形状上凸，扫油厚度大，注水效果变好。

4）沉积微相对平面油水运动的影响

不同沉积相带中，由于水动力条件的差异，其颗粒大小、分选程度、渗透率和原始含油饱和度的变化都各不相同。对河流相沉积与三角洲相沉积来说，平面油水运动规律受沉积相带和主流线的流向控制。由于重力作用，注入水易沿古河道坡度向下运动，形成自然水路。而且，河道中沉积的颗粒具有沿河道方向定量排列的趋势，造成注入水向河道下游和上游方向的运动速度快于两侧。从大量的油田开发实践看来，注入水线推进方向几乎全都指向河道方向。处于漫滩、河道间的注水井，注入水力图就近进入河道而沿河道推进。

图 2-14 所示为注采井 D80-53 井吸水剖面和 D81-53 井产液剖面的对应关系。注水井 D80-53 井射孔层段为 2 061～2 065 m 和 2 070～2 076 m，孔隙度分别为 12.27% 和 13.59%，渗透率分别为 $2.03\times10^{-3}\ \mu m^2$ 和 $3.48\times10^{-3}\ \mu m^2$。从测井曲线上看，上部射孔段自然电位为低幅异常，沉积微相为水下分流间湾，从图中可见，其孔隙度、渗透率与下部射孔层段相比也较小。下部射孔段自然电位曲线为上小下大的“钟型”，沉积微相为水下分流河道，孔隙度、渗透率也是上小下大。由于渗透率的差异，下部射孔段的吸水强度[$3.72\ m^3/(d\cdot m)$]远远大于上部射孔段[$0.57\ m^3/(d\cdot m)$]。

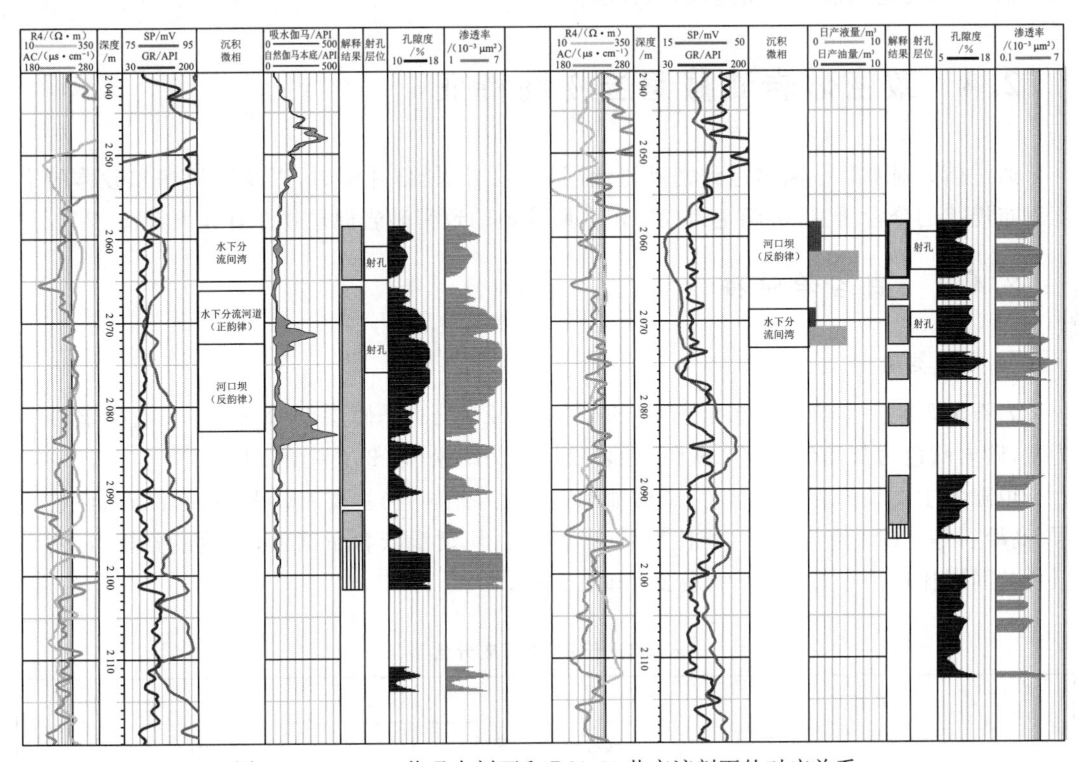

图 2-14　D80-53 井吸水剖面和 D81-53 井产液剖面的对应关系

油井 D81-53 井的生产层位的射孔段为 2 059.5～2 064 m 和 2 069～2 072 m，孔隙度分别为 11.66% 和 12.42%，渗透率分别为 $1.07\times10^{-3}\ \mu m^2$ 和 $1.44\times10^{-3}\ \mu m^2$。上部射孔段自然电

位曲线为上大下小的“漏斗型”，沉积微相是河口坝沉积，图中可见上部射孔段的孔隙度、渗透率也略呈上大下小。下部射孔段自然电位曲线异常相对较低，沉积微相为水下分流间湾。根据产液剖面测试结果，上部射孔段日产液 6.5 m^3，日产油 1.65 m^3，含水率 74.62%，下部射孔段日产液 5.1 m^3，日产油 0.9 m^3，含水率 82.35%。下部射孔段在物性好于上部层位的情况下，日产液和日产油能力均小于上部层位，含水高于上部层位。

水井 D80-53 井的上部射孔段对应油井 D81-53 井的上部射孔段，即水下分流间湾微相注水、河口坝微相采油。两井的下部射孔段是对应的注采层位，是水下分流河道微相注水、水下分流间湾微相采油。可以看出，前一种注采对应关系，即边缘相带（研究区为三角洲前缘水下分流间湾微相）注水、中心相带（研究区为三角洲前缘水下分流河道和河口坝）采油，生产情况好于后一种对应关系，即中心相带注水、边缘相带采油。对于 D80-53 井、D81-53 井等注采井，下部对应层位在注水层吸水强度大、产油层物性较好的情况下，生产情况反而较差，具体表现为日产液和日产油能力均小于上部层位，含水高于上部层位。

这是由于注入水在油层中的运动方向总是指向压力梯度最大（即阻力最小）的方向。边缘相带由于沉积时水动力条件较弱，颗粒较细，在此微相注水时注入水易向颗粒较粗的中心相带推进。而在中心相带注水，注入水总是向相同相带沿古河道坡度向下运动，很难进入粒度较细的边缘相带，即使进入边缘相带，也易向砂体较薄而微裂缝发育的部位突进，使得波及体积小，从而造成油井产量递减大、含水上升快。

2.4 致密砂岩油藏储层物性特征

通过前人对鄂尔多斯盆地致密砂岩储层岩心、岩屑、薄片资料，以及沉积相和砂体的空间展布规律的分析研究，可确定组成鄂尔多斯盆地的致密砂岩储层物性有如下特征[186-198]。

2.4.1 岩石学特征

1）岩石类型

岩石薄片镜下鉴定分析结果表明，BM 南和 DZ 区长 8^1 储层以细—中粒长石岩屑砂岩为主，砂岩颜色为灰黑色、黑色、灰色，砂岩胶结较为疏松（表 2-2 和图 2-15）。

填隙物主要成分为黏土矿物、碳酸盐和硅质。黏土矿物主要有伊利石、绿泥石、伊蒙混层、高岭石等。BM 南与 DZ 区相比伊利石含量高，伊蒙混层含量略低，其他成分相当，两个区块的间层比均小于等于 10%（表 2-3 和表 2-4）。

表 2-2 长 8^1 碎屑成分含量

区块	石英类/%	长石类/%	岩屑/%				其他/%
			火成岩	变质岩	沉积岩	合计	
BM 南区	28.52	31.93	10.29	11.25	0.53	22.07	4.58
DZ 区	28.25	33.25	9.73	10.12	0.51	20.36	4.74

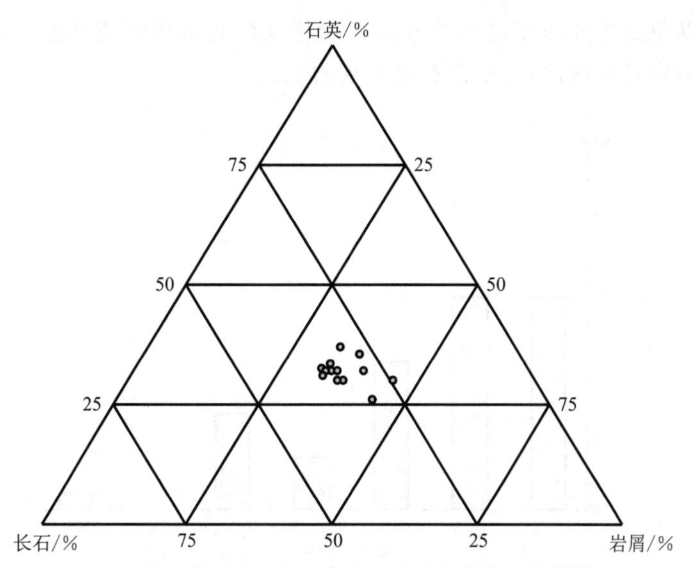

图 2-15　XF 油田 BM 南和 DZ 区砂岩成分分类图

表 2-3　长 8[1] 填隙物含量统计

区　块	高岭石/%	水云母/%	绿泥石/%	凝灰质/%	方解石/%	铁方解石/%	白云石/%	铁白云石/%	浊沸石/%	硅质/%	长石质/%	网状黏土/%	总量/%
BM 南区	2.5	0.6	2.1	0.0	0.4	5.0	0.0	0.2	0.0	1.9	0.1	0.1	12.9
DZ 区	1.1	1.5	4.0	0.5	0.3	2.9	0.3	0.0	0.1	1.1	0.0	1.6	13.4

表 2-4　长 8[1] 黏土矿物成分(X-衍射)

区　块	黏土矿物含量/%				间层比/%
	伊利石	高岭石	绿泥石	伊蒙混层	
BM 南区	34.70	12.40	43.60	9.30	≤10
DZ 区	28.81	13.67	44.37	13.15	≤10

XF 油田长 8[1] 储层碎屑成分含量柱状图如图 2-16 所示。由图 2-16,碎屑成分中石英、长石含量较高,是研究区储层中的主要碎屑矿物成分。石英是研究区储层常见的构架矿物之一,以单晶粒状为主,复晶石英较少。还有一些不规则的、片状和条带状的石英颗粒,多具整体消光,部分呈雾状、波状和束状消光,并具有塑性形变晶体。在石英碎屑中,常见到云母、金红石、磷灰石、帘石等包裹体。石英颗粒一般较小,仅为 0.05～0.5 mm。长石也是储层中普遍存在的造岩矿物之一,其含量较高,以斜长石和更长石为主。长石类矿物抗风化能力差,易发生次生变化,形成高岭石、绢云母等,风化程度呈中—浅程度。储层碎屑颗粒中较高的长石含量对油井产能也有较大影响,因长石颗粒易于蚀变,形成高岭石等速敏及水敏性矿物。另外,储层中的绿泥石和浊沸石是主要酸敏矿物,因此在油田开发过程中应有特定的

保护储层措施，以免因采油速度过高造成微粒迁移及酸化造成喉道堵塞。岩屑中变质岩岩屑含量较高，火山岩岩屑次之，几乎没有沉积岩岩屑。

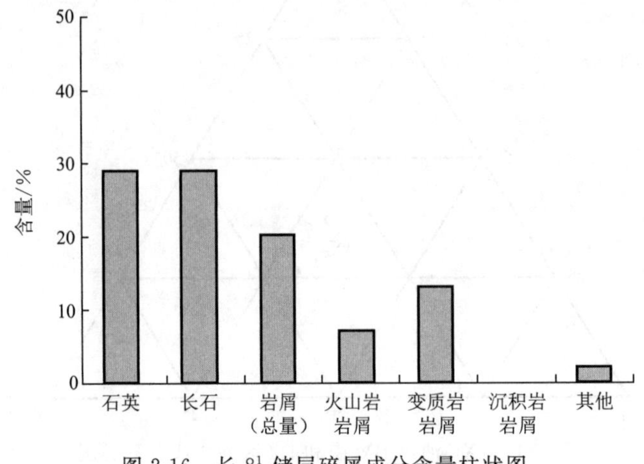

图 2-16　长 8[1] 储层碎屑成分含量柱状图

2）岩石粒度特征

粒度分析表明，研究区以细砂为主（占 67.05%～70.02%），中砂次之（占 24.3%～26.3%）。与 BM 南区相比，DZ 区粗砂、粉砂、泥质含量略增，分选较差。

DZ 区粒度中值平均为 0.16 mm，标准偏差平均为 0.82，偏度平均为 0.50，峰度平均为 3.00。BM 南区粒度中值平均为 0.19 mm，标准偏差平均为 0.67，偏度平均为 0.24，峰度平均为 1.24。由此说明，长 8[1] 储层颗粒分选中等，属正偏态，峰度呈尖锐状（表 2-5）。

表 2-5　长 8[1] 薄片粒度分析统计

区　块	粗砂/%	中砂/%	细砂/%	粉砂/%	泥/%	标准偏差	偏　度	峰　度	粒度中值/mm	颗粒总数/个
BM 南区	0.17	26.30	70.02	1.675	1.84	0.67	0.24	1.24	0.19	455
DZ 区	0.42	24.30	67.05	4.13	4.21	0.82	0.50	3.00	0.16	446

2.4.2　孔隙特征

1）孔隙类型

由岩心、铸体薄片和扫描电镜分析可知，研究区砂岩储层的孔隙特征受沉积和成岩控制，孔隙类型的划分采用了以孔隙产状为主并考虑溶蚀作用的方案。

由薄片鉴定分析可知，XF 油田长 8 孔隙类型主要以粒间孔、长石溶孔、岩屑溶孔等为主（表 2-6）。从孔隙形状看，多以三角形或多边形粒间孔为主，也有一些长条形或不规则形状的次生溶蚀孔隙。每个孔隙都有 1～6 条喉道与之相连。从镜下看原生孔隙主要是粒间孔隙。彩图 2-22 至彩图 2-45 是显微镜下所观察的砂岩铸体薄片的微观照片。

表 2-6　长 8 储层孔隙类型统计(来自薄片鉴定)

含　量	粒间孔	长石溶孔	岩屑溶孔	晶间孔	面孔率
最小值/%	0.2	0.2	0.1	0.1	0.5
最大值/%	2.5	2.1	0.3	0.1	3.6
平均值/%	0.62	0.43	0.2	0.1	1.31

(1) 残余粒间孔。

该类孔隙指原生粒间孔隙在成岩过程中不断充填一些成岩矿物,从而导致孔隙体积缩小、连通性变差的一类孔隙。研究区储层的残余粒间孔主要为碎屑颗粒周围发育黏土膜,使原生粒间孔隙缩小而形成的。在成岩过程中黏土膜保护了残余粒间孔隙的存在。根据铸体薄片资料可知,XF 油田 BM 中、BM 南、DZ 区长 8^1 油层组粒间孔在 0.2%~2.5%之间,平均值为 0.62%,是含量最高的一种孔隙类型。平均孔径最小值为 5 μm,最大值为 90 μm,平均值为 30 μm。这类孔隙可大大改善储层的物性条件,也是研究区烃类富集的主要孔隙类型之一,具体见彩图 2-22 至彩图 2-35 所示。

(2) 粒间溶孔。

该类孔隙是指砂岩中的残余粒间孔隙在成岩过程中因部分碎屑和填隙物发生溶蚀、溶解而被改造扩大形成的一类溶蚀型次生孔隙。研究区的粒间溶孔主要有长石溶孔和岩屑溶孔。长石溶孔指长石碎屑颗粒内部所含的可溶矿物被溶,或沿颗粒解理等易溶部位发生溶解而形成的孔隙。长石溶孔是该区较主要的储集空间之一,含量在 0.2%~2.1%之间,平均值为 0.43%。岩屑溶孔是指在岩屑颗粒内部由发生溶蚀作用而形成的孔隙。研究区的岩屑溶孔含量平均值虽然较晶间高,但其总体分布少,大致在 0.1%~0.3%之间,平均为 0.2%,见彩图 2-36 至彩图 2-39 所示。

(3) 微孔。

微孔包括矿物晶间微孔隙和杂基内微孔隙两种。矿物晶间微孔隙是指碎屑岩在成岩过程中形成的分布于碎屑颗粒间自生矿物晶体间的微孔隙。研究区自生矿物晶间微孔隙主要是自生石英、自生黏土矿物、自生方解石晶间微孔隙。此类孔隙是该类砂岩储层的主要孔隙类型,分布广,孔隙体积小,连通性差,可富集烃类,但多为残余油。晶间微孔隙见彩图 2-40 和彩图 2-41 所示。

杂基内微孔隙是指砂岩中与砂岩碎屑同时沉积的泥质杂基内的微孔隙。此类孔隙经过压实作用改造后大部分消失,仅有一部分分布于泥质杂基含量较高的粉细砂岩中。此类孔隙体积小,分布不均匀且连通性较差,也可富集烃类,但多为残余油。杂基内微孔隙见彩图 2-42 至彩图 2-45 所示。

储层储集空间组成如图 2-17 所示。粒间孔含量最高,其次为溶蚀孔。粒间孔和溶蚀孔是研究中最主要的孔隙类型,另外还有少量的晶间孔。

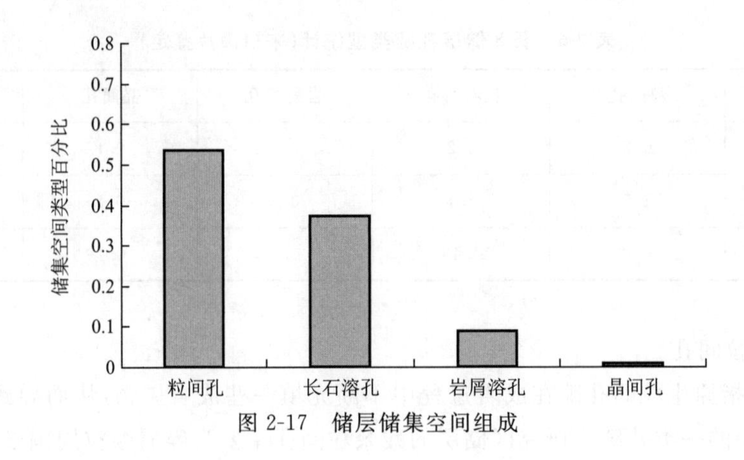

图 2-17　储层储集空间组成

2）储层填隙物

鄂尔多斯盆地致密砂岩油藏岩石类型主要为岩屑长石砂岩和长石岩屑砂岩，岩石碎屑成分以石英、长石为主，岩屑含量高。表 2-7 为鄂尔多斯盆地致密砂岩油藏几个区块的岩石碎屑成分。

表 2-7　鄂尔多斯盆地致密砂岩油藏岩石碎屑成分

区　块	层　位	碎屑含量/%				
		石英类	长石类	岩　屑	其　他	合　计
A83 区	长 7^2	25.3	42.1	18.4	1.5	87.3
X233 区	长 7^2	43.9	18.9	15.8	4.7	83.3
JY 区	长 6^1	29.9	38.6	10.0	8.1	86.6
L1 区	长 8^1	31.0	29.6	19.5	8.3	88.4

储层砂岩粒度以细砂为主，细砂岩平均含量为 77.5%，填隙物含量较高，平均为 14.9%，其中伊利石所占比例较大，平均为 9.0%。黏土矿物主要以伊利石、绿泥石为主(表 2-8)。

表 2-8　鄂尔多斯盆地致密砂岩油藏长 7 油层填隙物成分

层位	样品数/个	碎屑含量/%									
		高岭石	伊利石	绿泥石	方解石	铁方解石	硅　质	铁白云石	长石质	其　他	合　计
长 7^1	362	0.1	9.4	0.5	0.2	0.9	1.2	2.3	0.1	0.6	15.3
长 7^2	346	0.2	8.6	0.5	0.2	1.1	1.4	1.9	0.1	0.4	14.4
长 7	772	0.2	9.0	0.5	0.2	1.0	1.3	2.1	0.1	0.5	14.9

3）孔隙结构

图 2-18 和表 2-9 给出了 XF 油田的压汞曲线及孔喉特征参数。研究区长 8^1 储层排驱压力为 0.115 7～4.573 7 MPa，平均值为 0.888 3 MPa；中值压力为 1.161 8～63.991 MPa，平均值

为 8.35 MPa；孔喉中值半径的分布范围为 0.011 5～0.632 6 μm，平均值为 0.141 1 μm。孔隙结构有如下特点：① 孔隙喉道均偏细，多属于小孔微喉道；② 喉道分布具有单峰、双峰和多峰的特点；③ 孔隙度和渗透率具有正相关关系，说明研究区主要为孔隙型储层；④ 渗透率与排驱压力、中值压力、均值为负相关关系，而且与排驱压力相关性最好；⑤ 分选系数越大时，喉道分选越差，但喉道变差，渗透率提高。主要成岩过程中形成的溶蚀孔隙改善了储层的储集性能，形成了分选系数差时渗透率反而高的特殊地质规律。总的储层特征表现为低孔、低渗。另外，喉道分选系数较大，说明喉道中有一部分稍大喉道存在，正是这些稍大的喉道贡献了绝大部分渗透率值，最大进汞饱和度及退汞效率较高。另外，储层渗透率非均质程度较弱。

喉道按形态可分为缩颈喉道、收缩喉道、片状或弯片状喉道、管束状喉道 4 种类型。XF 油田 BM 南区长 8^1 储层常见后 3 种喉道类型。

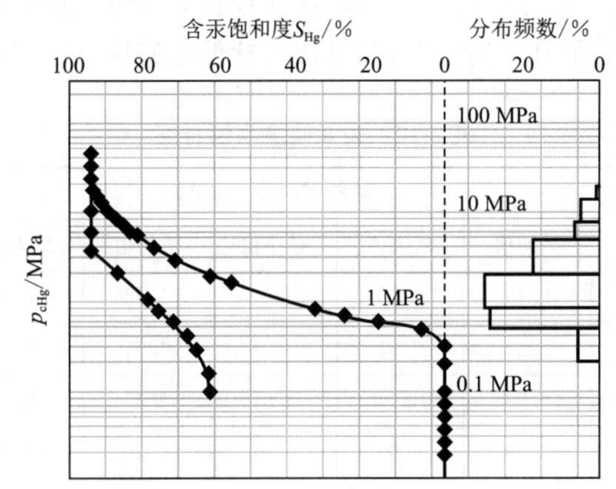

图 2-18　X181 井样品压汞毛管力曲线及孔隙大小分布

表 2-9　高压压汞实验结果

样品号	孔隙度 /%	渗透率 /(10^{-3} μm^{-3})	中值压力 /MPa	中值半径 /μm	排驱压力 /MPa	分选系数	变异系数
X25	7.8	0.480	1.387 1	0.529 9	0.519 4	1.663 4	0.158 3
X114	7.7	0.096	6.499 8	0.113 1	1.653 9	1.355 3	0.109 4
X130	7.1	0.263	1.638 7	0.448 5	0.828 3	1.551 0	0.141 0
X161(1)	8.8	0.525	1.390 6	0.528 6	0.516 4	1.805 4	0.169 5
X161(2)	8.1	0.347	1.997 0	0.368 1	0.807 0	1.847 8	0.161 9
X162	10.5	6.522	0.263 4	2.790 3	0.103 0	2.360 7	0.274 9
X163(1)	7.9	0.384	1.426 0	0.515 5	0.686 8	1.529 2	0.143 7
X163(2)	8.2	0.381	1.392 3	0.527 9	0.620 7	1.566 7	0.148 1
X180	11.1	1.505	0.550 2	1.336 0	0.189 4	1.716 0	0.185 8
X181(1)	8.7	0.949	0.695 1	1.057 4	0.402 2	1.443 1	0.147 9
X181(2)	10.4	0.740	1.206 1	0.609 4	0.483 5	1.625 5	0.157 3

致密砂岩油藏储层可见孔含量低，孔隙类型以黏土矿物晶间孔与长石溶蚀孔、粒间残余孔等微(纳)米级孔隙为主，总面孔率低，中值半径小，孔隙半径为10 μm左右，微孔及纳米级孔隙组合为有效储集空间，属典型的纳米级孔喉，盆地长8喉道半径仅为60 nm左右。储层经历了较强的压实压溶作用，严重破坏了孔隙及其连通性，孔隙度介于7%～11%的占56%，渗透率小于1×10^{-3} μm^2的占85%，平均孔隙度8.9%，平均渗透率0.17×10^{-3} μm^2。

当然，不同层位和地区孔隙度及渗透率分布区间存在一定的差异，总体上看长8^1储层物性较长8^2储层物性好。长8^2储层孔隙度分布在4.40%～14.84%，平均孔隙度为8.59%；渗透率分布在$(0.05\sim5.47)\times10^{-3}$ μm^2，平均渗透率为0.56×10^{-3} μm^2。依据储层分类标准，长8^2储集砂体主要为低孔—特低孔、超低渗—特低渗储层。长8^1储层孔隙度分布在4.20%～14.31%，平均孔隙度为9.58%；渗透率分布在$(0.05\sim8.11)\times10^{-3}$ μm^2，平均渗透率为0.78×10^{-3} μm^2。可见，长8^1储层物性较长8^2储层有所改善。依据储层分类标准，长8^1储集砂体仍然为低孔—特低孔、超低渗—特低渗储层(表2-10)。

表2-10　长8储层物性特征

层位	孔隙度/%			渗透率/(10^{-3} μm^2)			含油饱和度/%		
	最大值	最小值	平均值	最大值	最小值	平均值	最大值	最小值	平均值
长8_1^1	15.5	4.06	9.79	4.25	0.01	0.82	81.24	1.32	42.4
长8_1^2	16.4	2.31	9.42	9.51	0.01	0.74	81.19	0.01	39.2
长8_1^3	29.64	4.57	9.53	10.32	0.01	0.72	73.89	1.16	44.06
长8_2^1	16.03	3.43	8.79	9.02	0.01	0.595	77.45	0.1	37.54
长8_2^2	16.25	3.77	8.54	10.44	0.01	0.63	74.04	0.56	35.01
长8_2^3	12.41	5.06	8.9	3.28	0.01	0.47	69.02	0.1	34.09

4）*储层物性平面分布*

以测井解释的砂体厚度、孔隙度、渗透率以及含油饱和度数值为依据，通过加权平均计算每口井的平均孔隙度、平均渗透率和平均含油饱和度，分别绘制小层的砂厚、平均孔隙度、平均渗透率以及平均含油饱和度等值线图。这些等值线图反映了各砂体物性及含油性在平面上的分布特征。各小层的平均孔、渗、含油饱和度值基本上与砂体的展布一致，即累计砂层厚度大的区域其平均孔、渗、含油饱和度值相对较高，而累计砂层厚度小的区域其平均孔、渗、含油饱和度值相对较低。根据小层划分对比结果，进行以小层为单位的等值线图编制。砂体及物性、含油性的平面展布整体上表现出“相控”的规律性，即砂体的展布、小层物性的分布、砂层含油性的变化都受沉积微相带展布的控制。相对较好的沉积微相带具有较好的物性和含油性；相反，相对较差的沉积微相带，因沉积时水动力能量不足，沉积物的成分成熟度和结构成熟度较低以及水动力环境较差部位的后期成岩作用强度大，致使储层质量较差。

油井的单井产能严格受其储层质量的控制。由储层孔、渗、含油饱和度的分布与单井产量的关系可知，储层质量好的油井其产能高。从单井产能与沉积微相、流动单元的关系可知，处于较好沉积微相带和流动单元的油井其产量高，递减幅度较小，而处于较差沉积微相带和较差流动单元的油井其产能低，递减幅度较大，也有个别井递减幅度较小。产量较高的油井都对应较好的孔隙度、渗透率、含油饱和度分布，而产量较低的油井则在物性和含油性图中处于不利位置。油井产能的影响因素主要来自两个方面：一是储层质量的影响；二是开发方式、开发措施的影响。

下面以 MLL 长 8 储层为例，说明储层物性平面分布特征。

(1) 长 8_2^3 物性分布特征。

长 8_2^3 储层孔隙度分布在 5.06%～12.41%，平均孔隙度为 8.4%；孔隙度大于 10%的占样品总数的 27.65%，孔隙度分布高峰区间为 8%～10%，频率为 44.68%；孔隙度大于 10%的区域在研究区局部地区发育。长 8_2^3 储层渗透率分布在$(0.01\sim2.28)\times10^{-3}\mu m^2$，平均渗透率为 $0.47\times10^{-3}\mu m^2$；渗透率大于 $0.5\times10^{-3}\mu m^2$ 的样品频率为 30.4%，渗透率分布高峰区间为大于 $1\times10^{-3}\mu m^2$，频率为 13.04%；渗透率大于 $1\times10^{-3}\mu m^2$ 的区域在研究区局部地区发育。长 8_2^3 储集砂体主要为低孔—特低孔、超低渗—特低渗储层。

(2) 长 8_2^2 物性分布特征。

长 8_2^2 储层孔隙度分布在 3.77%～16.25%，平均孔隙度为 8.74%；孔隙度大于 10%的占样品总数的 25%，孔隙度分布高峰区间为 8%～10%与 5%～8%之间，频率为 67%；孔隙度大于 10%的区域分布范围较小。长 8_2^2储层渗透率分布在$(0.01\sim10.44)\times10^{-3}\mu m^2$，平均渗透率为 $0.63\times10^{-3}\mu m^2$；渗透率大于 $0.5\times10^{-3}\mu m^2$ 的样品频率为 32.75%，渗透率分布高峰区间为$(0.1\sim0.3)\times10^{-3}\mu m^2$，频率为 55.95%；渗透率大于 $1\times10^{-3}\mu m^2$ 的区域在研究区局部地区发育。长 8_2^2 储集砂体主要为低孔—特低孔、超低渗—特低渗储层。

(3) 长 8_2^1 物性分布特征。

长 8_2^1 储层孔隙度分布在 3.43%～16.03%，平均孔隙度为 8.79%；孔隙度大于 10%的占样品总数的 24.71%，孔隙度分布高峰区间为 8%～10%，频率为 42.86%；孔隙度大于 10%的区域分布范围较小。长 8_2^1 储层渗透率分布在$(0.01\sim9.02)\times10^{-3}\mu m^2$，平均渗透率为 $0.595\times10^{-3}\mu m^2$；渗透率大于 $0.5\times10^{-3}\mu m^2$ 的样品频率为 31.16%，渗透率分布高峰区间为$(0.1\sim0.3)\times10^{-3}\mu m^2$，频率为 53.24%；渗透率大于 $1\times10^{-3}\mu m^2$ 的区域在研究区局部地区发育。长 8_2^1 储集砂体主要为低孔—特低孔、超低渗—特低渗储层。

(4) 长 8_1^3 物性分布特征。

长 8_1^3 储层孔隙度分布在 4.57%～29.64%，平均孔隙度为 9.53%；孔隙度大于 10%的占样品总数的 40%，孔隙度分布高峰区间为 8%～10%，频率为 41.4%；孔隙度大于 10%的区域分布范围较小。长 8_1^3 储层渗透率分布在$(0.01\sim10.32)\times10^{-3}\mu m^2$，平均渗透率为 $0.72\times10^{-3}\mu m^2$；渗透率大于 $0.5\times10^{-3}\mu m^2$ 的样品频率为 41.13%，渗透率分布高峰区间为$(0.1\sim0.3)\times10^{-3}\mu m^2$，频率为 35.61%；渗透率大于 $1\times10^{-3}\mu m^2$ 区域在研究区局部地区发育。长 8_1^3 储集砂体主要为低孔—特低孔、超低渗—特低渗储层。

(5) 长 8_1^2 物性分布特征。

长 8_1^2 储层孔隙度分布在 2.31%～16.04%，平均孔隙度为 9.42%；孔隙度大于 10%的占样品总数的 43.9%，孔隙度分布高峰区间为 10%～12%，频率为 32.9%；孔隙度大于 10%的区域分布范围较大。长 8_1^2 储层渗透率分布在$(0.01\sim9.51)\times10^{-3}\mu m^2$，平均渗透率为 $0.74\times10^{-3}\mu m^2$；渗透率大于 $0.5\times10^{-3}\mu m^2$ 的样品频率为 43.75%，渗透率分布高峰区间为$(0.1\sim0.3)\times10^{-3}\mu m^2$，频率为21.25%；渗透率大于$1\times10^{-3}\mu m^2$区域在研究区局部地区发育。长$8_1^2$储集砂体主要为低孔—特低孔、超低渗—特低渗储层。

(6) 长8_1^1物性分布特征。

长8_1^1储层孔隙度分布在4.06%～15.5%，平均孔隙度为9.79%；孔隙度大于10%的占样品总数的51.35%，孔隙度分布高峰区间为8%～10%，频率为35.13%；孔隙度大于10%的区域分布范围较大。长8_1^1储层渗透率分布在$(0.01\sim15.5)\times10^{-3}\mu m^2$，平均渗透率为$0.82\times10^{-3}\mu m^2$；渗透率大于$0.5\times10^{-3}\mu m^2$的样品频率为49.23%，渗透率分布高峰区间为大于$1\times10^{-3}\mu m^2$，频率为27.69%；渗透率大于$1\times10^{-3}\mu m^2$区域在研究区局部地区发育。长8_1^1储集砂体主要为低孔—特低孔、超低渗—特低渗储层。

2.4.3 油藏和流体物性

1) 油藏物性

根据B455井区油藏物性分析数据，长8^1油层压力约为16.2 MPa，油层温度约为76.5 ℃，油藏饱和压力为15.7 MPa，油藏综合压缩系数为20.01×10^{-4} MPa^{-1}。长8油层平均含油饱和度在40%左右，部分地区可达60%以上。长8油层各小层含油饱和度不尽相同，总体上看，长8^1含油饱和度较长8^2含油饱和度高。

2) 原油性质

根据B455井区原油物性分析数据，地层原油性质较好，长8^1油层气油比约为158.9 m^3/t，低密度(0.692 3 g/cm^3)，低黏度(0.32 mPa·s)，体积系数约为1.4，收缩率为29.9，具有微含或不含沥青质、含水低等特点。

HQ油田长8油层地面原油物性好，具有密度小(0.848 g/cm^3)、黏度较低(4.87 mPa·s)和凝固点比较低(17.3 ℃)的特点。

3) 地层水性质

HQ油田长8油层地层水总矿化度平均为37.8 g/L，水型为$CaCl_2$型，pH值为7.5。

2.5 致密砂岩油藏储层渗流特征

1) 相渗特征

油田开发中所进行的各项参数的特定分析都是为了更好地进行注水开采，最大限度地提高采油量。最能直观代表注水开发过程的就是油水相对渗透率实验。

油水相对渗透率曲线是油水在油层岩石孔隙中相对流动的综合体现，而岩石的孔隙结构、润湿性、敏感性及油水的物理化学性质决定了岩石孔隙中的毛管压力特性，它将对岩石微观孔隙中的流体分布及滞留状态，对油层的采油机理及油层采收率产生十分重要的影响。

相渗曲线表示在驱替过程中，由于存在临界的含水饱和度，当含水饱和度不低于此值时，水逐渐形成连续分布，水的流动能力极低，因而对油相渗透率的影响较小，反映在曲线上表现为油相相对渗透率急剧下降，此即油水两相共流阶段。随着含水饱和度的增加，原油的流动能力越来越低，水的流动能力越来越强，到一定的含水饱和度时油相完全失去流动能力。

图 2-19 所示为鄂尔多斯盆地致密砂岩油藏长 8 储层油水相渗实验曲线。由图可知，随着含水饱和度的增加，油相渗透率的下降速度远远大于水相渗透率的上升速度，使油水两相速度下降，指数下降，直到高含水后采液才开始回升，这增加了稳产难度。

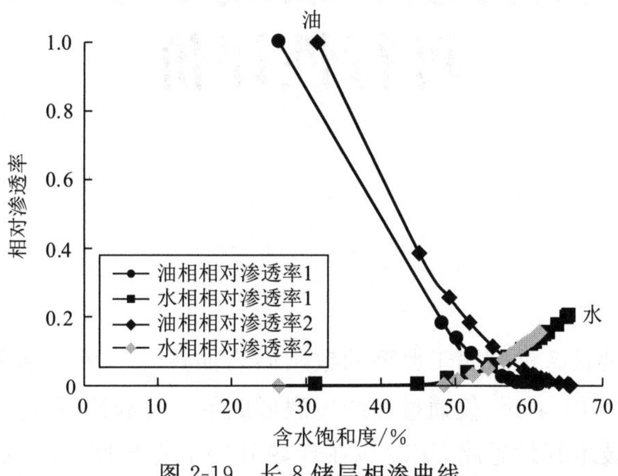

图 2-19　长 8 储层相渗曲线

2）储层敏感性

根据 B455 井区室内实验结果，长 8^1 层总体表现为弱—无速敏；水敏指数在 0.0～0.45，表现为弱水敏；弱盐敏；中—弱酸敏；中—弱碱敏。储层敏感性的结果分析见表 2-11。

表 2-11　储层敏感性结果分析

实验内容	程度评价	结　论
速敏性	弱—无速敏	速敏性较弱，大排量的体积压裂工艺可用于该储层
水敏性	弱水敏	具有一定的水敏性，建议加入一定量的防膨剂
盐敏性	弱盐敏	
酸敏性	中—弱酸敏	压裂液的选择建议介于弱酸弱碱之间，对储层伤害不大
碱敏性	中—弱碱敏	

3）致密砂岩油藏开发面临的问题

（1）储层无自然产能，油藏启动压力高，油气渗流能力差，需要采取储层改造措施才能达到开采目的，其中水平井体积压裂技术是实现该油藏高效开发的必要措施。

（2）由于储层基质渗透率极低，天然裂缝发育，储层在注水过程中存在高渗透带和微裂缝贯通现象，注水分配差异大，这导致注入水驱油效率低，油井易见水。

（3）由于水平井体积压裂技术在致密砂岩油藏中的应用处于探索阶段，所以对于该技术的适用性、体积压裂后油藏渗流特征、最优裂缝几何参数及工艺参数均不明确，相关机理及理论研究非常迫切。

第3章　致密砂岩油藏水平井体积压裂可行性评价

我国鄂尔多斯盆地长7油藏属于典型的致密砂岩油藏[174,183,193]，油藏孔隙为纳米级孔喉，渗透率为$(0.1\sim1.0)\times10^{-3}\mu m^2$，仅通过传统压裂形成单一裂缝达不到其商业开采目的。借鉴国外水平井体积压裂技术开发思路，该油藏在现场开展了先导性开发试验，取得了较好效果，但是对储层是否实现了体积缝网还认识不清楚，相关理论研究目前较少。本章从储层形成体积缝网的条件出发，制定可实现体积压裂的评价标准，进而对比评价鄂尔多斯长7致密砂岩油藏的相关参数，实现对鄂尔多斯长7致密砂岩油藏体积压裂可行性评价的定量化。

3.1　储层岩石力学特征

储层岩石力学特性是判断储层岩石脆性程度的重要参数。储层岩性具有显著的脆性特征，是实现体积改造的物质基础。储层矿物组分如果以石英和碳酸盐岩两类占优，则有利于产生复杂缝网；如果以泥岩占优，则具有显著塑性特征。

1）*岩石抗压强度*

岩石的抗压强度是指岩石试件在单向压缩情况下达到破坏的极限值，它在数值上等于破坏时的最大压缩应力。利用GCTS岩石力学三轴应力测试系统（图3-1）测得的抗压强度结果见表3-1。

图3-1　GCTS岩石力学三轴应力测试系统

表 3-1　单轴抗压强度测试结果

岩心编号	长度/mm	直径/mm	质量/g	密度/(g·cm^{-3})	抗压强度/MPa	弹性模量/(10^4 MPa)	泊松比
B116-1	53.48	25.18	66.84	2.51	83.983	1.628 9	0.269
B116-2	54.79	25.20	69.26	2.54	74.469	1.896 0	0.178
B455-1	54.35	25.21	64.80	2.39	62.678	1.624 2	0.221
B455-2	58.58	25.21	69.21	2.37	70.671	1.772 9	0.256
X16-1	57.19	25.23	70.29	2.46	78.910	1.875 0	0.189
X16-2	49.59	25.22	60.75	2.45	91.933	1.796 8	0.236
X27-1	51.03	25.17	63.47	2.50	82.933	1.8710	0.256
X27-2	40.24	25.23	48.81	2.43	56.600	0.964 0	0.279
X71-1	55.14	25.23	66.50	2.41	63.795	1.372 8	0.285
X71-2	52.85	25.22	64.13	2.43	64.980	1.384 7	0.289

根据表 3-1 实验结果可以看出，长 7 储层岩心抗压强度为 56.600～91.933 MPa，平均抗压强度为 73.095 MPa。

2）*岩石抗拉强度*

岩石的抗拉强度是指岩石试件在单向拉伸情况下达到破坏的极限值，它在数值上等于破坏时的最大拉应力。目前常用混凝土实验中的劈裂法测定岩石的抗拉强度，采用厚度小于 8 mm 的圆柱形试件，测定实验结果见表 3-2。

表 3-2　单轴抗拉强度测试结果

岩心编号	直径/mm	厚度/mm	破坏荷载/N	抗拉强度/MPa
B116-1	25.18	5.23	126 8	6.13
B116-2	25.20	5.05	117 5	5.88
B455-1	25.21	5.51	887	4.07
B455-2	25.21	6.53	691	2.67
X16-1	25.23	5.32	1267	6.01
X16-2	25.22	5.09	835	4.14
X27-1	25.17	5.48	129 9	6.00
X27-2	25.23	5.11	124 8	6.17
X71-1	25.23	5.84	990	4.28
X71-2	25.22	4.76	608	3.23

根据表 3-2 实验结果可以看出，长 7 储层岩心抗拉强度为 2.67～6.17 MPa，平均抗拉强度为 4.86 MPa。

3）*岩石脆性指数*

目前，岩石脆性指数的计算有两种方法。一种方法是根据岩石矿物组成判断，即岩石脆性指数=石英/(石英+碳酸盐+黏土)。一般石英含量超过30%可认为岩石具有较高脆性指数。鄂尔多斯长7致密砂岩油藏岩石类型以岩屑长石砂岩和长石岩屑砂岩为主[193]。砂岩成分成熟度较低,石英、长石和岩屑含量比例近似为2∶1∶1。具体的矿物成分如图3-2所示。

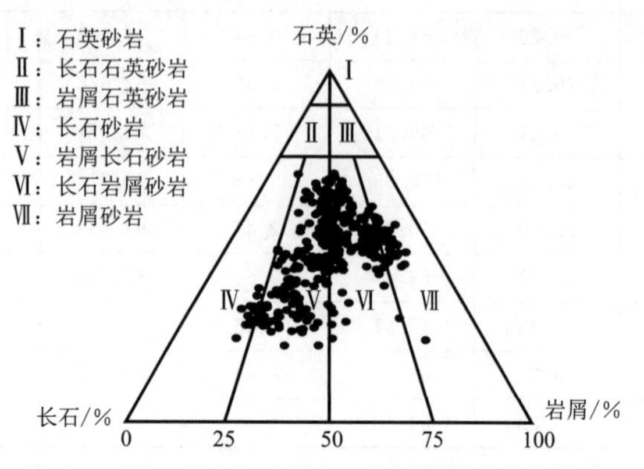

图3-2 鄂尔多斯长7致密砂岩油藏矿物成分组成

长7储层矿物成分以石英和长石为主,且石英含量平均为41.8%,超过30%,黏土含量平均为17.4%。按照上述岩石脆性指数计算方法得到长7储层岩石脆性指数为70.6%。

岩石脆性指数计算的另一种方法是根据岩石力学特性判断,由弹性模量及泊松比计算得到。计算公式如下:

$$BRIT=\frac{YM\_BRIT+PR\_BRIT}{2} \tag{3-1}$$

$$YM\_BRIT=\frac{E-1}{8-1}\times 100\% \tag{3-2}$$

$$PR\_BRIT=\frac{\upsilon-0.4}{0.15-0.4}\times 100\% \tag{3-3}$$

式中 $BRIT$——岩石脆性指数;

YM_BRIT——归一化后的弹性模量;

PR_BRIT——归一化后的泊松比;

E——弹性模量,区域的最大和最小弹性模量通常分别取8 MPa和1 MPa;

υ——泊松比,区域的最大和最小泊松比通常分别取0.4和0.15。

长7储层岩石弹性模量、泊松比以及计算得到的脆性指数见表3-3。

表3-3 长7致密砂岩油藏储层矿物岩石力学特性及脆性指数

井　号	弹性模量/MPa	泊松比	脆性指数/%
YC1	21 985	0.21	35.0
YC2	22 883	0.20	49.2

综合以上两种脆性指数计算结果,根据图3-3所示,说明长7储层岩石脆性为中等偏强,可以形成复杂的缝网。

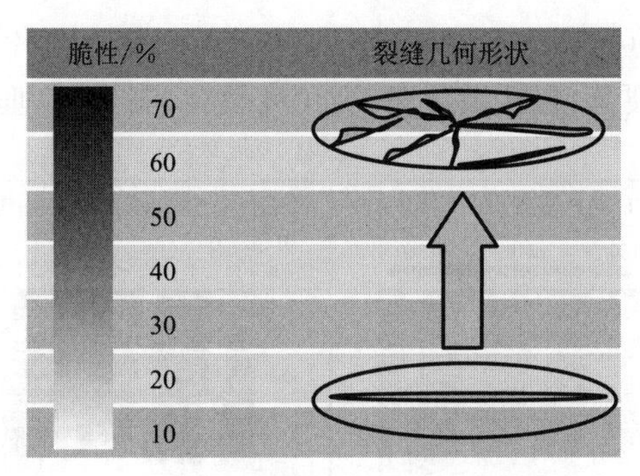

图 3-3　不同脆性程度岩石的压裂裂缝形态

3.2　储层天然裂缝发育状况

储层发育良好的天然裂缝及层理是实现体积改造的前提条件。压裂施工中，通过优化排量、液体黏度以及采用相应的技术方法，可以确保缝内净压力满足裂缝开启条件，从而能较容易地形成复杂缝网。但是，压裂形成缝网的难易程度与天然裂缝和水平层理的自然状态（是否为潜在缝或张开缝，裂缝内是否有充填物等）密切相关[199-202]。

从长 7 储层的孔隙度、渗透率与试油产量的关系图（图 3-4 和图 3-5）可以看出，长 7 储层物性与试油产量没有明显的相关性，说明可能是储层中裂缝起到了油气运移通道的作用。

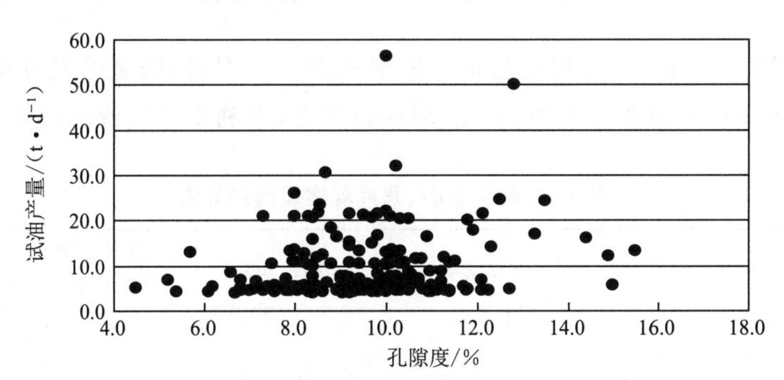

图 3-4　延长组长 7 储层孔隙度与试油产量关系

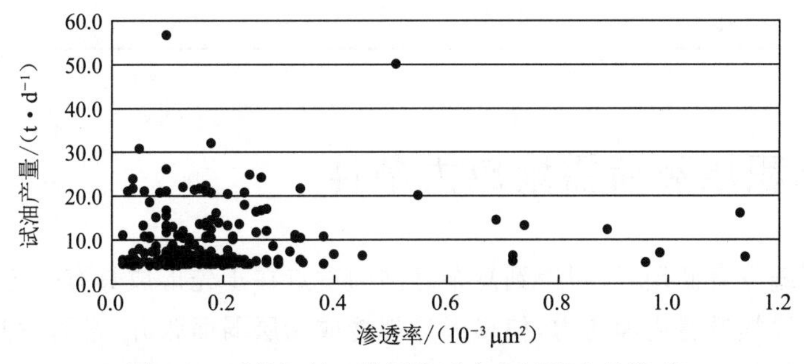

图 3-5　延长组长 7 储层渗透率与试油产量关系

从长 7 储层岩心观察(彩图 3-1)、成像测井(图 3-6)、荧光薄片以及铸体薄片(彩图 3-2)来看,储层发育有大量的裂缝,包括微裂缝、高角度裂缝、高导缝、垂直裂缝等。

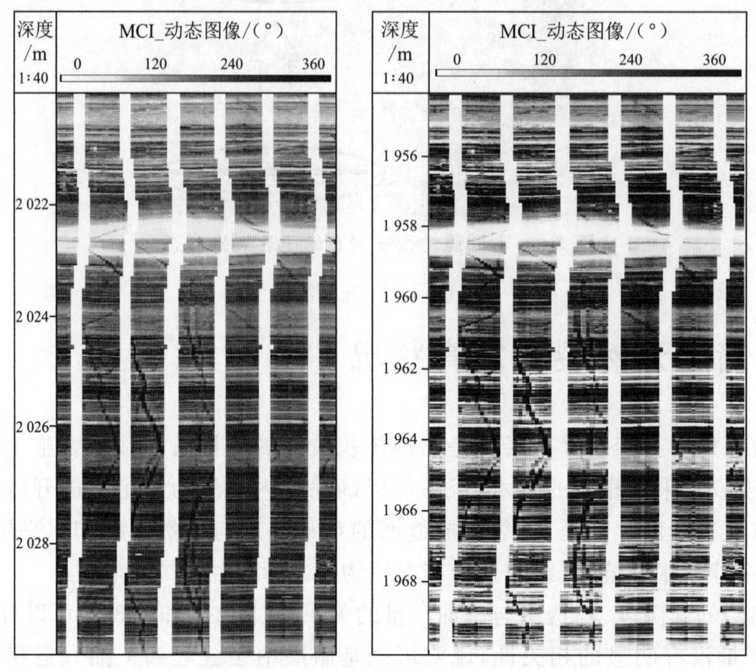

图 3-6　YC2 与 C77 长 7^2 小层高角度裂缝

对长 7 储层岩心、薄片观察得到的统计数据见表 3-4,裂缝、微裂缝发育概率约为 60%,裂缝密度为 3 条/10 m,说明长 7 储层天然裂缝较发育,有利于形成缝网系统。

表 3-4　长 7 岩心、薄片观察裂缝统计表

岩心观察井数/口	见裂缝井数/口	裂缝发育概率/%	层厚/m	单井裂缝发育条数/条	裂缝密度/(条·m^{-1})
54	31	57.4	21.6	5.6	0.3
薄片数	见微裂缝薄片数/条	微裂缝发育概率/%	平均发育条数/条	平均长度/cm	开度/μm
40	27	67.5	4.3	1.85	165

3.3　体积压裂所需地应力条件

对于天然裂缝发育储层,压裂得到复杂缝网的重点在于先形成具有一定缝长的主裂缝,而后采取一些手段提升缝内净压力,使得天然裂缝或储层弱面张开,进而达到形成缝网的目的。对于天然裂缝储层的裂缝扩展,前人做过大量研究。目前国内外广泛应用的裂缝扩展准则是 Warpinski 和 Teufel 提出的线性准则。形成缝网压裂的力学条件可以在天然裂缝性储层裂缝扩展的基础上进行分析。图 3-7 所示为形成缝网后的示意图。

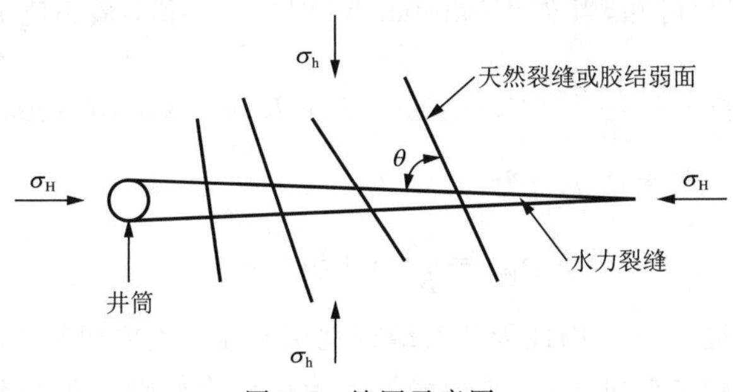

图 3-7　缝网示意图

根据 Warpinski 和 Teufel 的破裂准则，当天然裂缝发生张性断裂时有：

$$p > \sigma_n \tag{3-4}$$

式中　σ_n——作用于天然裂缝面的正应力，MPa；

p——天然裂缝近壁面的孔隙压力，MPa。

当作用于天然裂缝的剪应力较大时天然裂缝容易发生剪切滑移，此时有：

$$|\tau| > \tau_0 + K_f(\sigma_n - p) \tag{3-5}$$

式中　τ_0——天然裂缝内岩石的黏聚力，MPa；

τ——作用于天然裂缝面的剪应力，MPa；

K_f——天然裂缝面的摩擦因数。

根据二维线弹性理论，剪应力和正应力可表示为：

$$\tau = \frac{\sigma_H - \sigma_h}{2}\sin 2\theta \tag{3-6}$$

$$\sigma_n = \frac{\sigma_H + \sigma_h}{2} - \frac{\sigma_H - \sigma_h}{2}\cos 2\theta \tag{3-7}$$

式中　σ_H, σ_h——分别为水平最大主应力和水平最小主应力，MPa；

θ——水力裂缝与天然裂缝的夹角，$0 < \theta \leqslant \pi/2$。

当两条裂缝相交后，由于水力裂缝缝端已与天然裂缝连通，压裂液大量进入天然裂缝，天然裂缝近壁面的孔隙压力为：

$$p(x,t) = \sigma_h + p_{net}(x,t) \tag{3-8}$$

式中　p_{net}——裂缝内净压力，MPa。

将式(3-6)、式(3-7)和式(3-8)代入式(3-4)，整理得到发生张性断裂所需裂缝净压力为：

$$p_{net}(x,t) > \frac{\sigma_H - \sigma_h}{2}(1 - \cos 2\theta) \tag{3-9}$$

同理，将式(3-6)、式(3-7)和式(3-8)代入式(3-5)，整理得到发生剪切断裂所需裂缝净压力为：

$$p_{net}(x,t) > \frac{1}{K_f}\left[\tau_0 + \frac{\sigma_H - \sigma_h}{2}(K_f - \sin 2\theta - K_f\cos 2\theta)\right] \tag{3-10}$$

根据式(3-9)可知，当 $\theta = \pi/2$ 时有最大值，最大值为 $\sigma_H - \sigma_h$，因此天然裂缝或地层弱面发生张性断裂的最大值为水平主应力差值。

同理，根据式(3-10)可知，当 $\theta=\frac{\pi}{2}\arctan K_f$ 时有最小值，最小值 p_{min} 为：

$$p_{min}=\frac{\tau_0}{K_f}+\frac{\sigma_H-\sigma_h}{2K_f}[K_f-\sin(\arctan K_f)-K_f\cos(\arctan K_f)] \tag{3-11}$$

当 $\theta=\pi/2$ 时有最大值，最大值 p_{max} 为：

$$p_{max}=\frac{\tau_0}{K_f}+(\sigma_H-\sigma_h) \tag{3-12}$$

一般认为天然裂缝 $\tau_0=0$，因此天然裂缝或地层弱面发生剪切断裂的最大值同样为水平主应力差值。综合两种情况可知，天然裂缝性储层中使天然裂缝张开形成分支裂缝的力学条件为施工裂缝内净压力超过储层水平主应力差值。

水平主应力差决定了裂缝是单条缝特征还是体积压裂裂缝特征，直接影响带宽大小与改造体积。研究表明：水平主应力差 $\Delta\sigma>10$ MPa 时压裂裂缝呈现单条裂缝特征，体积压裂难度大，改造体积小；$\Delta\sigma>5$ MPa 时，压裂裂缝以单条裂缝为主，体积压裂有一定难度，改造体积不大；$\Delta\sigma<5$ MPa 时，压裂裂缝呈现体积压裂裂缝特征，体积压裂容易，改造体积大。长 7 储层水平主应力差适中(4～5 MPa)，小于储层应力差 6～8 MPa，可以形成一定规模的复杂缝网。

3.4 致密砂岩油藏体积压裂可行性综合评价

以上根据体积压裂的影响因素，分别对长 7 致密砂岩油藏体积压裂可行性进行了定性评价，并没有将所有影响因素进行综合考虑，因此没有实现对长 7 致密砂岩油藏体积压裂可行性的综合定量评价。本节在定性分析基础上，筛选综合评价体积压裂可行性的指标，参照相关文献及经验确定指标的评价标准并分别打分，赋予各指标统一权重，实现对体积压裂可行性的定量化综合评价[203-209]。

3.4.1 体积压裂可行性评价指标及评价标准的确定

体积压裂可行性评价主要对储层岩石力学、储层天然裂缝发育程度和地应力条件三大因素进行筛选研究。指标筛选遵循如下原则：

(1) 可操作性，方便数据统计分析；

(2) 全面性，影响体积压裂可行性的因素应尽量都涉及；

(3) 可对比性，便于对比不同储层实现体积压裂的难易程度；

(4) 相对独立性，各项指标之间不可相互代替，具有相对独立性。

根据上述筛选原则，对指标进行分析和筛选，剔除部分不符合筛选原则的指标。

可以反映储层岩石力学特征的有岩石矿物组分、弹性模量、泊松比、脆性指数等，它们之间既有联系，也有相对独立性。岩石矿物组分可以反映岩石脆性指数，岩石脆性指数也可以通过岩石弹性模量及泊松比计算得到。考虑到数据统计方便，最终选定岩石石英含量和通过弹性模量及泊松比计算得到的岩石脆性指数作为影响体积压裂的储层岩石力学特征评价指标。描述储层天然裂缝发育状况的参数有很多，根据指标筛选的可操作性及相对独立性，选定储层裂缝发育概率和裂缝密度作为影响体积压裂的储层裂缝发育状况评价指标。影响体积压裂实现难易程度的地应力条件为水平两项主应力差值。综上所述，最终筛选出的体积压裂可行性评价指标有5个：储层岩石石英含量、岩石脆性指数、裂缝发育概率、裂缝密度、水平两项主应力差值。

基于已有的研究结果和专家经验，分别制定五个评价指标的评价标准，并将每个评价指标对应的体积压裂实现难易程度划分为4个等级，分别为难、较难、一般及容易。结果见表3-5。

表3-5 体积压裂可行性评价指标评价标准

评价指标＼体积压裂实现难易程度	难(3)	较难(2)	一般(1)	容易(0)
储层岩石石英含量/%	10～20	20～30	30～40	>40
岩石脆性指数/%	10～30	30～40	40～50	>50
裂缝发育概率/%	<50	50～70	70～90	>90
裂缝密度/(条·m^{-1})	<0.3	0.3～0.5	0.5～0.7	>0.7
水平两项主应力差值/MPa	>10	7～10	5～7	<5

3.4.2 体积压裂可行性评价指标——层次分析法确定权重

1) 模糊关系方程的建立

体积压裂可行性与储层岩石石英含量、岩石脆性指数、裂缝发育概率、裂缝密度以及水平两项主应力差值5个因素有关。根据这5个因素，可建立模糊关系方程为：

$$y=(a_1,a_2,a_3,a_4,a_5)\begin{bmatrix}Z_1\\Z_2\\Z_3\\Z_4\\Z_5\end{bmatrix} \tag{3-13}$$

上式中，y 表示体积压裂实现难易程度；a_i $(i=1,2,3,4,5)$ 分别表示储层岩石石英含量、岩石脆性指数、裂缝发育概率、裂缝密度以及水平两项主应力差值的权重；Z_i $(i=1,2,3,4,5)$ 分别表示以上5个评价指标对应的结果。

2) 权重的确定

权重的确定采用层次分析法(AHP)，其基本原理是：首先将问题层次化，按问题性质和总目标将此问题分解成不同层次，构成一个多层次的分析结构模型，分为最底层、中间层和最高层，再根据相对于最高层(总目标)的相对重要性确定权值或相对优劣次序的排序，从而为决策提供依据。

层次分析法的具体步骤如下：

(1) 明确问题。在分析时首先要对问题有明确的认识，弄清问题的范围，了解问题所包含的因素，确定因素之间的关联关系和隶属关系。

(2) 建立递阶层次结构。根据对问题的分析和了解，将问题所包含的因素按照是否共有某些特征归纳成组，并将它们之间的共同特性看成是系统中新的层次中的一些因素，而这些因素本身也按照另外的特性组合起来，形成更高层次的因素，直到最终形成单一的最高层次因素。

(3) 建立两两比较的判断矩阵 $\boldsymbol{C}_s$。判断矩阵 $\boldsymbol{C}_s=(\boldsymbol{p}_1,\boldsymbol{p}_2,\cdots,\boldsymbol{p}_n)$，表示针对上一层次某单元(元素)，本层次与其有关单元之间相对重要性的比较，见表 3-6。

表 3-6 判断矩阵

$\boldsymbol{p}_1$	$\boldsymbol{p}_2$	…	$\boldsymbol{p}_n$
b_{11}	b_{12}	…	b_{1n}
b_{21}	b_{22}	…	b_{2n}
…	…	…	…
b_{n1}	b_{n2}	…	b_{nn}

在层次分析法中，为了使判断定量化，关键在于设法使任意两个方案对某一准则的相对优越程度得到定量描述。一般对单一准则来说，两个方案进行比较总能判断出优劣。层次分析法采用 1～9 标度方法，对不同情况的评比给出数量标度，见表 3-7。

表 3-7 评比数量标度

标 度	定义与说明
1	两个元素对某个属性具有同样重要性
3	两个元素比较，一元素比另一元素稍微重要
5	两个元素比较，一元素比另一元素明显重要
7	两个元素比较，一元素比另一元素重要得多
9	两个元素比较，一元素比另一元素极端重要
2,4,6,8	表示需要在上述两个标准之间折衷时的标度
$1/b_{ij}$	两个元素的反比较

判断矩阵 $\boldsymbol{C}_s$ 具有如下特征(式中 $i,j,k=1,2,\cdots,n$)：

$$\left.\begin{aligned} b_{ii} &= 1 \\ b_{ji} &= 1/b_{ij} \\ b_{ij} &= b_{ik}/b_{jk} \end{aligned}\right\} \tag{3-14}$$

(4) 层次单排序。层次单排序就是将本层所有各元素以上一层为准，两两对应比较，排出评比顺序。这需要计算判断矩阵的最大特征向量，最常用的方法是和积法和方根法。

将判断矩阵的每一列元素做归一化处理，其元素的一般项为：

$$b_{ij}=\frac{b_{ij}}{\sum_{1}^{n} b_{ij}} \quad (i,j=1,2,\cdots,n) \tag{3-15}$$

将每一列经归一化处理后的判断矩阵按行相加为：

$$a_i=\sum_{1}^{n} b_{ij} \quad (i,j=1,2,\cdots,n) \tag{3-16}$$

对向量 $\boldsymbol{a}=(a_1,a_2,\cdots,a_n)^{\mathrm{T}}$ 归一化处理为：

$$a_i=\frac{a_i}{\sum_{1}^{n} a_j} \quad (i,j=1,2,\cdots,n) \tag{3-17}$$

$\boldsymbol{a}=(a_1,a_2,\cdots,a_n)^{\mathrm{T}}$ 即为所求的特征向量的近似解。

(5) 矩阵一致性评价。计算判断矩阵最大特征根 $\lambda_{\max}$：

$$\lambda_{\max}=\sum_{1}^{n} \frac{(\boldsymbol{C}_{\mathrm{s}} a)_i}{n a_i} \tag{3-18}$$

判断矩阵一致性指标 CI(consistency index)：

$$CI=\frac{\lambda_{\max}-n}{n-1} \tag{3-19}$$

一致性指标 CI 的值越大，表明判断矩阵偏离完全一致性的程度越大；CI 的值越小，表明判断矩阵越接近于完全一致性。

对于多阶判断矩阵，引入平均随机一致性指标 RI(random index)。表 3-8 给出了 1～15 阶正互反矩阵计算 1 000 次得到的平均随机一致性指标。

表 3-8　1～15 阶平均随机一致性指标

n	1	2	3	4	5	6	7	8
RI	0	0	0.58	0.9	1.12	1.24	1.32	1.41
n	9	10	11	12	13	14	15	
RI	1.46	1.49	1.52	1.54	1.56	1.58	1.59	

判断矩阵一致性指标 CI 与同阶平均随机一致性指标 RI 之比称为随机一致性比率 CR(consistency ratio)，即

$$CR=\frac{CI}{RI} \tag{3-20}$$

当 $CR<0.10$ 时，便认为判断矩阵具有可以接受的一致性；当 $CR\geqslant 0.10$ 时，则需要调整和修正判断矩阵，使其满足 $CR<0.10$，以具有满意的一致性。

根据以上方法，得到体积压裂可行性评价指标的层次分析结果见表 3-9。

表 3-9　体积压裂可行性评价指标层次分析结果

	储层岩石石英含量/%	岩石脆性指数/%	裂缝发育概率/%	裂缝密度/(条·m^{-1})	水平两项主应力差/MPa
储层岩石石英含量/%	1.00	0.33	1.00	0.50	0.25
岩石脆性指数/%	3.00	1.00	3.00	2.00	1.00
裂缝发育概率/%	1.00	0.33	1.00	1.00	0.33
裂缝密度/(条·m^{-1})	2.00	0.50	1.00	1.00	0.50
水平两项主应力差/MPa	4.00	1.00	3.00	2.00	1.00

由此计算得到各个评价指标的权重 $a_i(i=1,2,3,4,5)=(0.093,0.311,0.113,0.153,0.329)$。

随机一致性比率 $CR=0.008\,2$，说明此矩阵具有满意的一致性。

3.4.3　致密砂岩油藏体积压裂可行性评价结果

鄂尔多斯盆地长 7 致密砂岩油藏体积压裂可行性评价指标见表 3-10。

表 3-10　鄂尔多斯盆地长 7 致密砂岩油藏体积压裂可行性评价指标

评价指标	储层岩石石英含量/%	岩石脆性指数/%	裂缝发育概率/%	裂缝密度/(条·m^{-1})	水平两项主应力差/MPa
评价指标数值	41.8	42.1	62.5	0.3	4.5
可行性模糊评价值(Z_i)	0	1	2	2	0
层次分析权重值(a_i)	0.093	0.311	0.113	0.153	0.329

前文计算得到储层岩石石英含量、岩石脆性指数、裂缝发育概率、裂缝密度、水平两项主应力差值这 5 项评价指标的权重分别为 0.093，0.311，0.113，0.153，0.329。由表 3-10 可知，$Z_i(i=1,2,3,4,5)=(0,1,2,2,0)$，将评价指标权重及评价结果代入式(3-13)，计算得到 $y=0.845$。鄂尔多斯盆地长 7 致密砂岩油藏体积压裂实现难度系数为 0.845，位于区间[0，1.0)内，根据表 3-11 的划分，属于容易实现水平，说明通过一定的工艺措施，该储层可以实现体积改造。

表 3-11　体积压裂可行性评价级别划分表

级　别	难	一　般	容　易
区　间	[2.0,3.0]	[1.0,2.0)	[0,1.0)

3.5 小　结

本章从储层岩石矿物组分、岩石脆性指数、天然裂缝发育状况以及地应力条件等方面论证了长7致密砂岩油藏水平井体积压裂的可行性。

(1) 从岩石矿物组成、岩石力学参数两个方面计算了长7致密砂岩油藏岩石脆性指数，计算结果表明岩石脆性为中等偏强，为实现体积改造提供了物质基础。

(2) 根据长7致密砂岩油藏岩心观察、成像测井、铸体薄片等资料，分析了该油藏天然裂缝的发育状况，表明天然裂缝较发育，为实现体积压裂提供了前提条件。

(3) 基于天然裂缝扩展准则，理论上论证了实现体积压裂的地应力条件，分析了长7致密砂岩油藏水平地应力差，其值适中，说明可形成一定规模的缝网。

(4) 制定了体积压裂可行性评价标准，运用层次分析法得到了评价指标的权重，实现了体积压裂可行性评价定量化，研究表明了鄂尔多斯盆地长7致密砂岩油藏可以实现体积压裂。

第4章 致密砂岩油藏水平井体积压裂渗流特征

实践证明，水平井技术和水力压裂措施是有效开发致密砂岩油藏的方法，储层、水平井及压裂参数合理匹配是提高单井产能的保证。对于开发致密砂岩油藏水平井的水力压裂裂缝参数优化及其产能分析，主要存在三种方式[61-68,123-142,205-209]：一是利用油藏工程方法，建立相关油藏渗流解析或数值模型，对分段多级压裂水平井动态产能进行分析；二是利用数值模拟方法对致密砂岩油藏多级压裂水平井的产能进行评价，并对产能影响因素进行分析；三是利用水电模拟方法对压裂水平井的压力分布特征及产能影响因素进行分析。

但该类研究大都建立在传统水力压裂裂缝形态基础上，传统压裂产生的裂缝为双翼对称裂缝，以一条主缝为主导实现改善储层渗流能力的目的，主裂缝的垂向上仍然是基质向裂缝的“长距离”渗流，主流通道无法改善储层的整体渗流能力。在储层基岩向单一裂缝的垂向渗流中，如果储层基质渗透率极低，则能够实现有效渗流的距离非常短，“长距离”的渗流需要的驱动压力就非常大，因此该裂缝模式极大地限制了储层有效动用率。而对于类似长庆长7油藏的致密砂岩油藏储层，采用分段多簇大排量压裂方式，形成近似体积压裂的复杂裂缝网络，其渗流特征是基岩向各方向的裂缝实施“最短距离”的渗流，渗流到裂缝后再沿着裂缝网络流到井筒，因此需要的驱动压力大大降低，这样就可以极大地提高储层有效动用率，并降低储层有效动用下限。

基于此，本章主要在国内外低渗透油藏压裂水平井研究的基础上，结合致密砂岩油藏微地震监测资料分析的结果，根据水电相似原理，利用水电模拟方法，在考虑天然裂缝的基础上研究致密储层及近井区域的压力分布特征，并对分段多簇压裂水平井产能影响因素进行分析。

4.1 致密砂岩油藏多裂缝水平井渗流特征电模拟实验装置及方法

电模拟实验是一种研究地层油气渗流的广泛应用的实验模拟技术。对水平井体积压裂后的渗流场，根据水电相似原理设计了多裂缝水平井电模拟实验，测定不同井网及水平段长度下，不同裂缝长度、裂缝条数及导流能力的油藏的电流电压分布，基于相似原理，分析不同裂缝参数下分段压裂水平井的渗流特征，以及裂缝参数对水平井产能的影响，为致密砂岩油藏多段压裂水平井的产能分析及计算提供参考和依据。

4.1.1　电模拟实验装置

根据水电相似原理，建立分段压裂水平井渗流特征电模拟实验装置。它由油藏模拟系统、测量系统和电路系统组成，主要包括高频率信号发生器、多用途测试仪表、方向控制器、电压源、玻璃槽、定位丝杠、电动机马达等。

油藏模拟系统为一装有电解液的长、宽、高分别为 1.5 m，1.5 m 和 0.35 m 的有机玻璃槽（图 4-1 和图 4-2），实际的油层用自来水模拟，带有多条裂缝（均为垂直裂缝）的水平井用铜棒和铝片焊接的模型模拟。

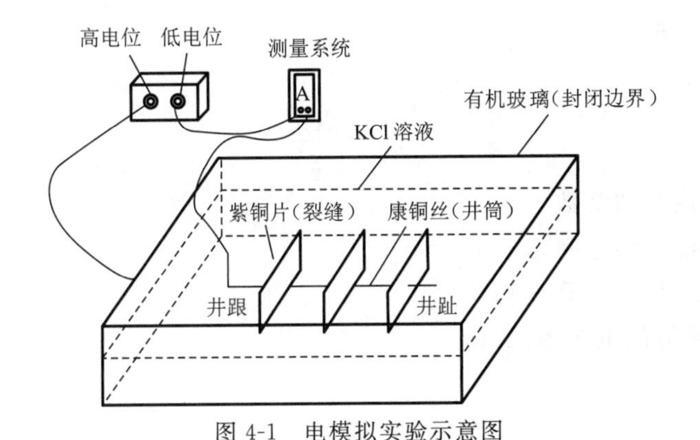

图 4-1　电模拟实验示意图

图 4-2　电模拟装置实物图

为有效避免极化现象的发生，电路系统提供低压高频（6 V，50 kHz）交流电，电流值和电压值可以通过多用途测试仪表直接读出。测量系统的探针可做三维移动，用来测量平面上和纵向上各点的电压和电流。探针的坐标在方向控制器上显示，便于直接记录。由于测定坐标数据繁多，方向键上可以设定一定的步长，使探针按照设定的长度移动，从而提高测定的效率。

4.1.2 水电相似原理及模型参数确定

1）压力场和电流场的关系

油气井中油气渗流压力 p 在生产中遵守拉普拉斯方程：

$$\nabla^2 p = 0 \tag{4-1}$$

稳态恒定电流场中电势 U 也满足拉普拉斯方程：

$$\nabla^2 U = 0 \tag{4-2}$$

流体稳态渗流的压力场与稳恒电流场性质相似。

2）相似常数及模型参数的确定

（1）物理相似关系。

流度相似常数：

$$C_{K/\mu} = \frac{K\rho}{\gamma} \tag{4-3}$$

式中 $C_{K/\mu}$——流度相似常数；

K——实际油藏渗透率，μm^2；

μ——油藏流体黏度，Pa·s；

γ——实验流体的电导率，S/m。

压力相似常数：

$$C_p = \frac{p}{U} \tag{4-4}$$

式中 C_p——压力相似常数；

p——实际注水井注入压力，Pa；

U——电模拟模型电压，V。

速度相似常数：

$$C_v = \frac{v}{i} \tag{4-5}$$

式中 C_v——速度相似常数；

v——实际油藏中的流体渗流速度，m/s；

i——电模拟模型中电流密度，A/m^2。

流量相似常数：

$$C_Q = \frac{Q}{I} = C_L^2 C_v \tag{4-6}$$

式中 C_Q——流量相似常数；

C_L——几何相似常数；

Q——实际油藏中的流体流量，m^3/s；

I——电模拟模型的电流强度，A。

(2) 几何相似关系。

$$C_L = \frac{X}{x} = \frac{Y}{y} = \frac{Z}{z} = \frac{R}{r} \tag{4-7}$$

式中　C_L——几何相似常数；

X,Y,Z,R——实际油藏中的几何参数，m；

x,y,z,r——电模拟模型中的几何参数，m。

(3) 相似指标。

$$\frac{C_p C_{K/\mu}}{C_L C_v} = 1 \tag{4-8}$$

根据实验原理设计实验模型的几何尺寸(实验设计中，几何相似系数 $C_L = 0.000\ 5$)。具体设计见表 4-1。

表 4-1　实验模型参数

鄂尔多斯长 7 致密砂岩油藏及油井参数		电模拟模型参数	
井　径/m	0.1	铜棒直径/mm	8.3
水平段长度/m	800	铜棒长度/mm	667
	1 500		1 250
井　距/m	600	电极间距/mm	500
排　距/m	150	铜棒端点到电极中点距离/mm	125
油层厚度/m	13	实验流体深度/mm	217
地层渗透率/($10^{-3}\mu m^2$)	0.24	实验流体电导率/($S \cdot m^{-1}$)	0.150
地层原油黏度/(mPa·s)	2		
裂缝渗透率/μm^2	0.3	实验铝片电导率/($S \cdot m^{-1}$)	180
流体黏度/(mPa·s)	2		
注水井注水压力/MPa	36	模型电压/V	3.6
体积压裂裂缝带宽/m	72	铝片厚度/mm	60
压裂裂缝长度/m	200	铝片长度/mm	167
	300		250
	228		190
	156		130

4.1.3　实验准备及步骤

1) 实验模型的准备

实验示意图及实物图如图 4-3 所示，模拟水平井为套管完井水平井，为封闭水平段，因此采用不导电的透明胶包覆，并在一定位置露出铜丝导电，用以模拟套管完井水平段的分段射孔。透明胶是绝缘体，可使康铜丝与电解液之间不导电。在这种状态下，康铜丝跟端测得的电流只有裸露的铜丝(模拟射孔段)与电解液之间通过的电流,而没有康铜丝与电解液之间通过的电流。

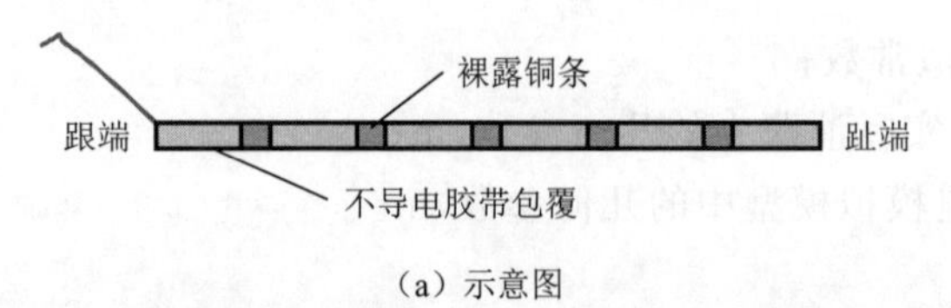

(a) 示意图

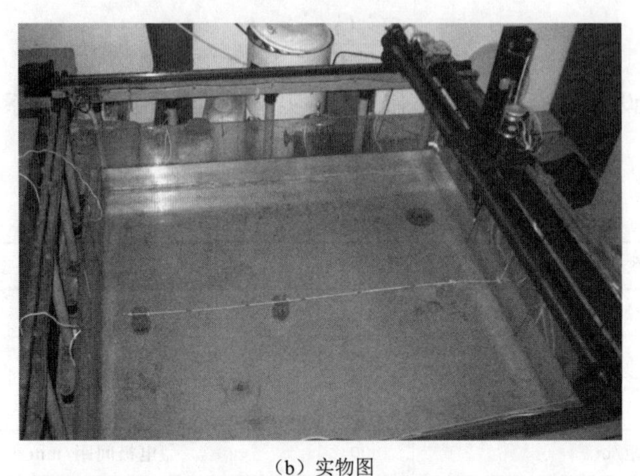

(b) 实物图

图 4-3 封闭水平井模拟

如图 4-4 和图 4-5 所示,模拟对比水平井包含传统双翼裂缝(图 4-4)、分段多簇裂缝带及等长和不等长裂缝组合(图 4-5),分别用铜丝模拟水平井,用薄铝片模拟传统双翼裂缝,用两片铝片中间夹放由铜丝插孔形成的导电网架模拟分段多簇裂缝带,其中铜丝网架的厚度可以用相似原理等价计算,并通过调节中间的铜条长度模拟。

2) 导电介质和供液边界的准备

实验中采用 0.01 mol/L 的 KCl 溶液作为导电介质,其电导率为 0.15 S/m,采用不导电的有机玻璃为封闭边界。

3) 模型的放置与连接

将分段压裂裂缝井的实验模型放入介质中,并在注采井模型之间加交流电压,连接好测量的电路。

4) 通过井的电压测量

移动探针,以 5～50 mm 为一个测点测量通过井筒和裂缝周围的电压,并绘制等压线分布图。

5) 渗流特征分析

根据给定的相似系数,将电流值转换成产能,分析不同裂缝参数下分段压裂水平井的渗流特征。

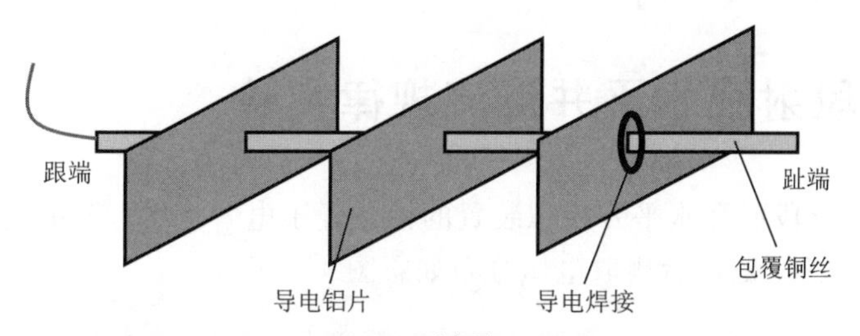

（a）示意图

（b）实物图

图 4-4　传统压裂裂缝模拟

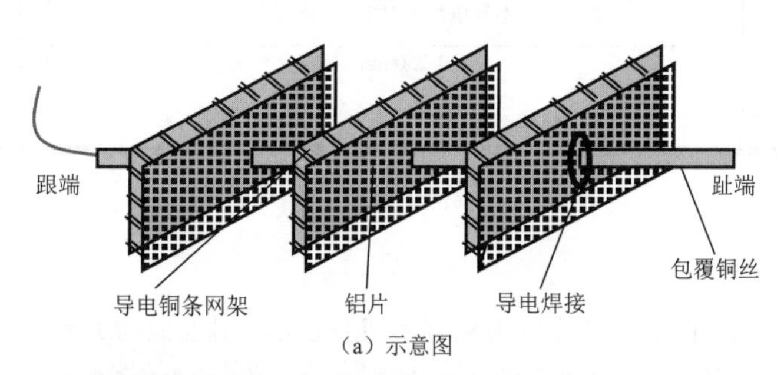

（a）示意图

（b）实物图

图 4-5　分段多簇压裂裂缝带模拟

4.2 分段射孔水平井渗流规律实验

将图 4-6 所示分段射孔水平井模拟装置的铜条置于电解池中，采用五点法注采井网，通 6 V，50 kHz 方波电压，稳定后测取电压分布如彩图 4-1 所示。

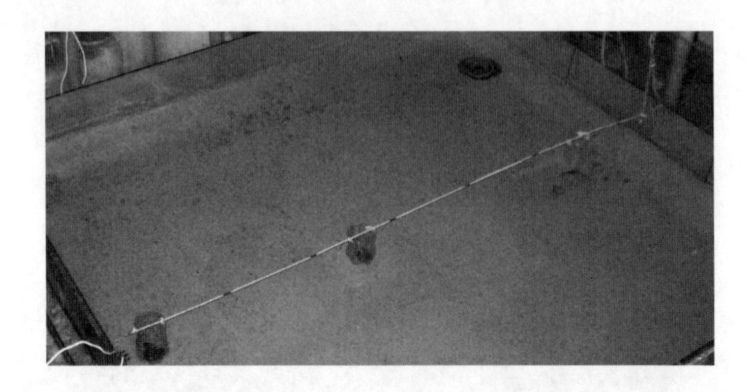

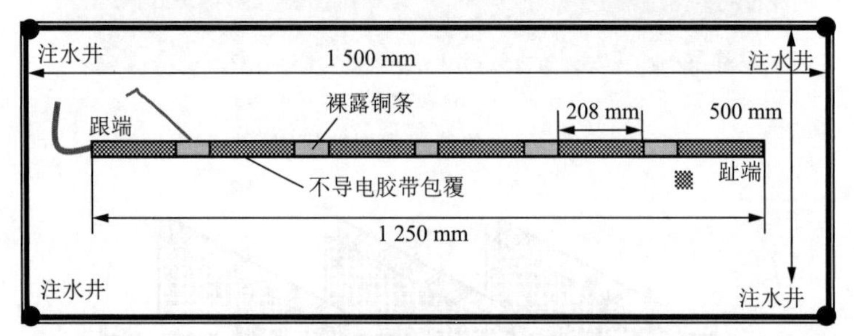

图 4-6　分段射孔水平井模拟装置

由图 4-6 可以看出：

(1) 远离水平井筒的等压线近似为椭圆形，射孔段周围近似为共轭椭圆族，且射孔段之间存在一定的干扰效应。

(2) 在注水井与水平井之间存在明显的压力均匀分布状态，端部密集，越靠近水平段中间越稀疏，说明端部见水较早，导致中部原油难以驱动，因此在裂缝布置时要考虑缝长变化，尽可能均匀驱动，延长无水采油期，提高最终采收率。

4.3 等长分段多簇裂缝渗流规律分析

实验分别模拟了压裂形成的不同裂缝形态（传统压裂面缝、矩形体积缝）下的储层及近井地带的压力分布，采用五点法注采井网，通 6 V，50 kHz 方波电压。水平井模拟实物及测试等压线分布如彩图 4-2 所示。

(1) 油藏外部区域，裂缝形态对等压线分布影响不大，两种裂缝形态等压线分布相似，等压线分布主要受注入井电压影响，近似为向注水井四周曲率逐渐变大的大椭圆形。

(2) 近井区域,裂缝之间等压线均出现向内凹进的现象,面缝凹进明显大于矩形缝,矩形裂缝等压线已非常平缓,低压区范围较大,说明体积压裂储层改造域比面缝大,可以较好地改善近井周围的渗流环境。

(3) 无论是面缝还是矩形缝,水平井越靠近两端,等压线越密集,说明两端地层压力梯度较中部储层要大得多,在注水开发中极易形成端部水窜,因此可考虑不等长裂缝设计,以均化油藏内压力分布,提高油藏整体采收率。

4.4　纺锤形分段多簇裂缝渗流规律分析

由上述分析得出,为提高水平井最终采收率,延长无水采油期,采用纺锤形不等长裂缝设计,采用五点法注采井网,通 6 V,50 kHz 方波电压。彩图 4-3 所示为纺锤形裂缝体系实物与等压线分布。由图可以看出:

(1) 纺锤形布置裂缝低压区面积减小,说明在初期产能释放程度上纺锤形布置裂缝较等长裂缝要低一些。

(2) 纺锤形布置裂缝后注采井组区域内部等压线分布较等长裂缝趋于均匀,说明注水端部突进能够在很大程度上得到控制,可以延长无水采油期,提高整体采收率。

(3) 经测试稳定后,传统压裂等长面缝、体积压裂等长矩形缝和体积压裂纺锤形矩形缝的稳定电流分别为 50.55 mA,109.10 mA 和 104.88 mA,由相似准则计算等价水平井产量分别为 10.89 m^3/d,23.52 m^3/d 和 22.6 m^3/d。

由此可以看出,体积压裂可大幅度提高水平井产能,能增加产能 1 倍以上。同时,纺锤形体积缝较等长体积缝产能低 0.9 m^3/d,但其可在注采井组内有效均化压力分布,防止过快水窜而降低最终采收率,因此有必要对不同缝长、不同缝间距、不同导流能力等参数进行系统的数值模拟研究,以形成最优化裂缝设计。

4.5　传统压裂与分段多簇压裂水平井渗流规律对比

为进一步分析对比传统压裂与体积压裂水平井渗流规律,以及等长裂缝分布与纺锤形裂缝分布的渗流规律,取平行于水平井井筒方向边界上(图 4-6)的压力数据作图,如图 4-7 所示。

由图 4-7 可知,油藏进行传统压裂与体积压裂后,注水井井周压力梯度最大,油藏中部压力梯度最小,且压力值也最小;油藏进行传统压裂后,油藏压力高于体积压裂后的油藏压力,说明体积压裂后油藏低压区域增大,水驱压力梯度提高,泄油面积同时增加,达到水平井提高产能的目的。体积压裂纺锤形分布裂缝与等长分布裂缝相比,前者在注水井井周的压力梯度明显减小,尤其是第一条裂缝对应的相同位置,油藏压力明显提高,说明纺锤形裂缝对减缓注入水沿裂缝突进有明显优势。另外,前者油藏中部压力梯度明显高于后者,有利于油藏中部原油的驱动,提高了注入水波及体积以及油藏采收率。

取两口对角注水井连线上(图 4-6)的压力数据作图,如图 4-8 所示。

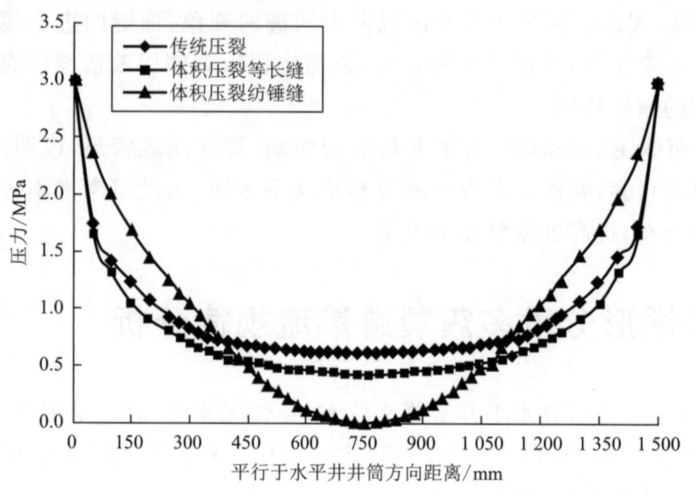

图 4-7　平行于水平井井筒方向边界上的压力分布

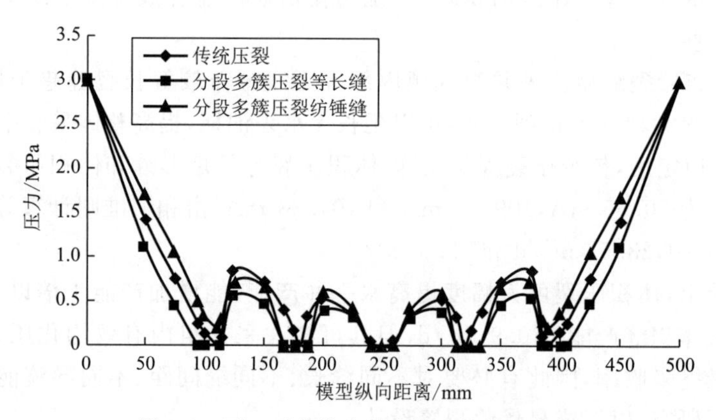

图 4-8　两口对角注水井连线上的压力分布

由图 4-8 可知，从注水井到模型中心，压力总体呈递减的趋势，沿对角线上，油藏注水井到第一条裂缝之间压力梯度最大，传统压裂与体积压裂在该区域差别不大。对角线上第一条裂缝到第二条裂缝之间，传统压裂后的压力高于体积压裂，说明体积压裂通过增加油藏改造体积降低了改造区域内的渗流阻力，增加了油水渗流面积，而纺锤形分布裂缝的压力稍高于等长分布裂缝，说明在该区域，前者注入水波及面积大于后者。对角线上第二条裂缝到第三条裂缝之间，纺锤形分布裂缝的压力已经高于其他两种，说明纺锤形分布裂缝在提高注入水波及体积、控制注入水突进方面最优。

4.6　小　结

利用电模拟实验装置，通过对分段射孔水平井、分段压裂等长面缝、分段压裂等长矩形缝和分段压裂纺锤形不等长矩形缝在五点法注采井网下的电模拟实验，可以得到以下结论：

(1) 在注水井与水平井之间存在明显的压力均匀分布状态，端部密集，越靠近水平段中间越稀疏，说明端部见水较早，导致中部原油难以驱动；同时无论是面缝还是矩形缝，水平井越靠近两端，等压线越密集，说明两端地层压力梯度较中部储层要大得多，在注水开发中极易形成端部水窜，因此可考虑不等长裂缝设计，以均化油藏内压力分布，提高油藏整体采收率。

(2) 近井区域，裂缝之间等压线均出现向内凹进的现象，面缝凹进明显大于矩形缝，矩形裂缝等压线已非常平缓，低压区范围较大，说明分段多簇压裂人工裂缝与天然裂缝形成的体积缝网区能更好地改善渗流环境，减小近井周围渗流阻力，有利于提高压裂水平井的单井产能。

(3) 纺锤形布置裂缝虽然低压区面积减小，在初期产能释放程度上较等长裂缝要低一些。但纺锤形布置裂缝后注采井组区域内部等压线分布较等长裂缝趋于均匀，说明注水端部突进能够在很大程度上得到控制，可以延长无水采油期，提高整体采收率。

由此，有必要对不同缝长、不同缝间距、不同导流能力等参数进行系统的数值模拟研究，以形成最优化裂缝设计。

第5章 致密砂岩油藏水平井体积压裂裂缝参数优化

为进一步研究鄂尔多斯盆地长7储层致密砂岩油藏体积压裂水平井产能的主要影响因素，在体积压裂水平井渗流特征实验分析基础上，运用油藏数值模拟方法[213-219]，模拟不同水平段长度、不同注采井网下不同裂缝几何参数对致密砂岩油藏压裂水平井产能的影响。

5.1 模型建立与方案设计

5.1.1 油藏及流体参数

油藏建模以X233区块长7油藏为对象，模拟油藏及流体参数见表5-1所示。

表5-1 水平井体积压裂数值模拟油藏及流体参数

油层厚度	油层深度	水平渗透率	垂向水平渗透率比	孔隙度	原始含油饱和度	原油密度
12 m	1 800 m	$0.5\times10^{-3}\mu m^2$	0.1	9%	50%	0.822 5 g/cm^3
地层水密度	**地层原油黏度**	**地层压力**	**生产井底压力**	**五点法井网单井注入量**	**七点法井网端部单井注入量**	**七点法井网腰部单井注入量**
1.022 g/cm^3	2.250 mPa·s	18.7 MPa	10.7 MPa	12 m^3/d	12 m^3/d	5 m^3/d

模型中，油水相对渗透率曲线如图5-1所示。

5.1.2 模型尺寸

分别对水平段长度为800 m和1 500 m的水平井进行模拟，其中水平段长度为800 m的水平井采用五点注采井网，水平段长度为1 500 m的水平井采用五点和七点注采井网。下面对3种情况下的模型尺寸依次进行说明。

1) 五点井网800 m水平段模型

如图5-2所示，模型面积为600 m×1 100 m，水平井处于模型中间，4口注入井分别位于模型的 4 个角上，水平井水平段长度为 800 m，井距 600 m，排距 150 m。

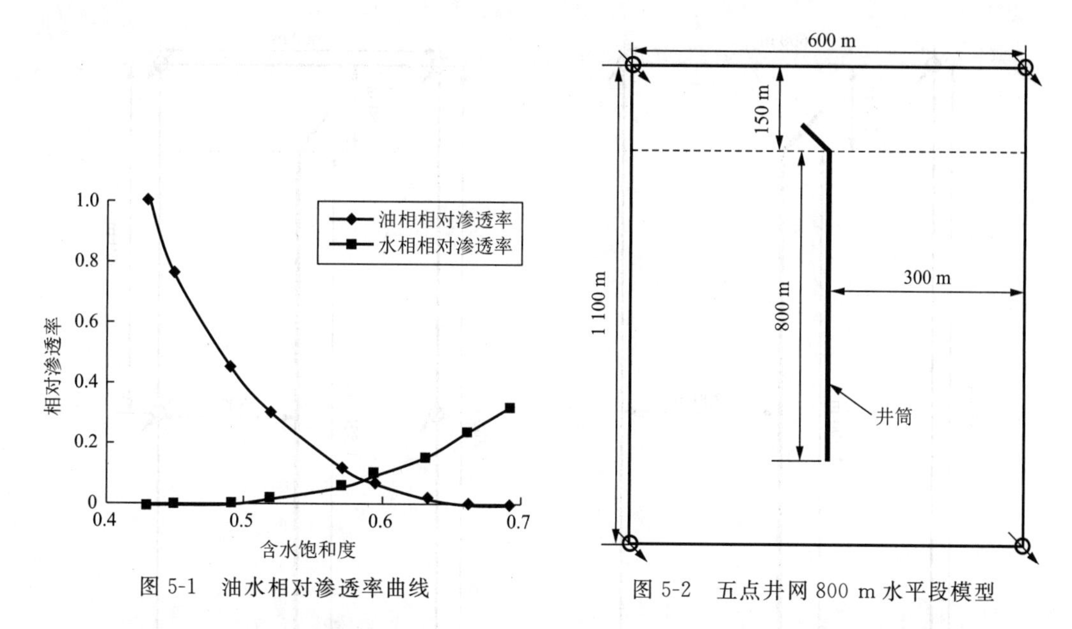

图 5-1　油水相对渗透率曲线　　　　图 5-2　五点井网 800 m 水平段模型

体积压裂形成的分支裂缝与储层的天然裂缝沟通，形成缝网系统，模型中通过图 5-3 所示的网络状高渗网格的模式来模拟人工裂缝和天然裂缝，其中深灰色裂缝为主裂缝，浅灰色裂缝为次裂缝，即分支裂缝与天然裂缝。1 组裂缝有 2 簇，簇间距 15 m，次裂缝缝间距 20 m，缝长 70 m。

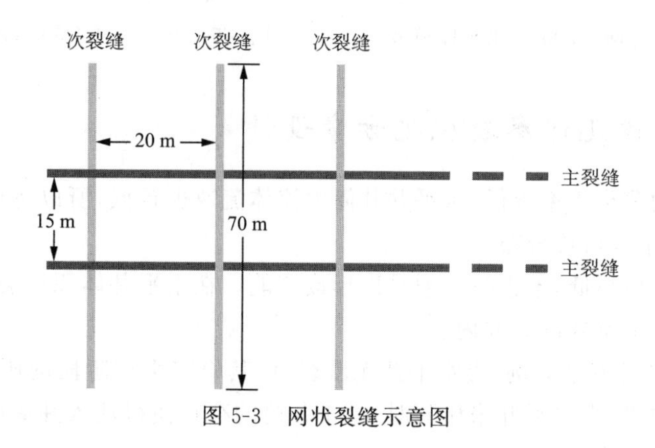

图 5-3　网状裂缝示意图

2）五点井网 1 500 m 水平段模型

如图 5-4 所示，该模型与第一个模型相似，水平井处于模型中间，注水井分别位于模型 4 个角上。模型面积为 600 m×1 800 m，水平井水平段长度为 1 500 m，井距为 600 m，排距为 150 m。

3）七点井网 1 500 m 水平段模型

该模型与五点井网 1 500 m 水平段模型尺寸相同，不同的是在模型两侧腰部分别布 1

口注水井，如图 5-5 所示。

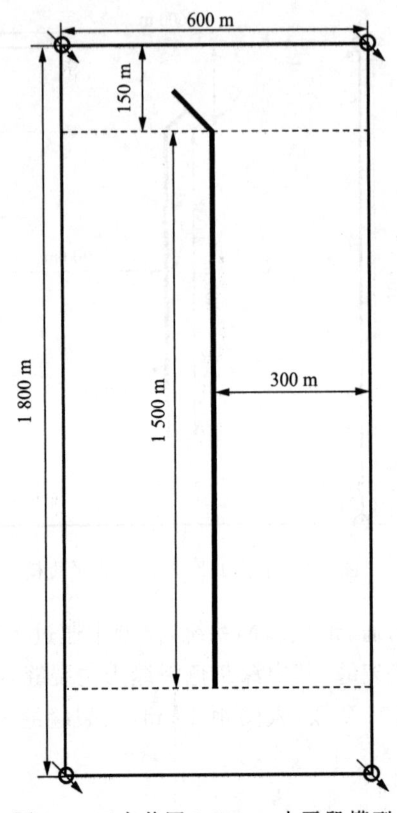

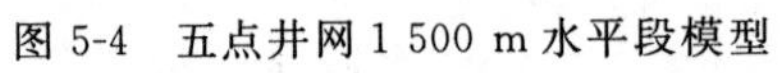
图 5-4　五点井网 1 500 m 水平段模型

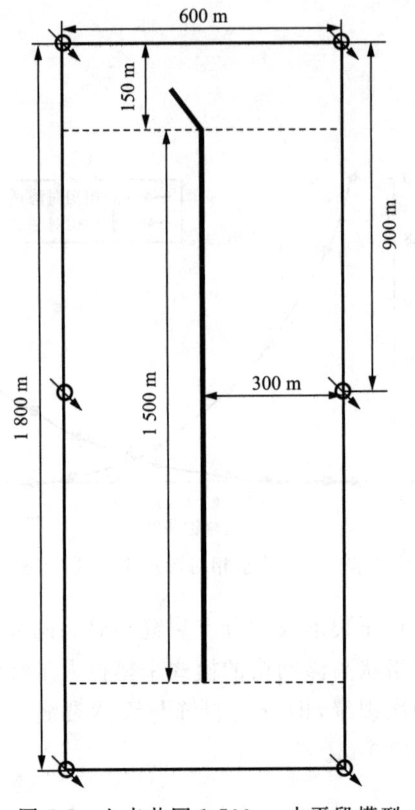

图 5-5　七点井网 1 500 m 水平段模型

5.1.3　裂缝几何参数优化方案设计

考虑到长 7 油藏渗透率很低，水平井井筒内流体流速也较低，所以忽略井筒内的压力损失，裂缝缝长沿水平段对称分布。

由于油藏渗透率很低，不进行压裂难以形成产能。在水平井体积压裂的研究中，裂缝的形态及其分布是一项重要的研究内容。

以 800 m 水平段模型为例，当水平井无压裂时，其稳定生产阶段的压力分布如彩图 5-1 所示。由图可以看出，当水平井未压裂时，由于井筒的存在使得注入井周围的压力分布图由环状变得更接近三角形。

下面采用图 5-6 至图 5-8 所示的方案对水平井体积压裂的裂缝形态进行优化。

五点井网 800 m 水平段裂缝形态共 4 种，即由井距中点分别向模型两侧离注水井 250 m，350 m，450 m 和 550 m 处连线；五点井网 1 500 m 水平段裂缝形态共 7 种，即由井距中点分别向模型两侧离注水井 300 m，400 m，500 m，600 m，700 m，800 m 和 900 m 处连线；七点井网1 500 m水平段裂缝形态共 4 种，即由井距中点分别向模型两侧离注水井 200 m，300 m，400 m 和 500 m 处连线。

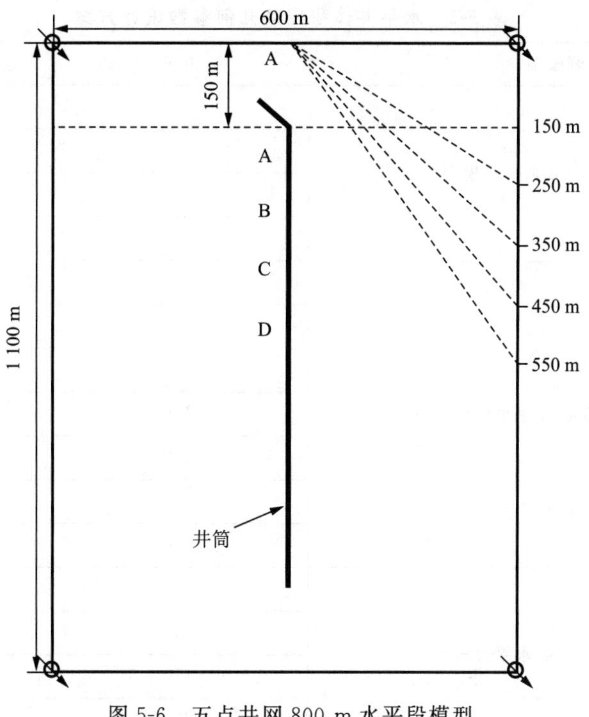

图 5-6　五点井网 800 m 水平段模型

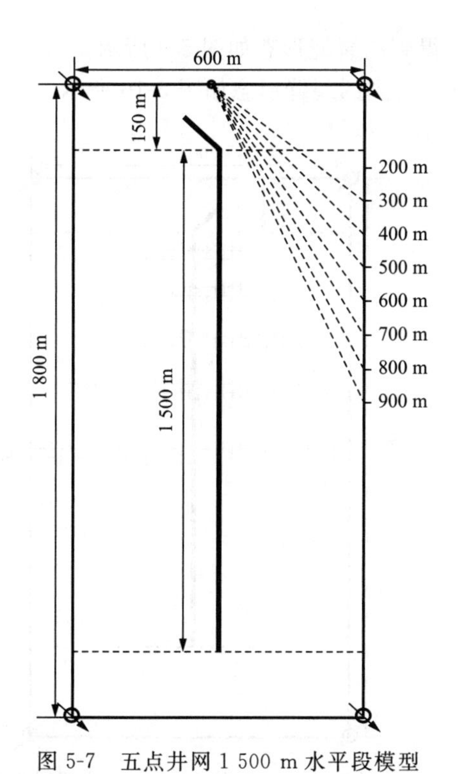

图 5-7　五点井网 1 500 m 水平段模型

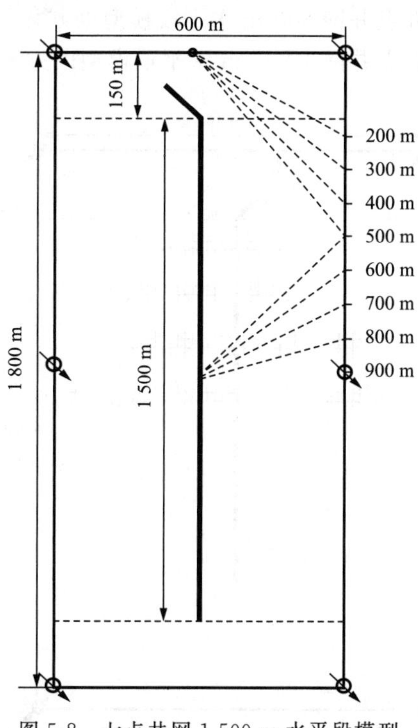

图 5-8　七点井网 1 500 m 水平段模型

具体连线对应的方案见表 5-2。

表 5-2　水平井体积压裂几何参数设计方案

油藏模型	方案	连线位置(离注水井距离)
五点井网 800 m 水平段模型	A1	250 m
	B1	350 m
	C1	450 m
	D1	550 m
五点井网 1 500 m 水平段模型	A2	300 m
	B2	400 m
	C2	500 m
	D2	600 m
	E2	700 m
	F2	800 m
	G2	900 m
七点井网 1 500 m 水平段模型	A3	200 m
	B3	300 m
	C3	400 m
	D3	500 m

五点井网 800 m 水平段模型以方案 D1 为例,得到的裂缝形态如图 5-9 所示。

五点井网 1 500 m 水平段模型以方案 G2 为例,得到的裂缝形态如图 5-10 所示。

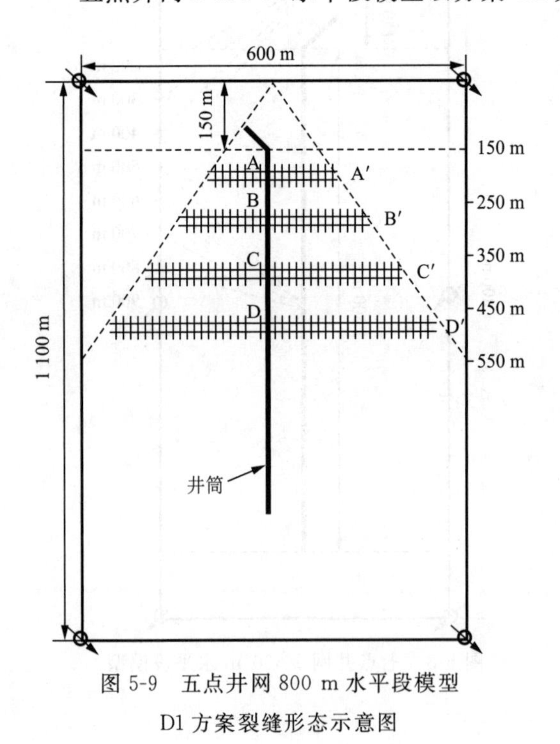

图 5-9　五点井网 800 m 水平段模型 D1 方案裂缝形态示意图

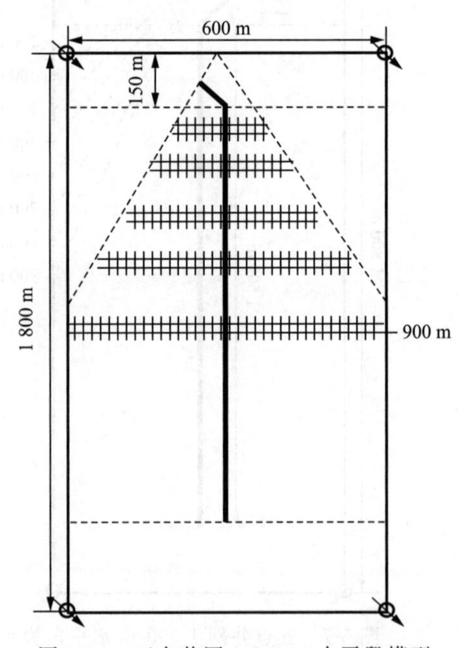

图 5-10　五点井网 1 500 m 水平段模型 G2 方案裂缝形态示意图

七点井网 1 500 m 水平段模型以 D3 为例，得到的裂缝形态如图 5-11 所示。

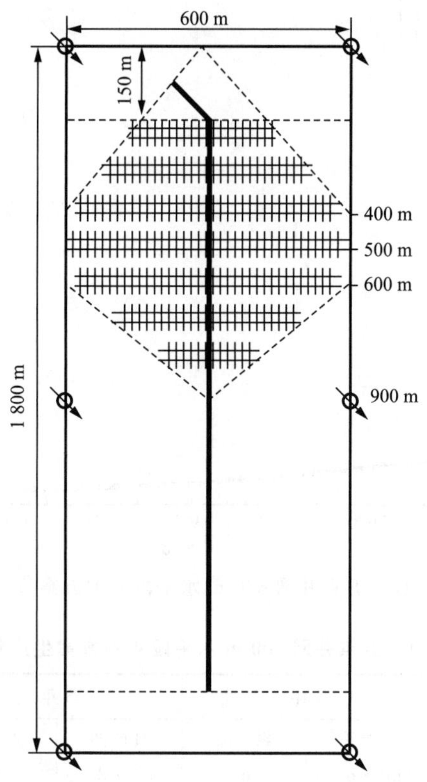

图 5-11　七点井网 1500 m 水平段模型 D3 方案裂缝形态示意图

5.2　裂缝几何参数优化结果及讨论

5.2.1　五点井网 800 m 水平段模型

1）裂缝分布形态优化

依据方案 A1，B1，C1 和 D1，设计得到 8 条裂缝情况下的水平井日产能如图 5-12 所示。在生产过程中，4 口注入井均以 12 m^3/d 的速率注入。由图可知，水平井初期产能较高，随着生产时间的延长，下降较为明显，下降到一定程度后保持较为稳定的产量生产。

方案 A1，B1，C1 和 D1 在不同阶段的生产状况见表 5-3。由表可以看出，在生产初期不同方案日产油差距较大，具体表现为由方案 A1 至方案 D1 依次变小，但是随着生产的进行，日产油差距逐渐变小。在生产 3 年之后，其日产油表现为基本一致，且方案 A1 至 D1 依次变大。

经分析，认为由方案 A1 设计得到的裂缝离注水井距离最短，方案 D1 设计得到的裂缝离注水井距离最长，前者更容易受到注入水的影响。方案 A1 和 D1 在 3 年时的含油饱和度分布和压力分布可直观地表现出来，如彩图 5-2 和彩图 5-3 所示。

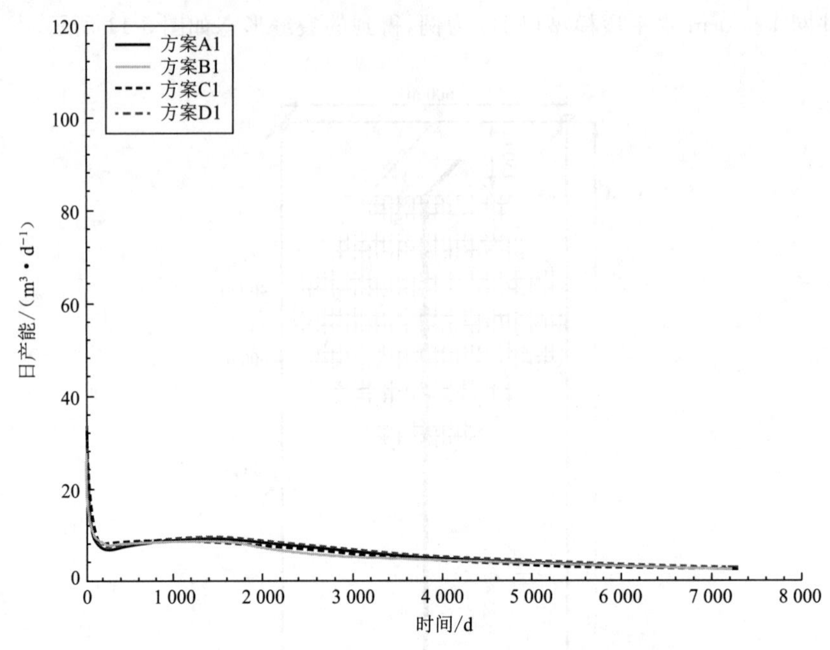

图 5-12　五点井网 800 m 水平段 4 种方案日产能

表 5-3　五点井网 800 m 水平段 4 种方案生产状况

方案	3 个月		1 年		3 年		20 年	
	日产油 /($m^3 \cdot d^{-1}$)	累产油 /m^3	日产油 /($m^3 \cdot d^{-1}$)	累产油 /m^3	日产油 /($m^3 \cdot d^{-1}$)	累产油 /m^3	日产油 /($m^3 \cdot d^{-1}$)	累产油 /m^3
A1	14.291 4	3 942.5	9.329 5	7 118.7	8.247 4	12 823.6	2.078 9	40 072.8
B1	13.680 2	3 806.1	8.729 2	6 850.2	8.255 4	12 072.9	2.131 5	40 890.1
C1	11.916 5	3 514.2	8.321 3	6 391.3	8.264 4	11 938.2	2.294 1	41 036.0
D1	11.339 5	3 438.3	8.270 7	6 131.6	8.276 8	11 887.8	2.530 7	41 460.2

由彩图 5-3 对比可以看出，方案 A1 设计得到的裂缝已与注水前缘连通，而方案 D1 设计得到的裂缝离注水前缘还有一定的距离。

方案 A1,B1,C1 和 D1 设计得到的模型，其含水率随采出程度的变化曲线如图 5-13 所示，可发现不同设计方案的含水率差别较大，以方案 D1 最优。方案 D1 的含水率比方案 A1 的低 5%左右，且 20 年后采出程度最高。

图 5-14 所示为不同方案的油藏压力随时间的变化曲线。由图可以看出，不同设计方案得到的模型的油藏压力随时间变化趋势基本一致，但不同设计方案间的压力值相差较大，最大约 1 MPa。其中，方案 D1 压力最高，方案 A1 压力最低，这与从彩图 5-3 的分析一致，即方案 A1 设计得到的裂缝离注水井距离最短，注入水前缘更容易到达裂缝位置，导致水窜，从而地层压力保持不够理想。

综上所述，方案 D1 设计得到的水平井体积压裂裂缝分布形态最优。

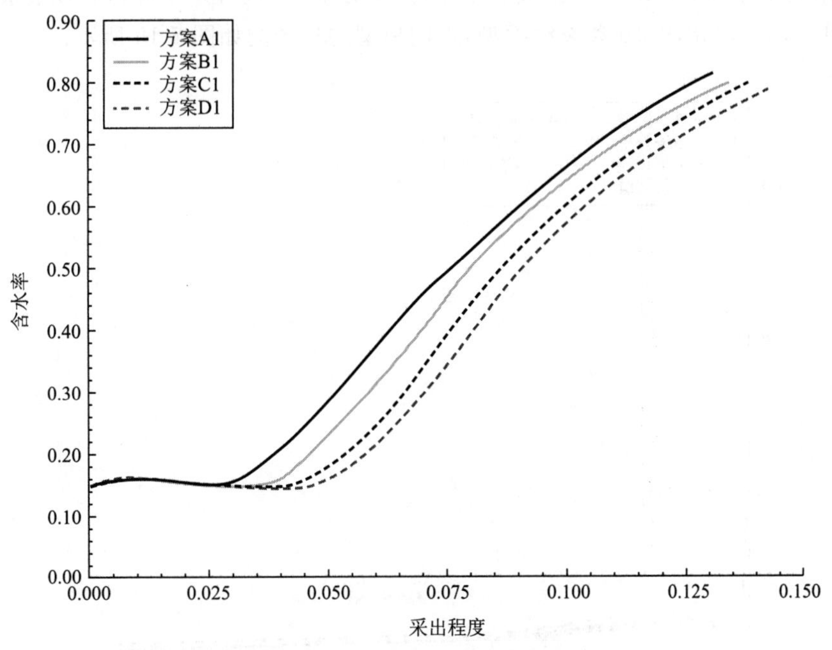

图 5-13　含水率随采出程度的变化

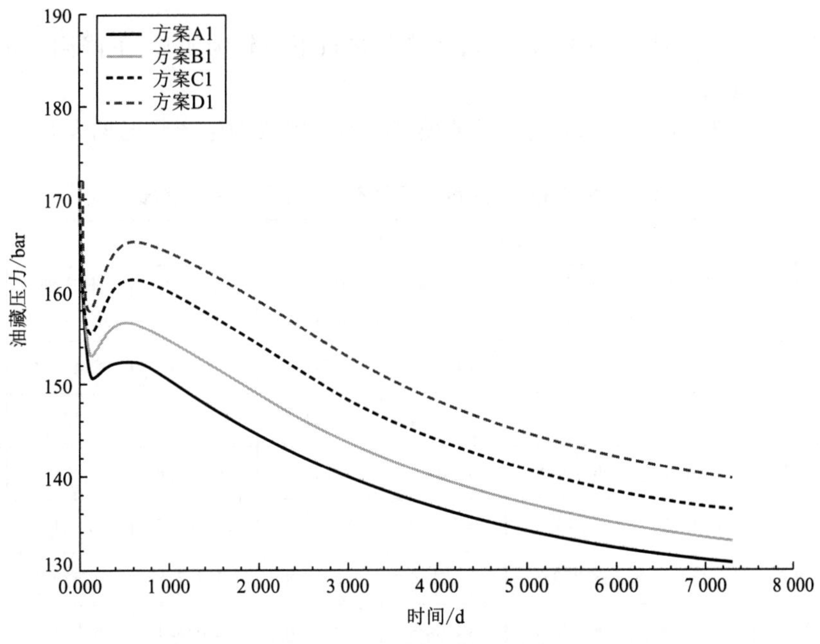

图 5-14　压力随时间的变化

(1 bar=0.1 MPa)

2）裂缝条数优化

为优化五点井网 800 m 水平段裂缝条数，选定方案 D1 设计水平井体积压裂裂缝分布形态。设计了 3,5,6,7,8,9,10 条裂缝模型，不同模型的日产能如图 5-15 所示。

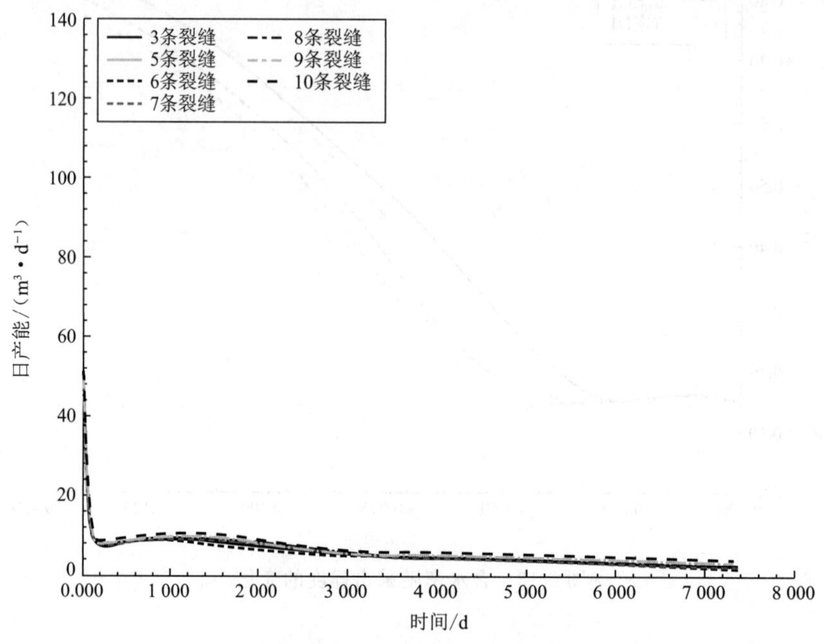

图 5-15　五点井网 800 m 水平段不同裂缝条数日产能

由图可知，水平井初期产能较高，随着生产的进行下降较为明显，下降到一定程度后保持较为稳定的产量生产。

裂缝条数分别为 3,5,6,7,8,9,10 条的模型在不同阶段的生产状况见表 5-4。

表 5-4　五点井网 800 m 水平段不同裂缝条数生产状况

条数	3 个月		1 年		3 年		20 年	
	日产油 /($m^3 \cdot d^{-1}$)	累产油 /m^3	日产油 /($m^3 \cdot d^{-1}$)	累产油 /m^3	日产油 /($m^3 \cdot d^{-1}$)	累产油 /m^3	日产油 /($m^3 \cdot d^{-1}$)	累产油 /m^3
3	8.424 5	2 485.7	5.632 4	4 009.2	5.517 1	9 425	2.414 2	36 491.7
5	9.581 5	2 764.2	6.546 9	4 483.4	6.421 2	9 921.8	2.455 8	38 712.3
6	9.957 4	2 908.5	6.905 8	5 310.9	7.742 9	10 584.6	2.478 2	39 922.1
7	10.174 1	3 242.9	7.687 1	5 666.9	8.270 2	11 403.7	2.521 2	40 155.2
8	11.339 5	3 438.3	8.270 7	5 931.6	8.276 8	11 887.8	2.530 7	41 460.2
9	11.927 4	3 564.8	8.393 2	6 263.8	8.283 8	12 073.1	2.323 1	40 022.1
10	12.244 5	3 678.2	8.482 3	6 390.9	8.278 2	12 172.4	2.227 2	38 060.8

由表可以看出，在生产初期不同裂缝条数日产油差距较大，表现为由3条至10条依次变大，差别较明显。随着生产的进行，日产油差距逐渐变小。生产3年之后7,8,9和10条日产油表现为基本一致，生产20年之后变为由8条至10条依次变小。其中8条裂缝与10条裂缝日产油差别较小，且8条裂缝的日产油较为稳定。

彩图5-4和彩图5-5分别为不同裂缝条数模型生产1个月和5年的压力分布图。由图可以发现，生产初期不同裂缝条数模型的压力分布有一定的差别，进入稳定生产阶段后，3,5和6条裂缝条数模型的油藏压力分布差别较大，7,8,9和10条裂缝条数模型的油藏压力差别较小，但注入井压力有一定差别。

彩图5-6为不同裂缝条数模型生产5年的含油饱和度分布图。由图对比，参考彩图5-4和彩图5-5的分析可以发现，在稳定生产一定年限后，裂缝条数大于7条时不同模型的油藏压力和饱和度分布差别较小。

图5-16所示为不同裂缝条数模型含水率随采出程度的变化曲线。由图可看出，10条裂缝模型的含水率最高，7,8和9条裂缝模型的采出程度基本一致。8条裂缝模型含水率在开发后期较低，且其最终采收率最高。3,5和6条裂缝情况下，由于裂缝条数过少导致生产能力不足，其产量处于较低水平。

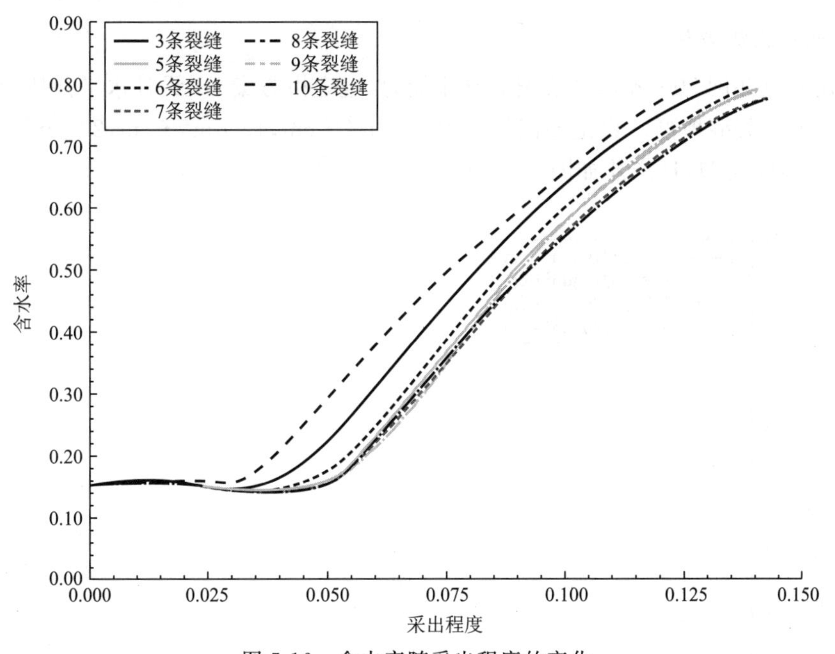

图5-16 含水率随采出程度的变化

图5-17所示为不同裂缝条数模型油藏压力随时间的变化曲线。由图可以看出，不同裂缝条数的模型油藏压力随时间的变化趋势基本一致，随裂缝条数的增加，油藏压力降低。3条裂缝模型油藏压力最高，5条次之，7和8条裂缝模型的油藏压力保持合理。

综上所述，认为8条裂缝最优。

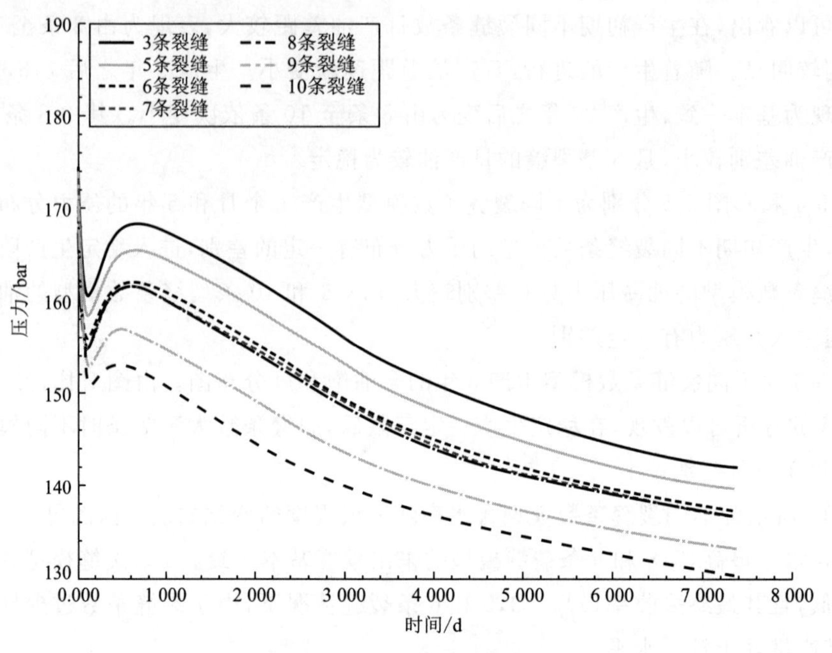

图 5-17　压力随时间的变化

3）裂缝导流能力优化

为优化五点井网 800 m 水平段裂缝导流能力，选定由方案 D1 设计水平井体积压裂裂缝分布形态的 8 条裂缝模型。设定导流能力为 10 $\mu m^2 \cdot cm$，15 $\mu m^2 \cdot cm$，20 $\mu m^2 \cdot cm$ 和 40 $\mu m^2 \cdot cm$ 的不同模型，日产能如图 5-18 所示。

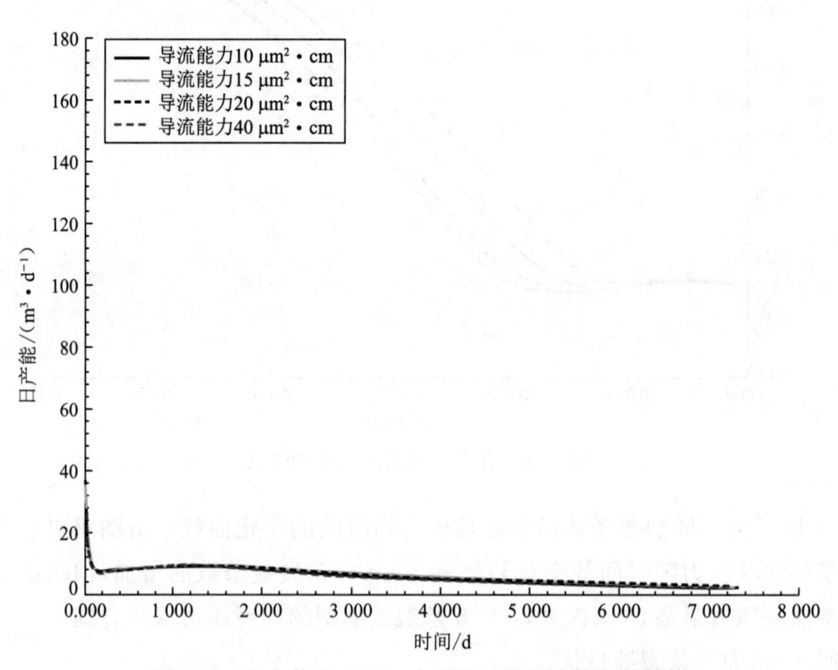

图 5-18　五点井网 800 m 水平段不同导流能力日产能

由图可知,水平井初期产能较高,随着生产时间的延长,下降较为明显,下降到一定程度后保持较为稳定的产量生产。

不同导流能力的裂缝模型在不同阶段的日产能见表 5-5。

表 5-5　五点井网 800 m 水平段不同导流能力生产状况

导流能力 /($\mu m^2 \cdot cm$)	3 个月		1 年		3 年		20 年	
	日产油 /($m^3 \cdot d^{-1}$)	累产油 /m^3	日产油 /($m^3 \cdot d^{-1}$)	累产油 /m^3	日产油 /($m^3 \cdot d^{-1}$)	累产油 /m^3	日产油 /($m^3 \cdot d^{-1}$)	累产油 /m^3
10	9.731 2	3 258.7	8.031 5	5 621.4	8.165 2	10 275.3	2.423 1	40 724.5
15	11.339 5	3 438.3	8.270 7	5 931.6	8.276 8	11 887.8	2.530 7	41 760.2
20	11.457 5	3 462.8	8.380 0	6 045.8	8.271 0	11 972.5	2.493 4	41 695.2
40	11.596 5	3 552.3	8.416 4	6 202.3	8.265 2	12 439.4	2.431 0	41 573.0

由表可以看出,在生产初期不同裂缝导流能力日产油差距较大,表现为随导流能力增大日产油变大,15 $\mu m^2 \cdot cm$ 至 40 $\mu m^2 \cdot cm$ 差别不大。随着生产时间的延长,日产油差距逐渐变小。生产 3 年之后日产油表现为基本一致,生产 20 年之后变为导流能力为 15 $\mu m^2 \cdot cm$ 的裂缝模型日产油最大,导流能力为 10 $\mu m^2 \cdot cm$ 的裂缝模型日产油一直最小,导流能力大于一定值之后,20 年累产油差别不大。

图 5-19 所示为不同导流能力裂缝模型含水率随采出程度的变化曲线。由图可看出,不同导流能力裂缝含水率基本一致。进入含水生产期之后,导流能力为 40 $\mu m^2 \cdot cm$ 的裂缝模型含水率最高,导流能力为 15 $\mu m^2 \cdot cm$ 的裂缝模型采出程度最高,且含水率较低。

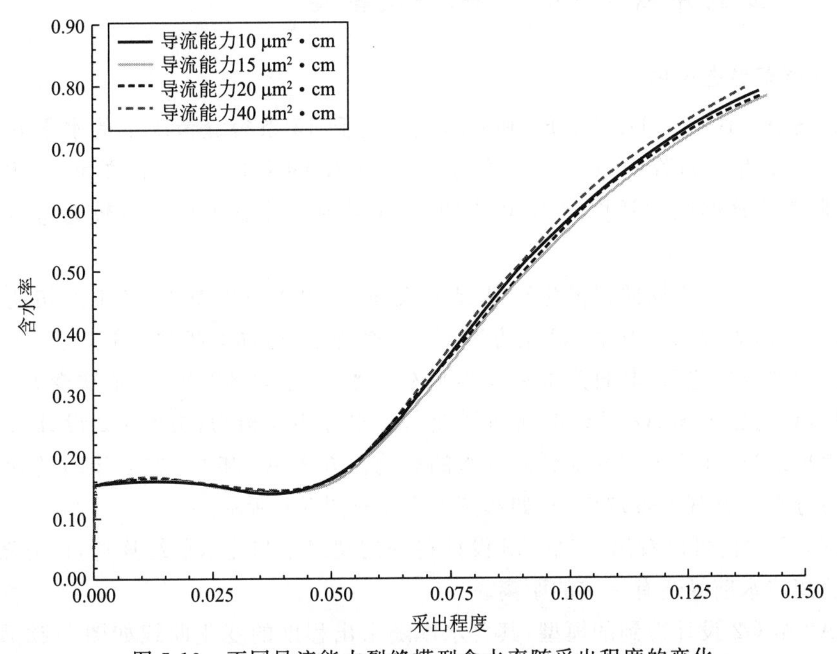

图 5-19　不同导流能力裂缝模型含水率随采出程度的变化

由图 5-20 可以看出，导流能力为 10 $\mu m^2 \cdot cm$ 和 15 $\mu m^2 \cdot cm$ 的裂缝模型的油藏压力差别较小，且均保持在较高水平。

综上所述，考虑合理经济效益等因素，认为裂缝导流能力确定在 15 $\mu m^2 \cdot cm$ 最合理。

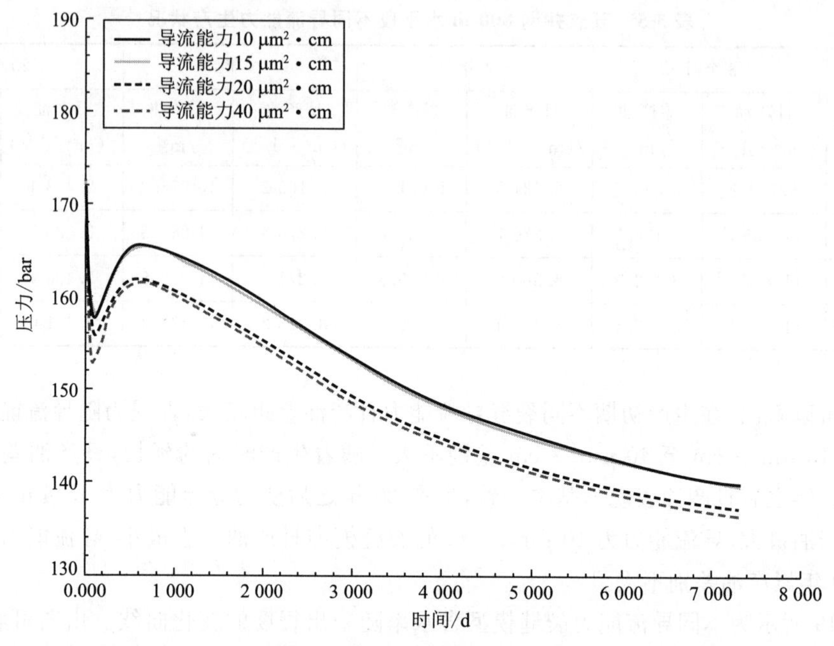

图 5-20　不同导流能力裂缝模型压力随时间的变化

5.2.2　五点井网 1 500 m 水平段模型

1）裂缝分布形态优化

依据方案 A2,B2,C2,D2,E2,F2 和 G2，设计得到 15 条裂缝情况下的水平井日产能如图 5-21 所示。在生产过程中，4 口注入井均以 12 m^3/d 的速率注入。由图可知，水平井初期产能较高，随着生产时间的延长，下降较为明显，下降到一定程度后保持较为稳定的产量生产。

方案 A2 至 G2 在不同阶段的生产状况见表 5-6。由表可以看出，在生产初期不同方案日产油差距较大，表现为由方案 A2 至方案 G2 依次变小，随着生产时间的延长，日产油差距逐渐变小。生产 3 年之后，其日产油表现为基本一致，且方案 A2 至 G2 依次变大。

经分析，认为由方案 A2 设计得到的裂缝离注水井距离最短，方案 G2 设计得到的裂缝离注水井距离最长，前者更容易受到注入水的影响。方案 A2 和 G2 在 5 年时的含油饱和度分布和压力分布可直观地表现出来，如彩图 5-7 和彩图 5-8 所示。

由彩图 5-7 对比可以看出，方案 A2 设计得到的裂缝已与注水前缘连通，而方案 G2 设计得到的裂缝离注水前缘还有一定的距离。

方案 A2 至 G2 设计得到的模型，其含水率随采出程度的变化曲线如图 5-22 所示，可发现不同设计方案的含水率差别较大，以方案 G2 和 F2 为最优。方案 G2 和 F2 的含水率比方

案 A2 的高 1.5%左右，且 20 年后采出程度最高。

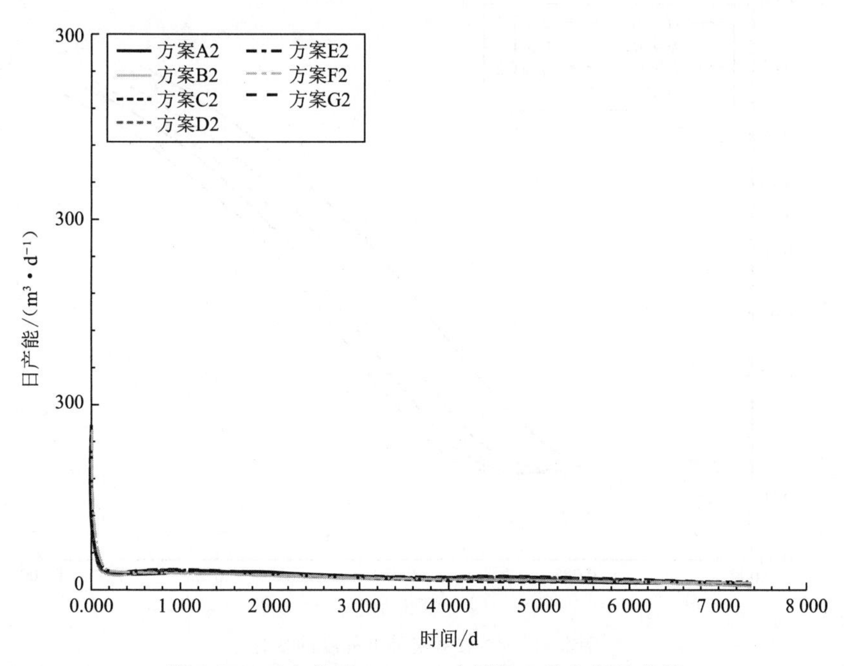

图 5-21　五点井网 1 500 m 水平段 7 种方案日产能

表 5-6　五点井网 1 500 m 水平段 7 种方案生产状况

方案	3 个月		1 年		3 年		20 年	
	日产油/$(m^3\cdot d^{-1})$	累产油/m^3	日产油/$(m^3\cdot d^{-1})$	累产油/m^3	日产油/$(m^3\cdot d^{-1})$	累产油/m^3	日产油/$(m^3\cdot d^{-1})$	累产油/m^3
A2	19.225 6	3 130.3	13.246 3	6 473.5	8.896 2	12 519.0	2.311 6	39 367.3
B2	18.570 5	3 053.2	13.036 7	6 308.5	8.991 0	12 311.6	2.403 1	40 333.7
C2	17.935 84	2 955.3	12.847 8	6 141.3	8.963 1	12 087.0	2.594 6	41 497.6
D2	17.338 18	2 854.6	12.707 1	5 994.3	8.938 9	11 889.4	2.683 1	42 556.3
E2	16.802 85	2 748.6	12.613 7	5 863.5	8.907 5	11 715.1	2.766 5	43 394.0
F2	16.319 40	2 652.8	12.559 5	5 728.9	9.678 1	11 470.6	2.805 3	44 167.1
G2	15.919 83	2 540.7	12.596 3	5 662.9	8.864 0	11 468.7	2.814 7	44 364.0

图 5-23 所示为不同方案的压力随时间的变化曲线。由图可以看出，不同设计方案得到的模型其压力随时间变化趋势基本一致，但不同设计方案间的压力值相差较大，平均最大约 1.5 MPa。其中，方案 G2 压力最高，方案 A2 压力最低，这与彩图 5-8 的分析一致，即方案 A2 设计得到的裂缝离注水井距离最短，注入水前缘更容易到达裂缝位置，导致水窜，从而油藏压力保持不够理想。

综上所述，方案 G2 和 F2 设计得到的水平井体积压裂裂缝形态最优。

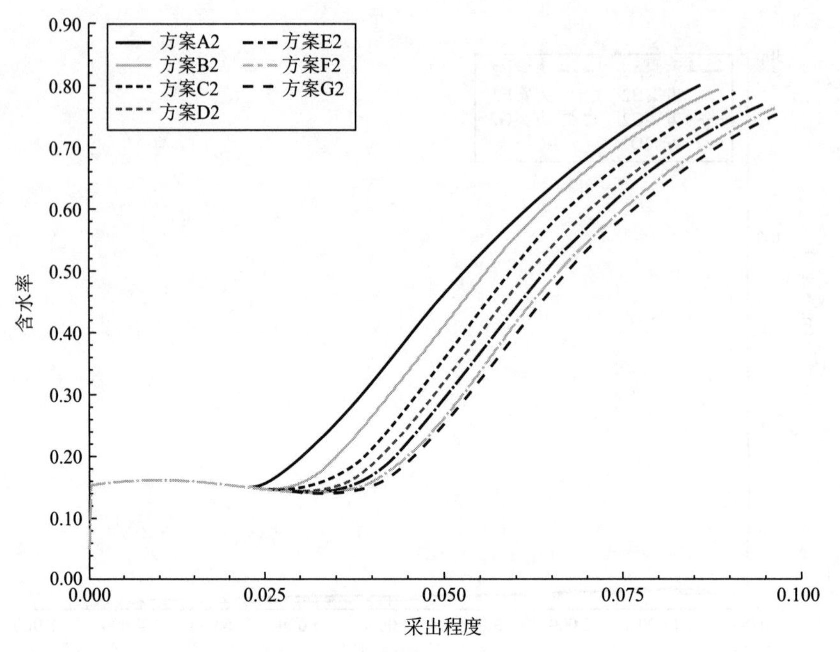

图 5-22　含水率随采出程度的变化

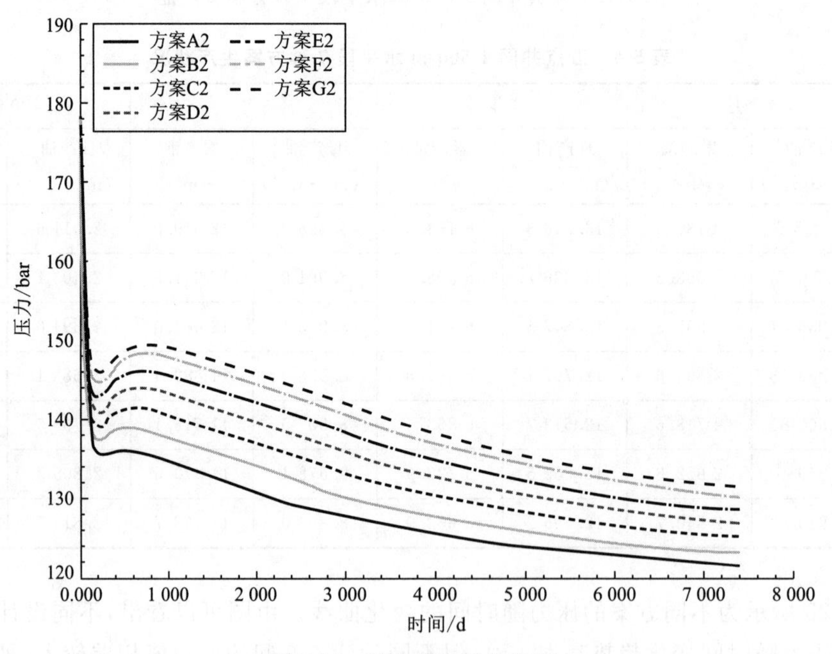

图 5-23　压力随时间的变化

2）裂缝条数优化

为优化五点井网 1 500 m 水平段裂缝条数，选定方案 F2 设计水平井体积压裂裂缝分布形态。设计 12，13，14，15，16，17 和 18 条裂缝模型，不同模型的日产能如图 5-24 所示。

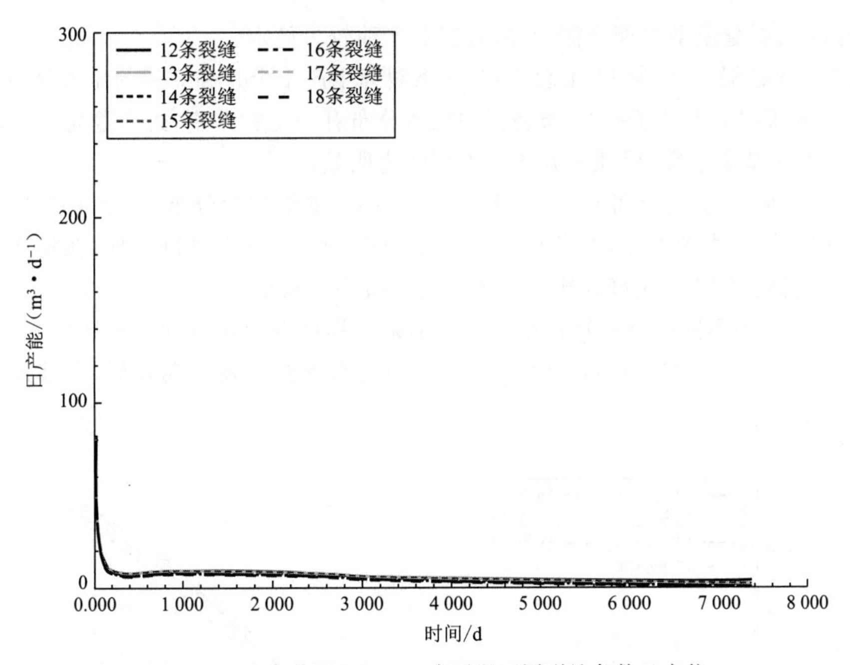

图 5-24　五点井网 1 500 m 水平段不同裂缝条数日产能

由图可知，水平井初期产能较高，随着生产时间的延长，下降较为明显，下降到一定程度后保持较为稳定的产量生产。

裂缝条数分别为 12，13，14，15，16，17 和 18 条的模型在不同阶段的生产状况见表 5-7。

表 5-7　五点井网 1 500 m 水平段不同裂缝条数生产状况

方案	3 个月		1 年		3 年		20 年	
	日产油 $/(m^3\cdot d^{-1})$	累产油 $/m^3$	日产油 $/(m^3\cdot d^{-1})$	累产油 $/m^3$	日产油 $/(m^3\cdot d^{-1})$	累产油 $/m^3$	日产油 $/(m^3\cdot d^{-1})$	累产油 $/m^3$
12	14.653 2	2 409.3	11.985 4	5 495.6	8.754 2	11 173.9	2.764 1	39 799.1
13	15.484 0	2 503.9	12.245 3	5 587.0	8.902 3	11 294.8	2.802 4	41 843.7
14	15.794 9	2 604.6	12.459 5	5 706.6	9.912 9	11 451.1	2.816 4	44 470.2
15	16.319 4	2 652.8	12.559 5	5 728.9	9.678 1	11 470.6	2.805 3	44 167.1
16	16.309 0	2 692.8	12.737 8	5 735.5	9.702 6	11 493.0	2.732 5	43 759.8
17	16.421 7	2 754.1	12.893 2	5 908.2	9.829 2	11 722.3	2.716 9	43 690.4
18	16.727 9	2 805.2	12.917 5	6 059.4	8.834 6	11 891.1	2.698 4	43 092.2

由表可以看出，在生产初期不同裂缝条数日产油差距较大，表现为由 12 条至 18 条依次变大，差别较明显。随着生产时间的延长，日产油差距逐渐变小。生产 3 年和 20 年之后整体表现为 14 条较优。在生产过程中由于 12 和 13 条裂缝数量过少，其产量一直处于较低水

平。其中,14 条裂缝模型初期产能较高,且其日产油较为稳定。

彩图 5-9 和彩图 5-10 为 14 条裂缝和 18 条裂缝生产 1 个月和 5 年的压力分布。由图可以发现,生产初期 14 条裂缝和 18 条裂缝的压力分布有一定的差别,进入稳定生产阶段后油藏压力分布曲线基本一致,但注入井压力差别较为明显。

彩图 5-11 为 14 条裂缝和 18 条裂缝生产 5 年的含油饱和度分布(由于油藏的对称性,截取上半部分显示)。由图对比,参考彩图 5-9 和彩图 5-10 的分析可以发现,在稳定生产一定年限后 14 条裂缝和 18 条裂缝间压力和饱和度分布差别较小。

图 5-25 所示为不同裂缝条数模型含水率随采出程度的变化曲线。由图可看出,不同裂缝条数模型的含水率基本一致,但 14 条裂缝模型含水率在开发后期较低,且其最终采出程度最高。

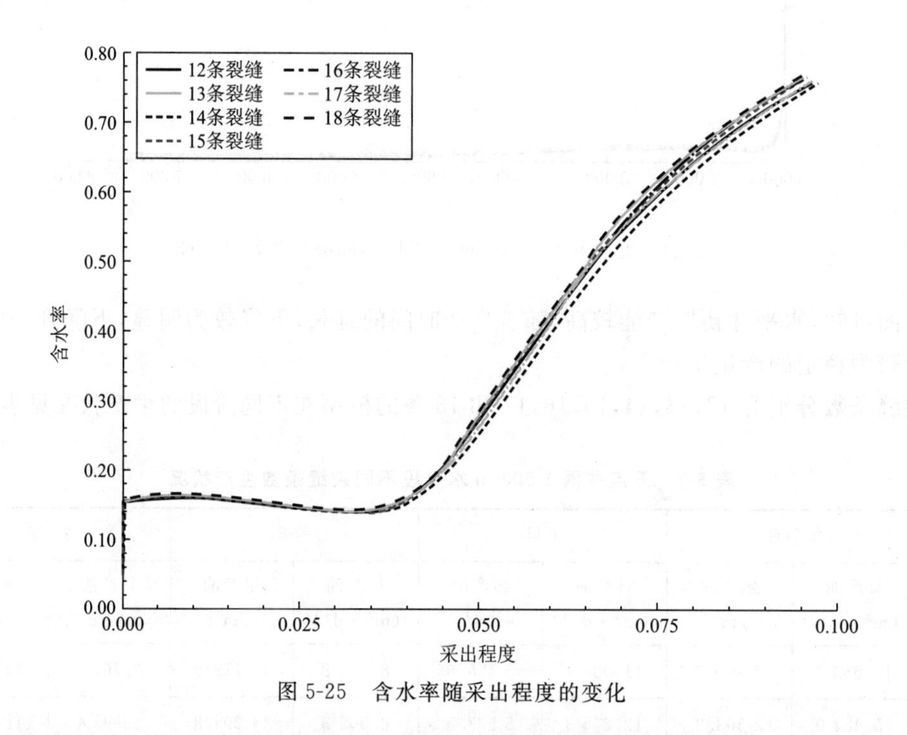

图 5-25　含水率随采出程度的变化

图 5-26 所示为不同裂缝条数模型压力随时间的变化曲线。由图可以看出,不同裂缝条数的模型压力随时间的变化趋势基本一致,不同裂缝条数模型的压力最大差值为 0.5 MPa 左右,油藏压力随裂缝条数的增加而不同。12 条裂缝模型油藏压力最高,13 条次之,14 条处于中等。

综上所述,认为 14 条裂缝最优。

3) 裂缝导流能力优化

为优化五点井网 1 500 m 水平段裂缝导流能力,选定由方案 F2 设计水平井体积压裂裂缝分布形态的 14 条裂缝模型。设定导流能力为 10 $\mu m^2 \cdot cm$,15 $\mu m^2 \cdot cm$,20 $\mu m^2 \cdot cm$ 和 40 $\mu m^2 \cdot cm$ 的不同模型,日产能如图 5-27 所示。

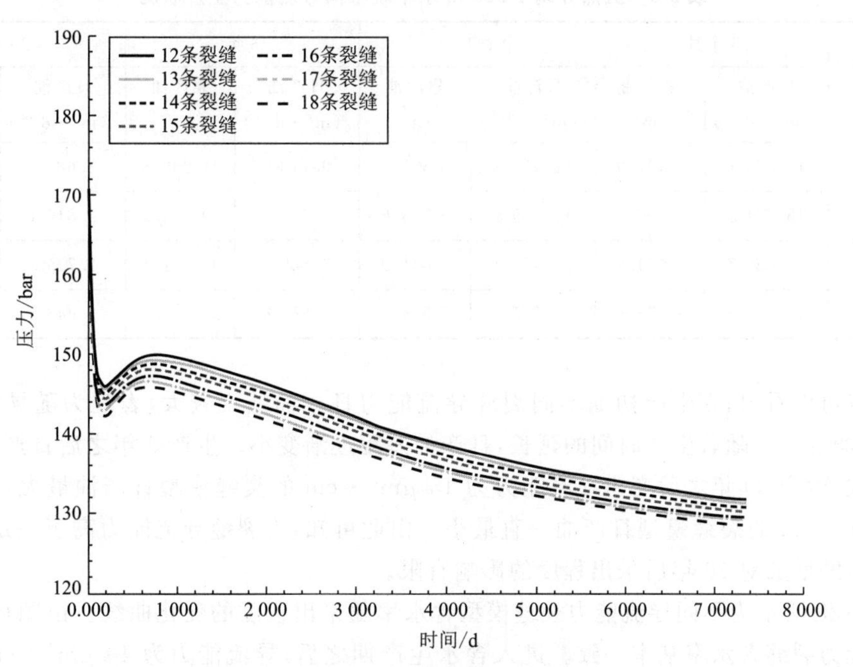

图 5-26　压力随时间的变化

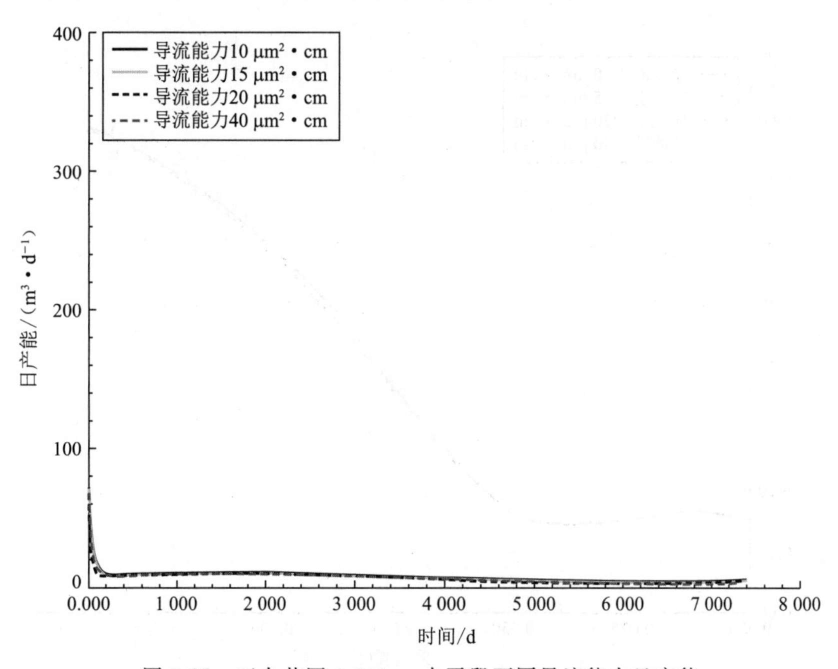

图 5-27　五点井网 1 500 m 水平段不同导流能力日产能

由图可知，水平井初期产能较高，随着生产时间的延长，下降较为明显，下降到一定程度后保持较为稳定的产量生产。

不同导流能力的裂缝模型在不同阶段的日产能见表 5-8。

表 5-8　五点井网 1 500 m 水平段不同导流能力生产状况

导流能力/($\mu m^2 \cdot cm$)	3 个月		1 年		3 年		20 年	
	日产油/($m^3 \cdot d^{-1}$)	累产油/m^3	日产油/($m^3 \cdot d^{-1}$)	累产油/m^3	日产油/($m^3 \cdot d^{-1}$)	累产油/m^3	日产油/($m^3 \cdot d^{-1}$)	累产油/m^3
10	15.073 1	2 421.9	12.427 8	5 507.0	9.718 6	10 982.8	2.683 1	42 178.9
15	15.794 9	2 604.6	12.459 5	5 706.6	9.912 9	11 451.1	2.816 4	44 470.2
20	15.828 7	2 644.4	12.478 2	5 831.9	9.859 2	11 501.5	2.725 5	44 870.7
40	15.986 4	2 732.4	12.595 2	5 843.9	9.864 8	11 783.6	2.648 8	44 952.0

由表可以看出，在生产初期不同裂缝导流能力日产油差距较大，表现为随导流能力增大，日产油变大。随着生产时间的延长，日产油差距逐渐变小。生产 3 年之后日产油表现为基本一致，生产 20 年之后变为导流能力为 15 $\mu m^2 \cdot cm$ 的裂缝模型日产油最大，导流能力为10 $\mu m^2 \cdot cm$ 的裂缝模型日产油一直最小。由此可知，当裂缝导流能力高于一定程度后，导流能力的增加对 20 年后采出程度的影响有限。

图 5-28 所示为不同导流能力裂缝模型含水率随采出程度的变化曲线。由图可看出，不同导流能力裂缝含水率基本一致。进入含水生产期之后，导流能力为 40 $\mu m^2 \cdot cm$ 的裂缝模型含水率最高，导流能力为 15 $\mu m^2 \cdot cm$ 的裂缝模型采出程度最高，且含水率较低。

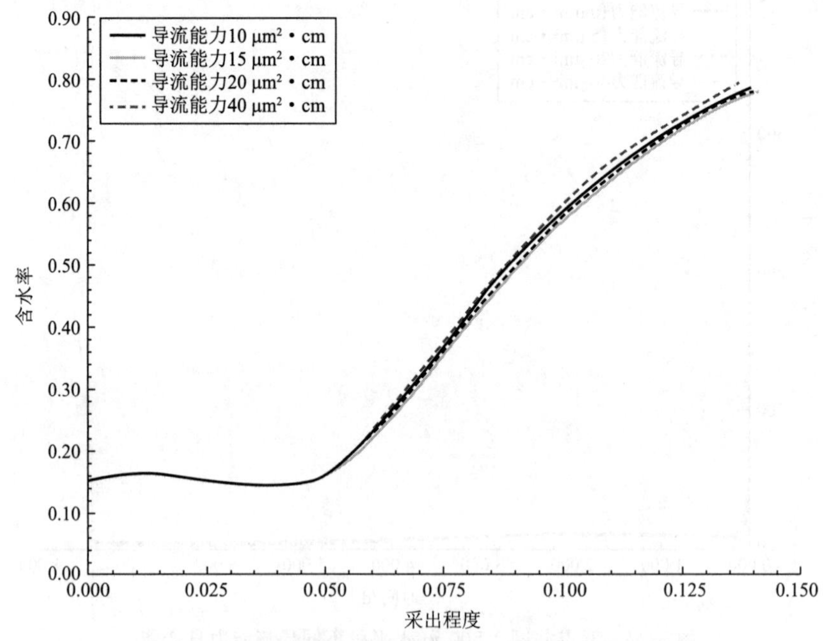

图 5-28　不同导流能力裂缝模型含水率随采出程度的变化

由图 5-29 可以看出，导流能力为 10 $\mu m^2 \cdot cm$ 的裂缝模型的油藏压力最高，导流能力为 15 $\mu m^2 \cdot cm$ 的裂缝模型的油藏压力次之，且均保持在较高水平。

综上所述，考虑合理经济效益等因素，认为裂缝导流能力确定在 15 $\mu m^2 \cdot cm$ 最合理。

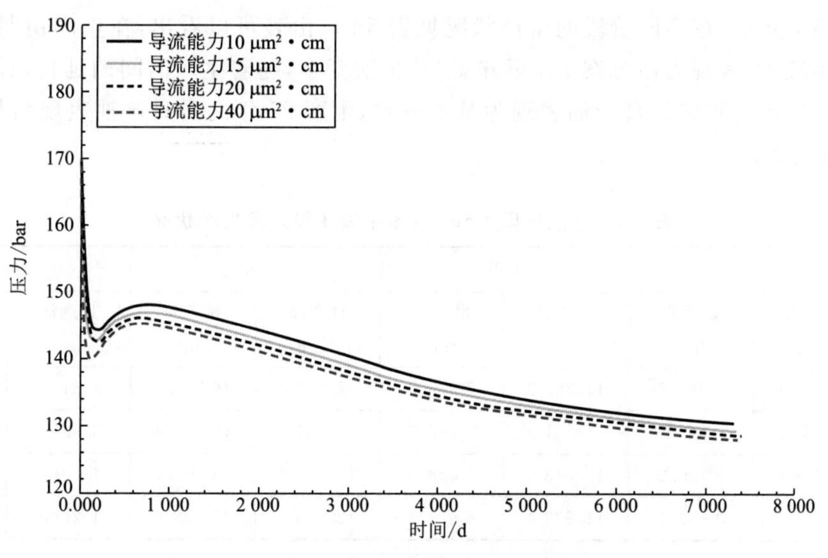

图 5-29　不同导流能力裂缝模型压力随时间的变化

5.2.3　七点井网 1 500 m 水平段模型

1）裂缝分布形态优化

依据方案 A3，B3，C3 和 D3 设计了七点井网 1 500 m 水平段 14 条裂缝生产的方案，日产能如图 5-30 所示。在生产过程中，顶部 4 口注入井均以 12 m^3/d 的速率注入，腰部 2 口注入井均以 5 m^3/d 的速率注入。

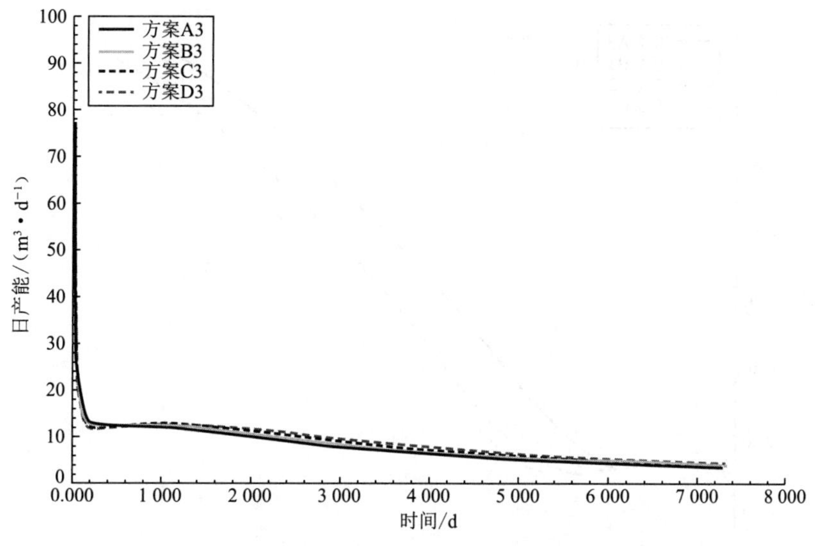

图 5-30　七点井网 1 500 m 水平段 4 种方案日产能

由图可知，水平井初期产能较高，随着生产时间的延长，下降较为明显，下降到一定程度后保持较为稳定的产量生产。

方案 A3 至 D3 在不同阶段的生产状况见表 5-9。由表可以看出，在生产初期不同方案日产油差距较大，表现为由方案 A3 至方案 D3 依次变小，随着生产时间的延长，日产油差距逐渐变小。生产 3 年之后日产油表现为基本一致，生产 20 年之后日产油表现为从方案 A3 至 D3 依次变大。

表 5-9　七点井网 1 500 m 水平段 4 种方案生产状况

方案	3 个月		1 年		3 年		20 年	
	日产油 /($m^3 \cdot d^{-1}$)	累产油 /m^3	日产油 /($m^3 \cdot d^{-1}$)	累产油 /m^3	日产油 /($m^3 \cdot d^{-1}$)	累产油 /m^3	日产油 /($m^3 \cdot d^{-1}$)	累产油 /m^3
A3	18.633 1	3 941.7	11.393 9	7 379.6	12.272 0	16 024.8	3.810 3	63 982.1
B3	18.193 9	3 812.2	11.221 8	7 182.7	12.544 1	15 809.4	3.981 7	64 107.9
C3	17.738 2	3 709.2	11.043 9	7 038.8	12.652 0	15 507.7	4.104 9	64 822.2
D3	17.348 4	3 633.9	11.932 4	6 973.1	12.655 8	15 208.0	4.268 6	65 085.1

经分析，认为由方案 A3 设计得到的裂缝离注水井距离最短，方案 D3 设计得到的裂缝离注水井距离最长，前者更容易受到注入水的影响。

方案 A3 和 D3 在生产 5 年的含油饱和度分布和压力分布可直观地表现出来，如彩图 5-12 和彩图 5-13 所示。由彩图 5-12 对比可以看出，方案 A3 设计得到的裂缝已与注水前缘连通，而方案 D3 设计得到的裂缝离注水前缘还有一定的距离。

方案 A3 至 D3 设计得到的模型，其含水率随采出程度的变化曲线如图 5-31 所示，可发现不同设计方案的含水率差别较大，以方案 D3 为最优。方案 D3 的采出程度比方案 A3 的高，且 20 年后采出程度也最高。

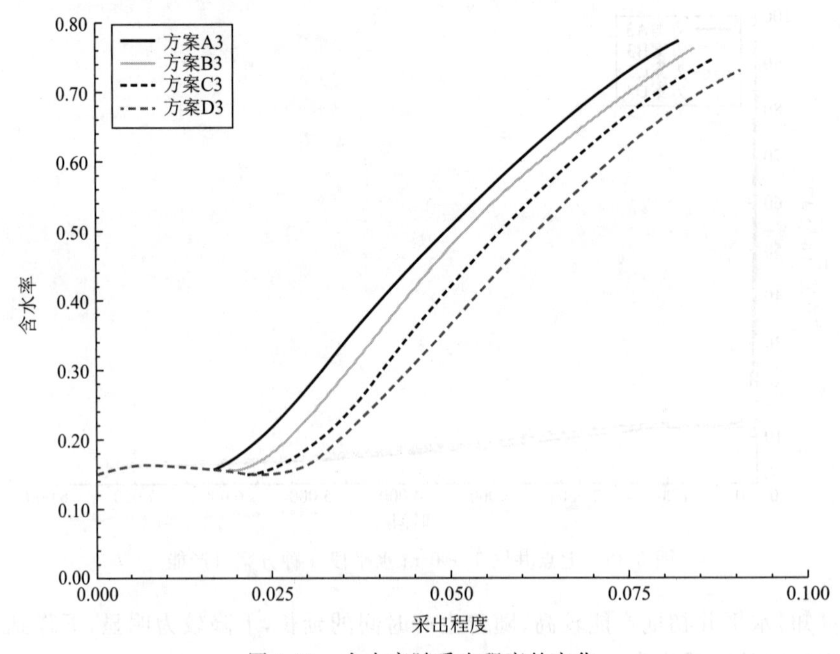

图 5-31　含水率随采出程度的变化

图 5-32 所示为不同方案的压力随时间的变化曲线。由图可以看出，不同设计方案得到的模型其油藏压力随时间变化趋势基本一致，但不同设计方案间的压力值相差较大，平均最大约 1.1 MPa。其中，方案 D3 压力最高，方案 A3 压力最低，这与从彩图 5-13 的分析一致，即方案 A3 设计得到的裂缝离注水井距离最短，注入水前缘更容易到达裂缝位置，导致水窜，从而油藏压力保持不够理想。

综上所述，方案 D3 设计得到的水平井体积压裂裂缝形态最优。

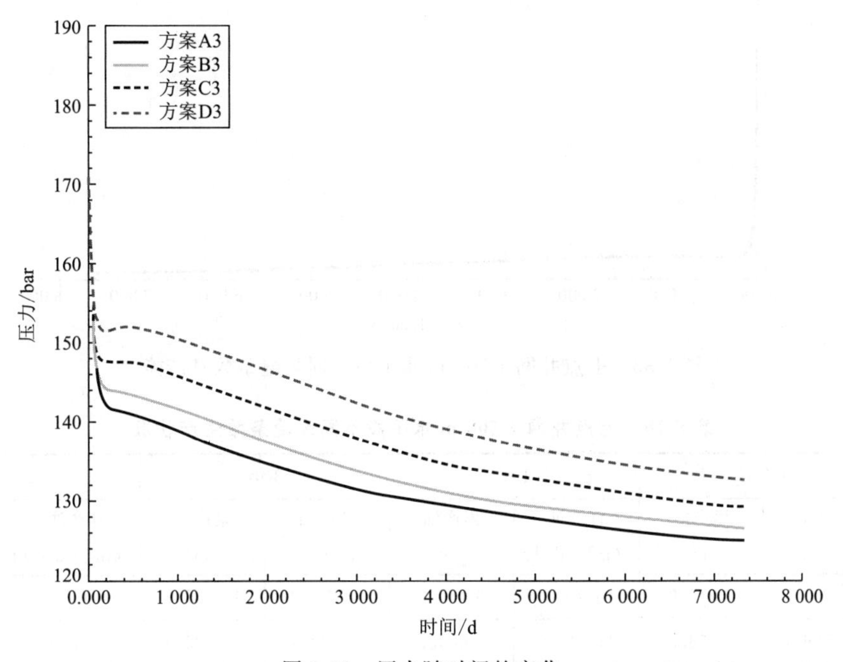

图 5-32　压力随时间的变化

2）裂缝条数优化

为优化七点井网 1 500 m 水平段裂缝条数，选定方案 D3 设计水平井体积压裂裂缝分布形态。设计 8，10，12，14 和 16 条裂缝模型，不同模型的日产能如图 5-33 所示。由图可知，水平井初期产能较高，随着生产时间的延长，下降较为明显，下降到一定程度后保持较为稳定的产量生产。

裂缝条数分别为 8，10，12，14 和 16 条的模型在不同阶段的生产状况见表 5-10。由表可以看出，在生产初期不同裂缝条数日产油差距较大，表现为随裂缝条数增大日产油依次变大，差别较明显。随着生产时间的延长，日产油差距逐渐变小。生产 3 年之后日产油差别变小，生产 20 年之后 12 条裂缝最优，14 条裂缝次之，8 条最差。

彩图 5-14 和彩图 5-15 分别为 12 条裂缝和 16 条裂缝在生产 1 个月和 5 年的压力分布。由图可以发现，生产初期 12 条裂缝和 16 条裂缝的压力分布有一定的差别，进入稳定生产阶段后油藏压力分布曲线基本一致，但注入井压力差别较为明显。

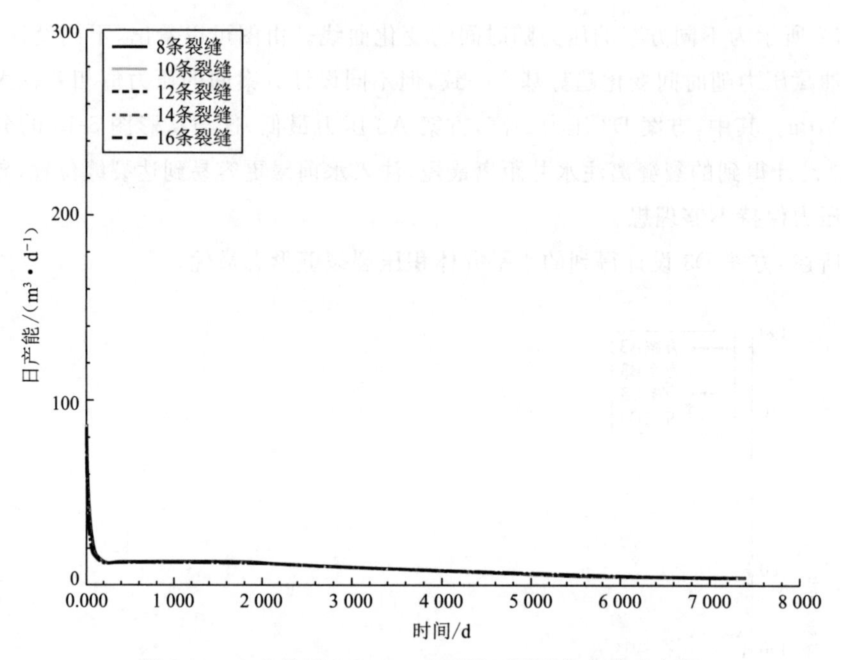

图 5-33 七点井网 1 500 m 水平段不同裂缝条数日产能

表 5-10 七点井网 1 500 m 水平段不同裂缝条数生产状况

条数	3 个月		1 年		3 年		20 年	
	日产油 $/(m^3 \cdot d^{-1})$	累产油 $/m^3$	日产油 $/(m^3 \cdot d^{-1})$	累产油 $/m^3$	日产油 $/(m^3 \cdot d^{-1})$	累产油 $/m^3$	日产油 $/(m^3 \cdot d^{-1})$	累产油 $/m^3$
8	15.942 1	3 242.9	10.754 6	6 466.9	12.032 4	14 287.8	4.175 4	61 706.5
10	16.556 3	3 438.3	11.825 5	6 840.2	12.660 1	15 073.1	4.275 0	63 333.3
12	17.270 0	3 564.9	11.882 1	6 931.6	12.663 7	15 172.4	4.383 0	66 722.3
14	17.348 4	3 633.9	11.932 4	6 973.1	12.655 8	15 208.0	4.268 6	65 085.1
16	17.892 5	3 653.3	11.912 0	7 140.5	12.660 5	15 412.6	4.232 2	64 272.8

彩图 5-16 为 12 条裂缝和 16 条裂缝生产 5 年的含油饱和度分布。由图对比，参考彩图 5-14 和彩图 5-15 的分析可以发现，在稳定生产一定年限后 12 条裂缝和 16 条裂缝间压力和饱和度分布差别较小。

图 5-34 所示为不同裂缝条数模型含水率随采出程度的变化曲线。由图可看出，不同裂缝条数模型的含水率基本一致，16 条裂缝模型含水升高最快，但 12 条裂缝模型含水率在开发后期较低，且其最终采出程度最高。8 和 10 条裂缝的方案，由于裂缝条数较少而导致生产能力不足。

图 5-35 所示为不同裂缝条数模型压力随时间的变化曲线。由图可以看出，不同裂缝条数的模型压力随时间的变化趋势基本一致，不同裂缝条数模型的压力最大差值为 0.5 MPa 左右，油藏压力随裂缝条数的增加而降低。8 条裂缝模型油藏压力最高，12 条处于中等。

综上所述，认为 12 条裂缝最优。

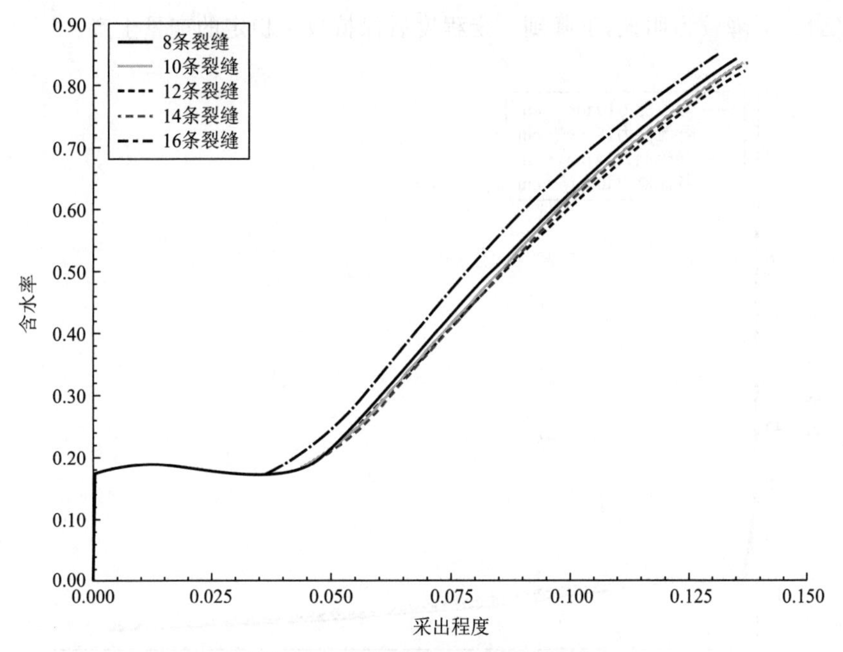

图 5-34　含水率随采出程度的变化

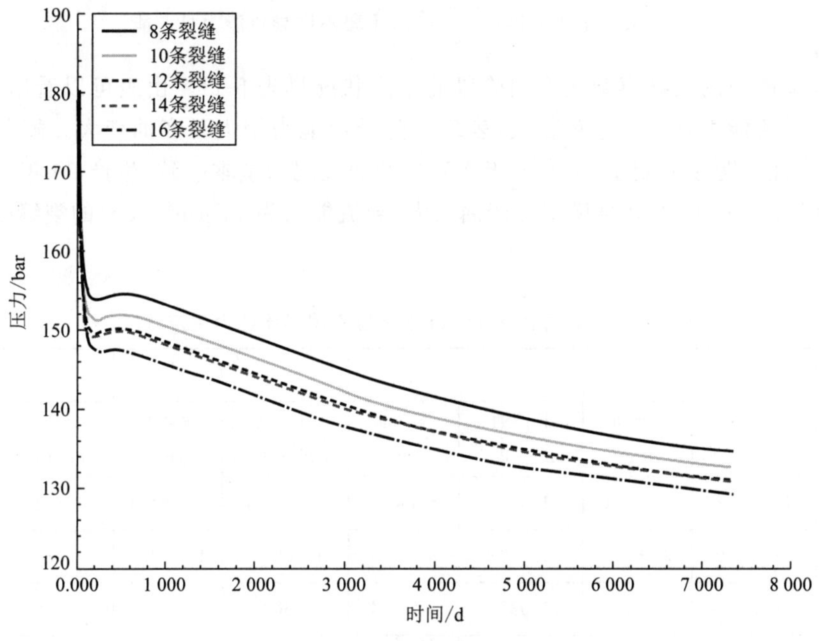

图 5-35　压力随时间的变化

3）裂缝导流能力优化

为优化七点井网 1 500 m 水平段裂缝导流能力，选定由方案 D3 设计水平井体积压裂裂缝分布形态的 12 条裂缝模型。设定导流能力为 10 $\mu m^2 \cdot cm$，15 $\mu m^2 \cdot cm$，20 $\mu m^2 \cdot cm$ 和 40 $\mu m^2 \cdot cm$ 的不同模型，日产能如图 5-36 所示。由图可知，水平井初期产能较高，随着生产时间的延长，下降较为明显，下降到一定程度后保持较为稳定的产量生产。

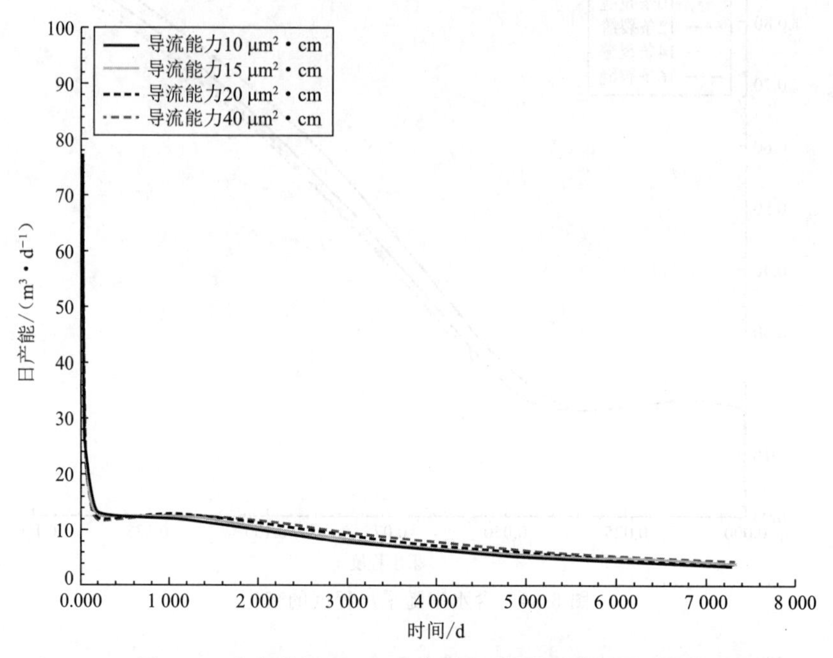

图 5-36　七点井网 1 500 m 水平段不同导流能力日产能

不同导流能力的裂缝模型在不同阶段的生产状况见表 5-11。由表可以看出，在生产初期不同裂缝导流能力日产油差距较大，表现为随导流能力增大日产油变大。随着生产时间的延长，日产油差距逐渐变小，生产 3 年之后日产油表现为基本一致，生产 20 年之后变为导流能力为 15 $\mu m^2 \cdot cm$ 的裂缝模型日产油最大，导流能力为 10 $\mu m^2 \cdot cm$ 的裂缝模型日产油一直最小。

表 5-11　七点井网 1 500 m 水平段不同导流能力生产状况

导流能力 /($\mu m^2 \cdot cm$)	3 个月		1 年		3 年		20 年	
	日产油 /($m^3 \cdot d^{-1}$)	累产油 /m^3	日产油 /($m^3 \cdot d^{-1}$)	累产油 /m^3	日产油 /($m^3 \cdot d^{-1}$)	累产油 /m^3	日产油 /($m^3 \cdot d^{-1}$)	累产油 /m^3
10	16.742 2	3 410.4	11.012 0	6 680.7	12.467 3	14 704.3	4.332 2	64 956.7
15	17.270 0	3 564.9	11.882 1	6 931.6	12.663 7	15 172.4	4.383 0	66 722.3
20	17.392 5	3 653.3	11.932 4	7 135.4	12.660 5	15 750.1	4.175 0	67 013.4
40	17.748 4	3 793.0	11.895 5	7 251.4	12.655 8	16 032.7	3.996 3	68 993.5

图 5-37 所示为不同导流能力裂缝模型含水率随时间的变化曲线。由图可看出，不同导流能力裂缝含水率基本一致。进入高含水期之后，导流能力为 40 $\mu m^2 \cdot cm$ 的裂缝模型含水率最高，导流能力为 15 $\mu m^2 \cdot cm$ 的裂缝模型含水率较低。

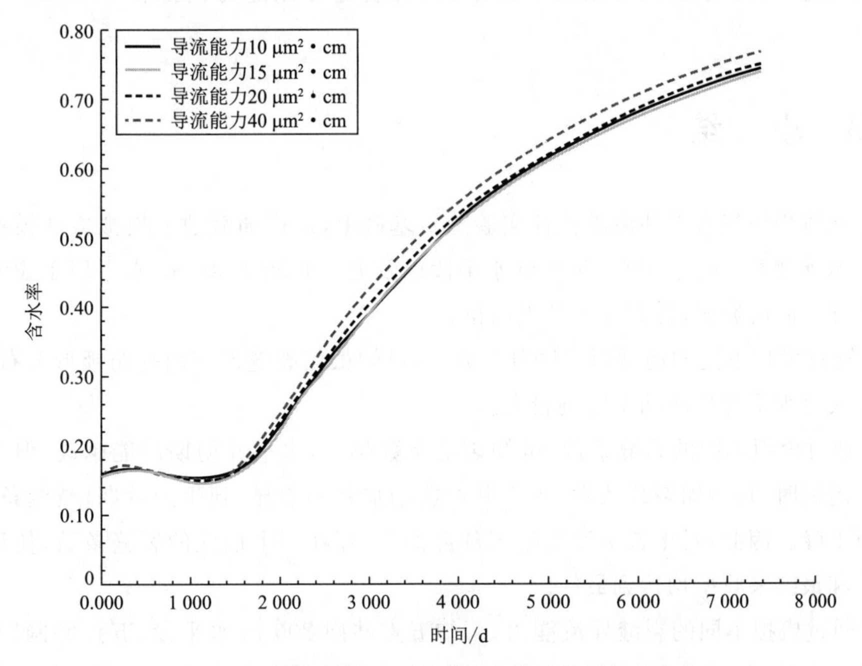

图 5-37　不同导流能力裂缝模型含水率随时间的变化

由图 5-38 可以看出，导流能力为 10 $\mu m^2 \cdot cm$ 的裂缝模型的油藏压力最高，裂缝导流能力为 15 $\mu m^2 \cdot cm$ 的裂缝模型的油藏压力次之，且均保持在较高水平。

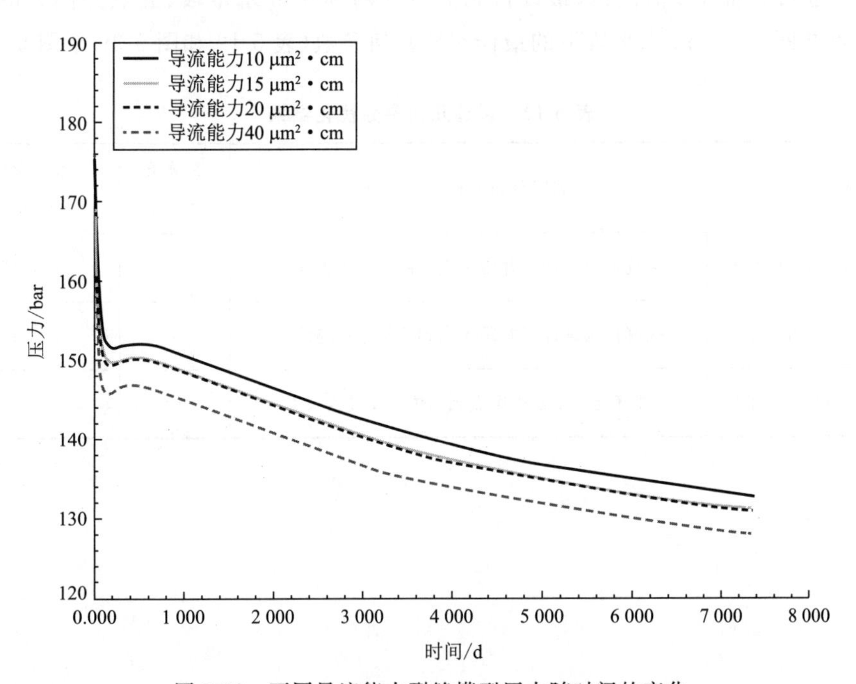

图 5-38　不同导流能力裂缝模型压力随时间的变化

综上所述，考虑合理经济效益等因素，认为裂缝导流能力确定在 15 $\mu m^2 \cdot cm$ 最合理。

5.3 小 结

本章在体积压裂水平井渗流特征实验分析基础上，运用油藏数值模拟方法模拟了五点井网 800 m 水平段、五点井网 1 500 m 水平段以及七点井网 1 500 m 水平段下裂缝几何参数对水平井产能的影响，得到以下几点结论：

(1) 通过模拟不同的纺锤形裂缝分布方式，可知虽然裂缝形态均是纺锤形分布，但不同的分布方式对水平井生产动态影响较大。

(2) 通过模拟不同的裂缝条数，可知裂缝条数越多，水平井初期产能越高，但当裂缝条数达到一定值时，再增加裂缝条数，水平井产能增加并不明显，到生产后期，裂缝条数越多，产能反而下降。因此，对于长 7 致密砂岩油藏而言，存在一个最优的裂缝条数，使得水平井初期产能和最终采收率均达到最佳。

(3) 通过模拟不同的裂缝导流能力，可知五点井网 800 m 水平段、五点井网1 500 m水平段以及七点井网 1 500 m 水平段下裂缝导流能力对水平井的生产动态影响均不大。结果表明，对于长 7 致密砂岩油藏而言，体积压裂裂缝导流能力高于 10 $\mu m^2 \cdot cm$ 便可以得到较好的开发效果。

(4) 通过以上油藏数值模拟，最终得到五点井网 800 m 水平段、五点井网1 500 m水平段以及七点井网 1 500 m 水平段下的最佳裂缝几何参数(表 5-12 和图 5-39 至图 5-41)。

表 5-12 裂缝几何参数优化结果

模 型	裂缝分布方式(纺锤形)	裂缝条数/条	裂缝导流能力/($\mu m^2 \cdot cm$)
五点井网 800 m 水平段	裂缝依次延伸至井距中点到两侧中点连线上	8	15
五点井网 1 500 m 水平段	裂缝依次延伸至井距中点到两侧中点连线上	14	15
七点井网 1 500 m 水平段	裂缝延伸至井距中点到两侧 1/4 处连线上	12	15

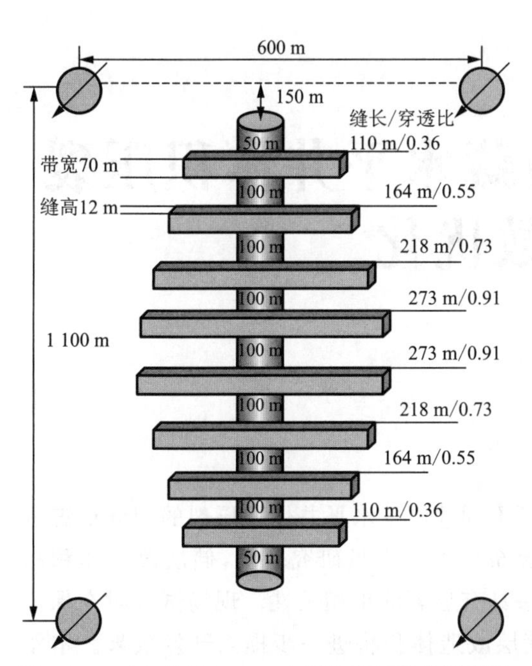

图 5-39　五点井网 800 m 水平段缝网优化示意图

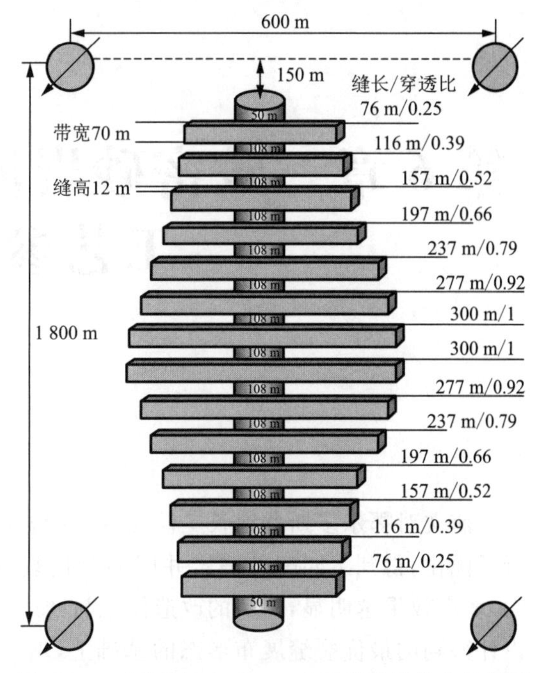

图 5-40　五点井网 1 500 m 水平段缝网优化示意图

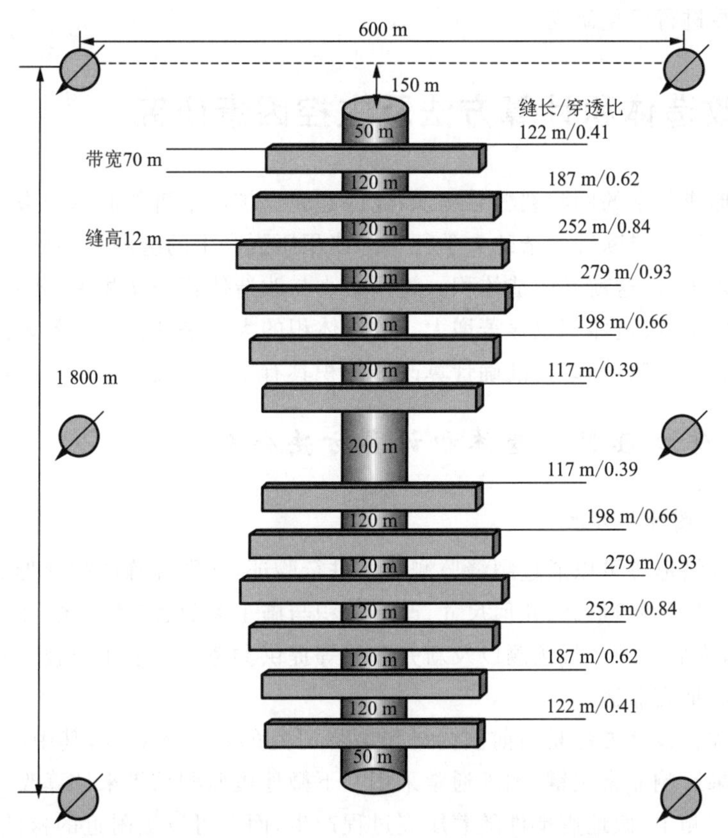

图 5-41　七点井网 1 500 m 水平段缝网优化示意图

第6章　致密砂岩油藏水平井体积压裂工艺参数优化

前文对鄂尔多斯盆地长7储层致密砂岩油藏不同井网下水平井体积压裂的裂缝形态进行了优化，得到了匹配于确定井网的最优裂缝展布形态。大量研究表明，储层改造体积越大，增产效果越明显，储层的改造体积与增产效果具有显著的正相关性。现场试验时在保证设计得到的最优裂缝展布形态的基础上，增大储层改造体积将进一步提高开发效果。本章将结合鄂尔多斯盆地长7致密砂岩油藏的具体特点，在选井、选层方法研究的基础上对体积压裂的施工参数进行优化研究。

6.1　改造体积计算方法及主控因素研究

体积压裂形成复杂的网状裂缝系统，裂缝的起裂与扩展不再是简单的裂缝张性破坏，而是还存在剪切、滑移、错断等复杂的力学行为。体积压裂产生的缝网大小可以近似用一个三维的体积参数来表征，这就是改造体积。缝网大小与改造体积密切相关，随着裂缝缝网尺寸和复杂程度的增加，改造体积也显著增大。改造体积的大小是评判压裂效果的重要标准，因此在体积压裂施工参数计算时，准确计算改造体积具有重要意义[218-223]。

6.1.1　体积压裂改造体积计算方法分析

1）微地震云图计算方法

复杂裂缝网络形态可以通过裂缝监测技术进行验证，获得准确的裂缝形成图像，可实时指导现场施工，验证裂缝形态、几何尺寸、改造体积与施工参数、液体体系、压后效果的关系，指导优化设计，为后期的产量预测以及新井布井等提供参考。目前主要技术有地面斜测仪、井下斜测仪和微地震监测。

体积压裂优化设计方法是当前国内外压裂界研究的热点和难题，其中改造体积大小对于体积压裂效果影响非常关键，国外通常采用井下微地震监测结果来计算改造体积。

在微地震监测中，微地震事件随着压裂过程产生，而且可以被附近的检波器检测到。地震云图的范围能够用来预测压裂所改造的体积。对于有微地震监测的井，可以利用井下微地震监测结果来计算改造体积。通过微地震事件，可以测试出从井底到主裂缝方向最远端的范围，以及页岩剖面顶部与底部之差，然后用等宽度的矩形网格将裂缝形态进行网格化，汇总单个网格体积，即可得到储层增产的总体积。计算公式为：

$$SRV=\sum_{i=1}^{n}L_{Ri}W_{Ri}H_{Ri} \tag{6-1}$$

式中　SRV——储层改造总体积，m^3；

n——裂缝条数；

L_{Ri}——第 i 个裂缝的改造长度，m；

W_{Ri}——第 i 个裂缝的改造宽度，m；

H_{Ri}——第 i 个裂缝的改造高度，m。

2）压裂软件计算方法

微地震监测方法比较昂贵，而现场难以实现每口体积压裂井都进行微地震监测。大多数井缺乏对应的井下微地震监测资料，如何在现有技术基础上建立体积压裂计算方法尤为重要。

由于大多数井无微地震监测资料，且目前没有成熟体积压裂模拟软件，因此可基于压裂基本机理和理论，利用现有水力压裂优化设计软件，建立关键参数特征模板，推断 SRV。具体如下：

① 对于式(6-1)，裂缝带长度 L_R 可以用裂缝长度 $2X_f$（X_f 为主裂缝半长）直接表征，可利用 FracPT 等软件建立体积压裂专门模板进行计算。

② 裂缝带高度 H_R 可在研究区块砂泥岩应力差和泥岩分布基础上，利用 FracPT 等软件计算结果，通过等缝高监测手段进行标定。

③ 裂缝与井眼夹角 α 可通过水平井布井与人工裂缝测试方位来获得。

④ 目前研究与试验结果表明，裂缝带宽度 W_R 影响因素复杂，准确计算难度大。关键影响因素有排量、注入液量、平面两向地应力差、天然微裂缝分布、液体类型和工艺模式等。

⑤ 针对不同区块建立带宽与上述参数关系图版，形成不同条件下带宽特征关系曲线，指导体积压裂优化设计。

$$W_R=f\left[V_i,Q,\lambda(N,\theta),\gamma_L,\Delta\sigma\right] \tag{6-2}$$

式中　W_R——裂缝带宽度，m；

V_i——压裂液注入量，m^3；

Q——施工排量，m^3/min；

λ——天然裂缝分布情况；

N——天然裂缝密度，条/m；

θ——天然裂缝与最大水平主应力方向的夹角，(°)；

γ_L——压裂液相对密度；

$\Delta\sigma$——两向应力差，MPa。

⑥ 建立体积压裂估算公式：

$$SRV(i)=2X_{fi}W_{fi}H_{fi}\sin\alpha \tag{6-3}$$

式中　X_{fi}——第 i 个裂缝的长度，m；

W_{fi}——第 i 个裂缝的宽度,m;

H_{fi}——第 i 个裂缝的高度,m;

α——裂缝与井眼的夹角,(°)。

⑦ 在①～⑥步的基础上完善特定区块油藏工程模型,使改造体积的计算对于某一区块更加合理。

6.1.2 储层体积压裂改造体积计算方法

1) 储层体积压裂裂缝扩展模型研究

岩石变形是基于线弹性断裂理论,基本控制方程由应力平衡方程和压裂液流动方程(即连续性方程)构成。模型主要基于连续介质离散元的裂缝-块体系统渗流应力耦合方法,求解利用有限元和离散元的混合方法,将求解区域 Ω 离散成若干个基质块体单元,块体单元之间通过弹簧连接,弹簧的断裂代表岩石的破裂。两个块体单元之间由一个裂缝单元表征计算压裂液的流动,计算水力压力分布。水力压力作为外部载荷作用在裂缝面上,然后应用有限元法求解连续块体变形,应用离散元法计算弹簧的断裂,弹簧破裂情况由最大拉应力准则和摩尔-库伦准则决定。模型如图 6-1 所示,图中 S_f,S_{m1} 和 S_{m2} 为参数点。由于目标区块地层具有低或超低渗透率,因此压裂液向基质块体的渗流或滤失忽略不计。储层原始天然裂缝网络根据蒙特卡罗方法随机离散分布。模型考虑了岩石力学性质、地应力、储层压力、天然裂缝性质、泵注排量和压裂液黏度等关键参数。

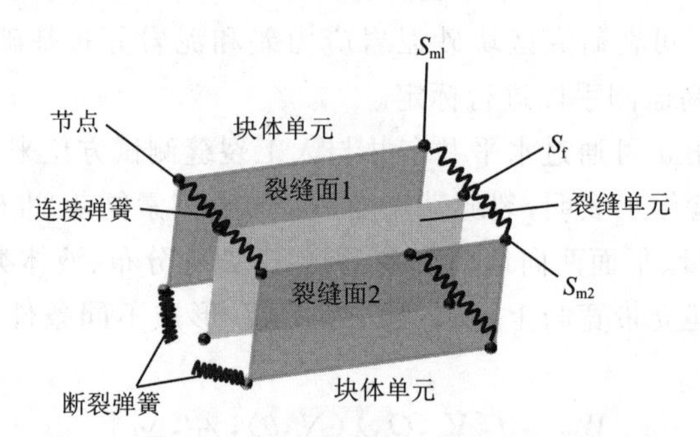

图 6-1 有限元和离散元的混合法计算模型示意图

2) 长 7 储层体积压裂改造体积计算方法

储层改造体积的概念由 M. J. Mayerhofer 等提出,源于总结 Barnett 页岩气藏实际生产数据时,根据微地震监测的结果发现微地震云空间占有的体积越大(即网状裂缝系统的体积越大),则气井压后的效果越好。

储层改造体积的计算方法主要有两类:一类是将空间微地震监测的复杂裂缝系统划分为若干体积块,在平面和纵向剖面上即体现为若干条带的形式,累计体积块的大小即为压裂区域体积(stimulated reservoir volume);另一类是将空间微地震云笼统地以任意形态体的形式表示出来,该任意形态体的体积即为有效压裂体积(effective stimulation volume)。为便于计算,将体积的计算简化为面积的计算,即渗透率增强区域面积(permeability enhance area)。求解问题即为任意封闭区域面积的计算问题。求解这一问题的方法主要有规则图形组合法、边界解析法和概率法等。由于本章水平井设计了多段裂缝，采用边界解析法可计算任意形状的体积压裂产生的破碎带面积，因此本章储层改造面积的计算方法主要是根据边界解析法。如图 6-2 所示，累积任意连通缝网封闭区域面积，只认为连通缝网是储层改造体积的一部分，即地层被水力压裂施工破碎的部分，而单条平面裂缝不认为是改造面积的一部分。首先计算出储层改造面积，并假设裂缝高度与储层厚度相等，进而计算出改造体积，如下式：

$$SRV = SRS \times H_f = \sum_{i=1}^{n} A_i \times H_p \tag{6-4}$$

式中　H_f，H_p——分别为裂缝高度和储层厚度，m；

　　　A_i——第 i 个缝网封闭区域面积，m^2；

　　　SRS——储层改造面积，m^2。

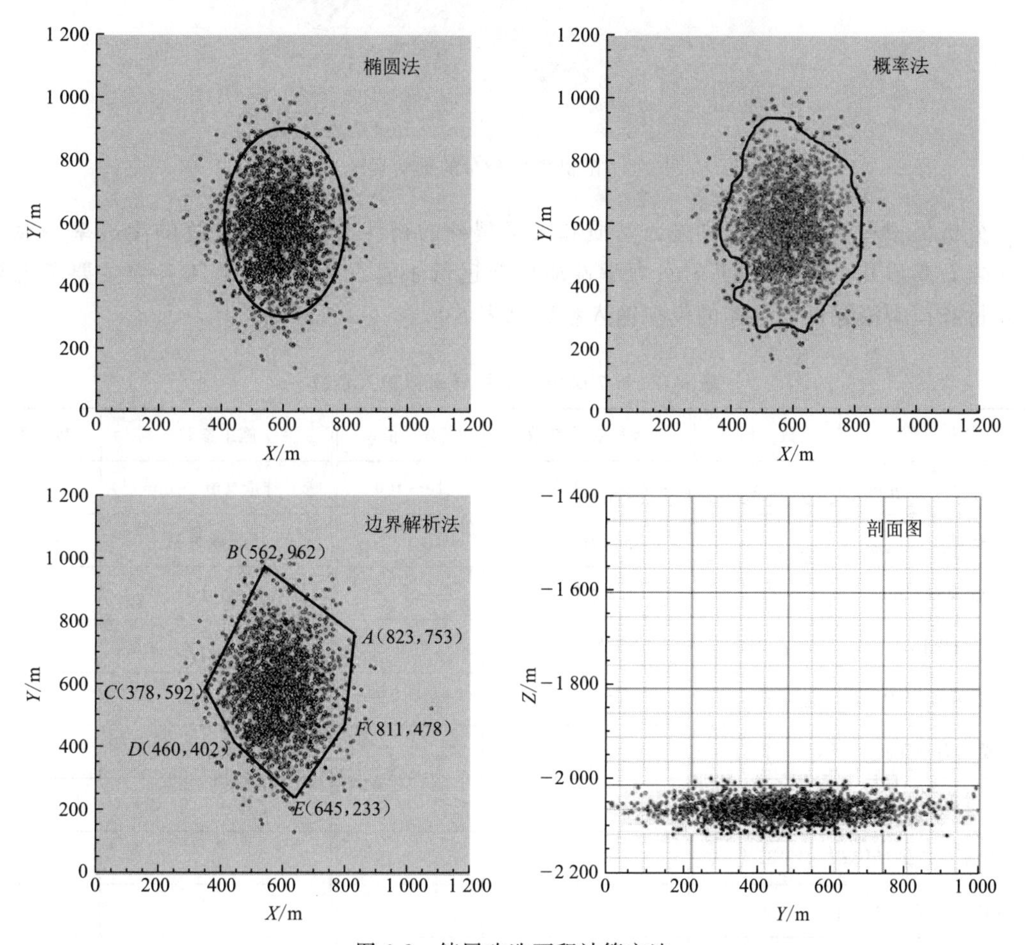

图 6-2　储层改造面积计算方法

6.1.3　体积压裂改造体积影响因素分析

虽然目标区块储层中天然裂缝普遍发育，但在开启并与水力裂缝连通前对产量贡献很小。水力裂缝诱导天然裂缝张开而形成大规模的连通裂缝网络是体积压裂成功的关键。地质因素主要考虑地应力差和天然裂缝性质;工程因素主要考虑排量的影响。模拟储层尺寸宽度为300 m、长度为800 m,天然裂缝长度为15～20 m,分布偏差为0.5,天然裂缝密度为3条/10 m,角度为0°～30°,如图6-3所示。

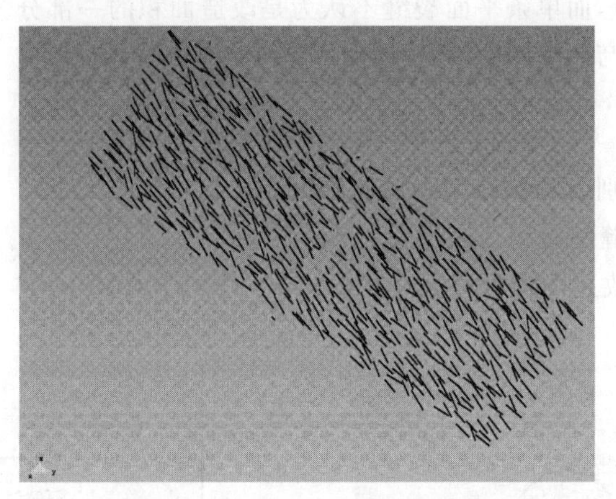

图6-3　随机离散分布的天然裂缝

分析模拟过程中需要分别输入基质和天然裂缝的物性参数,天然裂缝的渗透率一般要高于岩石基质几个数量级,而岩石力学性质也要远低于岩石基质的。施工参数主要考虑泵注排量和压裂液黏度。具体的模拟输入参数见表6-1。

表6-1　长7储层裂缝扩展模拟输入参数

岩石参数	数　值	天然裂缝参数	数　值	施工参数	数　值
渗透率/(10^{-3} μm^2)	0.5	渗透率/(10^{-3} μm^2)	10～100	施工排量/(m^3·min^{-1})	6
孔隙度/%	9.0	黏聚力/MPa	1	压裂液类型	滑溜水
弹性模量/GPa	21	内摩擦角/(°)	10	黏度/(mPa·s)	5.0
泊松比	0.21	抗张强度/MPa	0.5		
抗拉强度/MPa	5				
黏聚力/MPa	2				
内摩擦角/(°)	30				
最大水平主应力/MPa	35				
最小水平主应力/MPa	30				
垂向应力/MPa	40				

1) 水平应力差影响

储层水平应力差是决定体积压裂成功与否的一个重要地质因素。模拟中施工排量为

6 m^3/min,在 1～6 MPa 应力差下形成的裂缝形态如图 6-4 所示。水平最大最小主应力差值越小,与水力裂缝相遇的天然裂缝越容易开启,进而形成分支裂缝,最终形成复杂的体积裂缝。

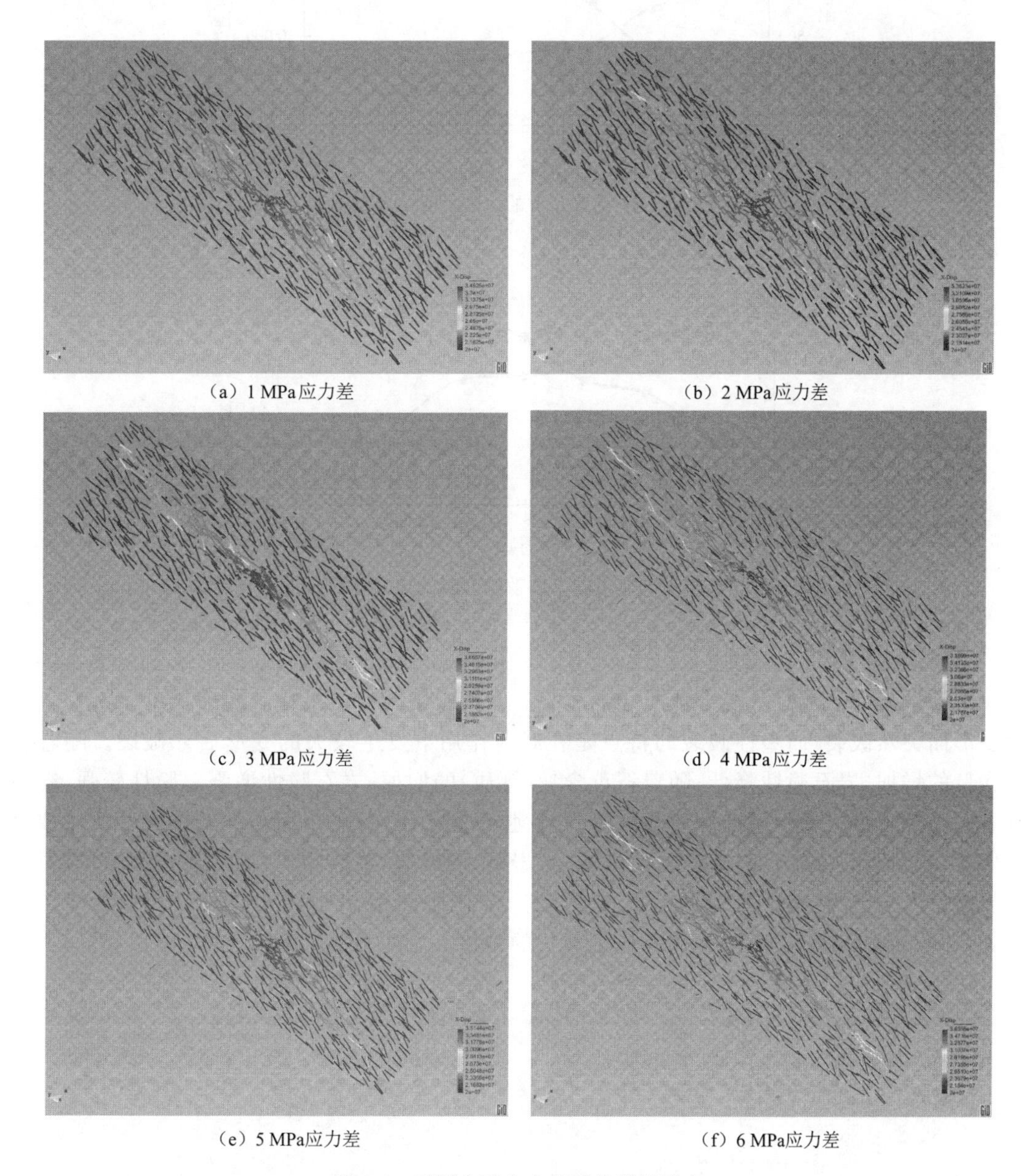

(a) 1 MPa应力差　(b) 2 MPa应力差

(c) 3 MPa应力差　(d) 4 MPa应力差

(e) 5 MPa应力差　(f) 6 MPa应力差

图 6-4　不同水平应力差下的裂缝形态

由图 6-5 可以看出,随着水平应力差的逐渐增加,储层改造体积明显降低,改造面积减小,裂缝长度增加。

由图 6-6 可以看出,随着水平应力差的逐渐增加,储层改造区域宽度不断降低,而平均缝宽不断增加。

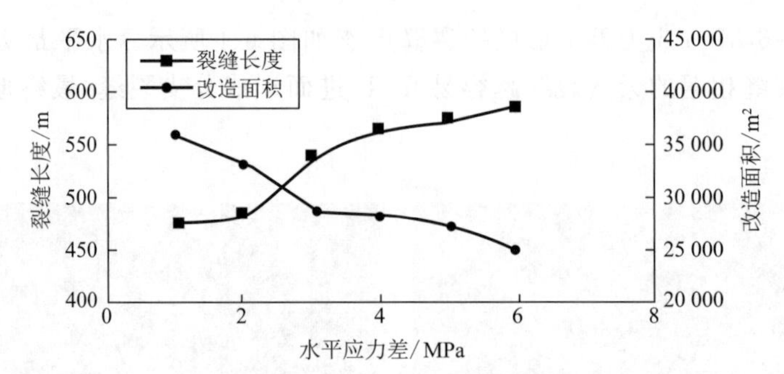

图 6-5　不同水平应力差下的改造面积和裂缝长度对比

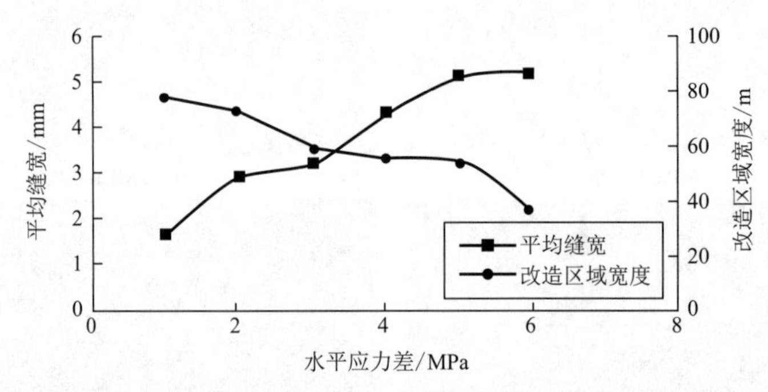

图 6-6　不同水平应力差下的改造区域宽度和平均缝宽对比

2）*岩石脆性影响*

致密砂岩的脆性对其变形性质影响显著。脆性破裂的特点是在载荷作用下没有发生显著变形而突然破裂，而塑性破裂的特点是在载荷作用下发生较大的变形后才破裂。随着黏土含量的增加，岩石脆性降低；随着石英含量（钙质）的增加，岩石脆性增强。脆性较强，容易在外力作用下形成天然裂缝和诱导裂缝；塑性强不利于压裂改造，而脆性储层大多天然裂缝较发育，且对压裂敏感。随着泊松比的减少，岩石一般脆性系数增大，而随着弹性模量增加，岩石脆性系数也增大。采用数值模拟的方法对体积压裂进行模拟，模拟中施工排量为 6 m^3/min，在 4 MPa 应力差下体积压裂形成的裂缝形态如图 6-7 所示。

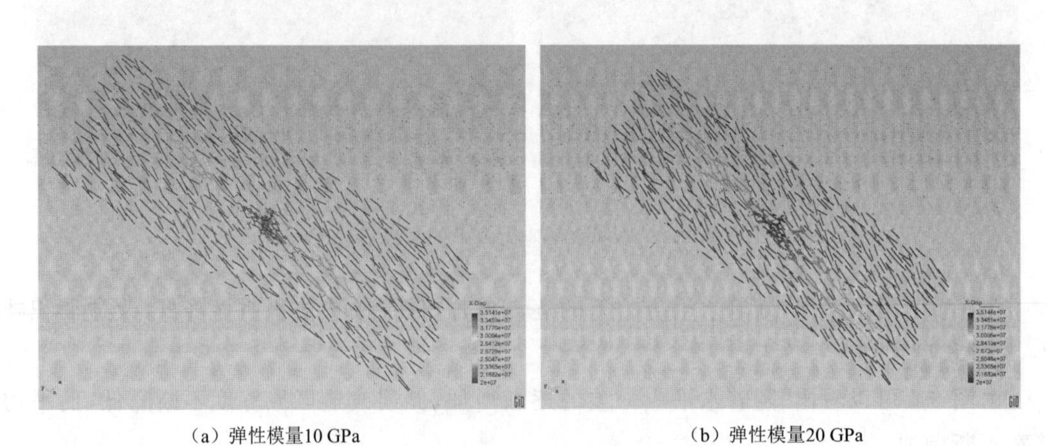

（a）弹性模量10 GPa　　（b）弹性模量20 GPa

图 6-7　不同弹性模量下的裂缝形态

由表 6-2 可以看出，随着弹性模量的增大，裂缝长度增加，改造面积及改造带宽也显著增大，平均缝宽降低。

表 6-2　不同岩石弹性模量下参数模拟结果

弹性模量/GPa	裂缝长度/m	平均缝宽/mm	改造带宽/m	改造面积/m^2
10	447	5.029	47	12 354.665
20	534	3.030	65	29 605.530

3）施工排量影响

施工排量对造缝效率有重要影响。在应力差为 4 MPa、弹性模量为 20 GPa 的条件下，模拟计算施工排量分别为 4 m^3/min，6 m^3/min 和 8 m^3/min 情况下的裂缝形态及改造面积。模拟结果如图 6-8 所示，相同液量下，施工排量越大，则储层改造面积越大，造缝效率越高。

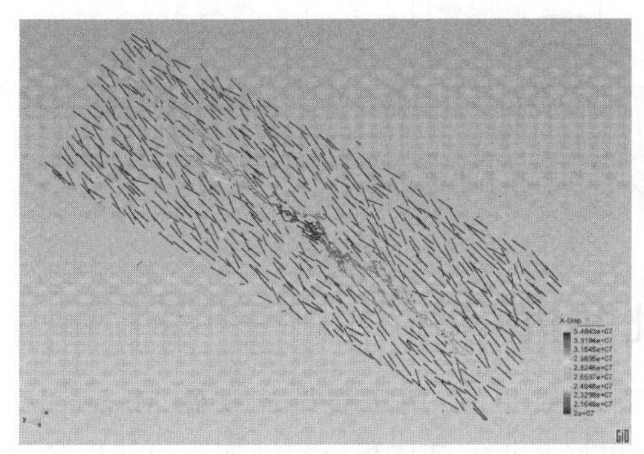

（a）施工排量 4 m^3/min

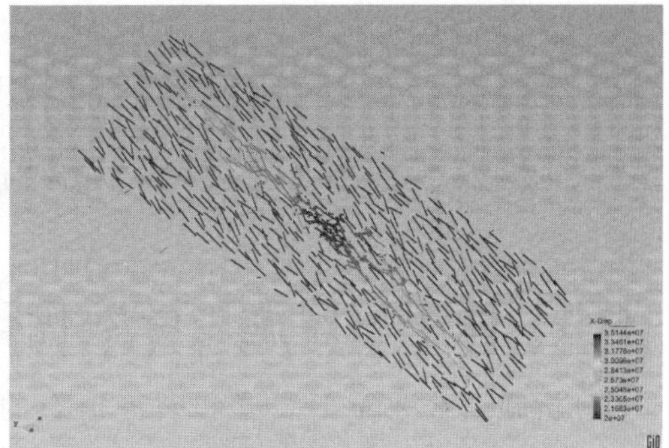

（b）施工排量 6 m^3/min

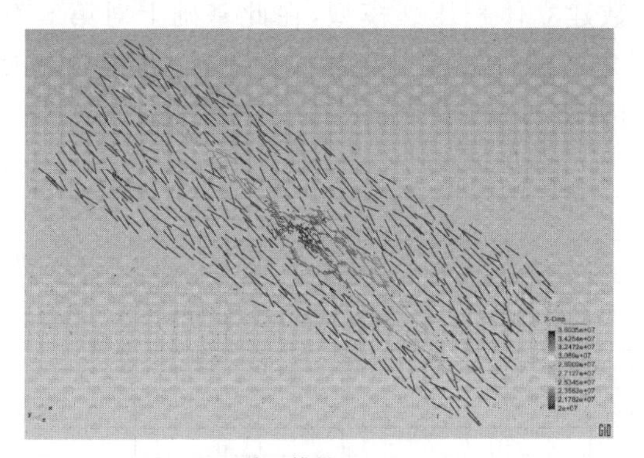

（c）施工排量 8 m^3/min

图 6-8　不同施工排量下的裂缝形态

由图 6-9 可以看出，随着施工排量的逐渐增加，储层改造体积明显增加，裂缝长度下降。

由图 6-10 可以看出，随着施工排量的逐渐增加，储层改造带宽不断增加，而平均缝宽不断降低。

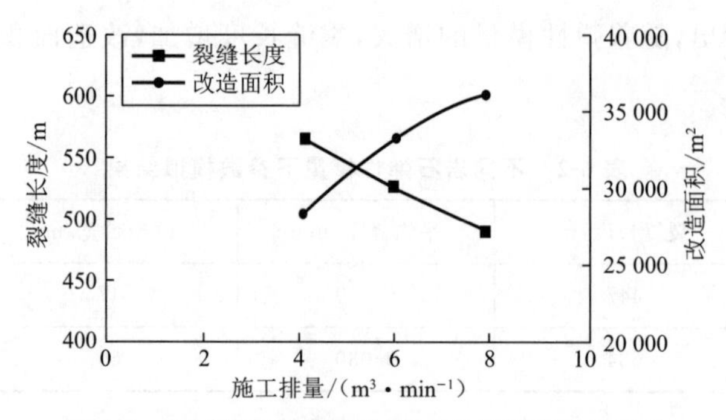

图 6-9　不同施工排量下改造面积与裂缝长度对比

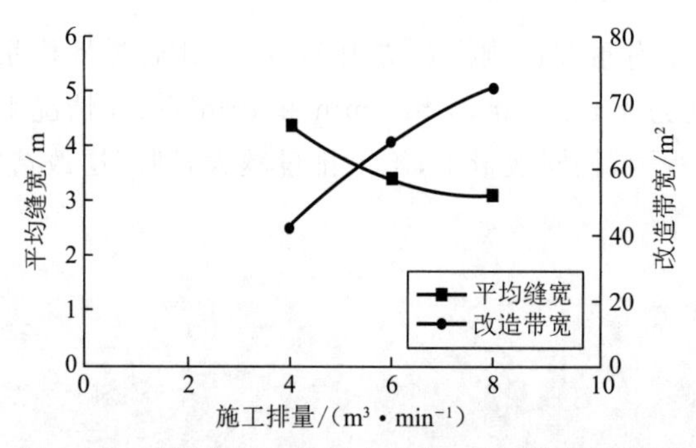

图 6-10　不同施工排量下改造带宽与平均缝宽对比

6.2　体积压裂施工参数优化研究

为分析施工参数对于裂缝和裂缝形态的影响效果，应用压裂设计软件 Meyer 中的 Mshale 模块进行体积压裂施工设计。下面首先根据某年实施体积压裂措施井的储层参数、压裂液性质参数、施工参数建立体积压裂模型，在此基础上对第 5 章研究得到的五点井网 1 500 m 水平段模型的确定裂缝进行施工参数优化设计，并得到其改造体积和裂缝半长等参数，如图 6-11 至图 6-14 所示。

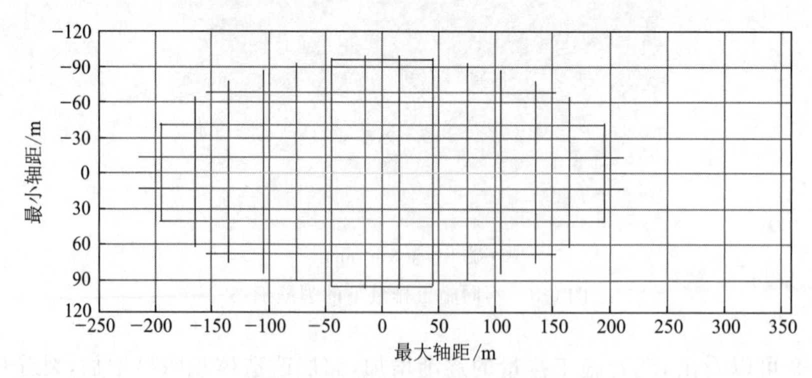

图 6-11　体积压裂缝网平面图

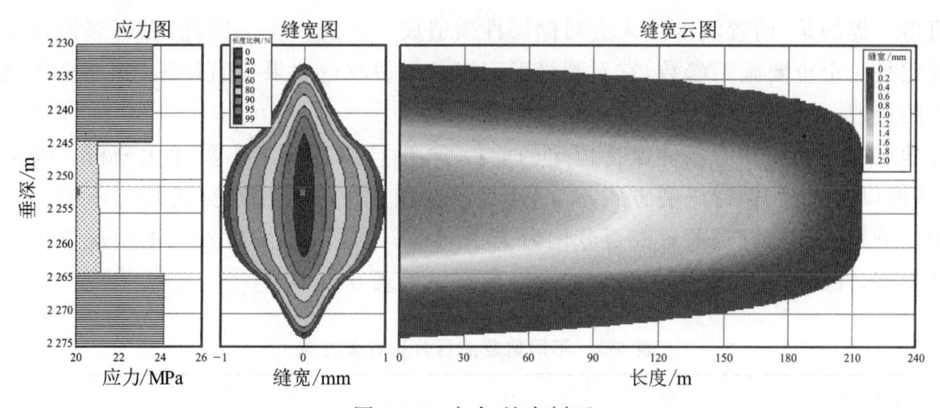

图 6-12　应力-缝宽剖面

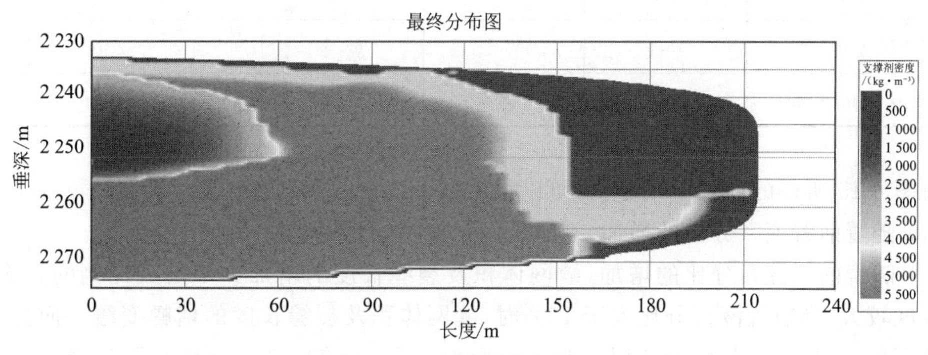

图 6-13　支撑剂分布剖面

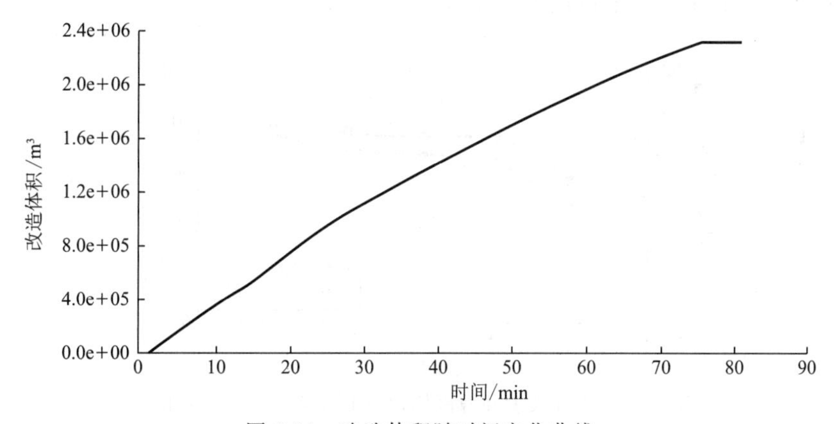

图 6-14　改造体积随时间变化曲线

6.2.1　前置液液量优化

前置液的主要作用是破裂地层并造出具有一定几何尺寸的裂缝，以备后续的携砂液进入。在温度较高的地层中，它还起到降温的作用，以保证携砂液具有较高的黏度。在压裂过程中，前置液液量决定着施工过程中所能获得的裂缝长度，故前置液对造出所需的缝长来说是很关键的。另外，前置液还要使裂缝保持一定的张开宽度，使后续支撑剂能够顺利进入。

但是值得一提的是，前置液的注入会对储层性质造成一定的伤害。因此，在压裂设计中前置液百分比是一个重要施工参数，它对裂缝形态以及压裂改造效果有直接影响，甚至决定着压裂施工的成败。

在地层以及钻完井等条件保持恒定的前提下，进行压裂施工参数优化分析。确定携砂液、顶替液以及砂量，保持压裂方式不变，通过改变前置液百分比来分析其对压裂裂缝形态的影响。分别设计计算当前置液百分比为10%，15%，20%，25%和30%的情况下压裂形成的裂缝形态，并对其进行分析。计算的裂缝形态结果表6-3。

表6-3　不同前置液百分比计算结果

前置液百分比/%	10	15	20	25	30
裂缝半长/m	167	215	217	223	236
缝网体积/(10^4 m^3)	48.6	63.7	65.3	67.2	72.1
导流能力/(μm^2·cm)	53.2	15.7	15.4	15.3	15.2

由图6-15所得的计算结果分析，可以得出以下结论：

(1) 随着前置液百分比的增加，裂缝长度增加，缝网体积增加。

(2) 随着前置液百分比的增加，缝网体积及裂缝长度的增加并不是成比例的。前期增加的幅度较大，当前置液百分比大于15%时，缝网体积及裂缝长度的增幅变缓。而且，随着前置液百分比的增加，其对于储层的伤害也变大。因此，前置液百分比并不是越大越好，在该储层及压裂条件下存在一个最优值。

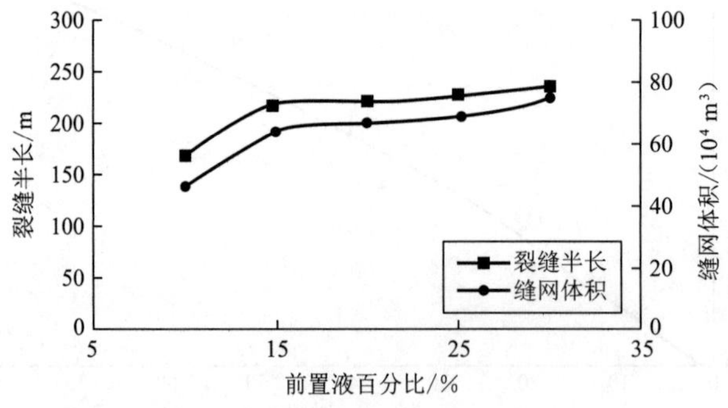

图6-15　裂缝长度和缝网体积随前置液百分比的变化

由图6-16所得的计算结果分析，可以得出以下结论：

(1) 随着前置液百分比的增加，裂缝导流能力均呈逐渐下降的趋势。

(2) 虽然随着前置液百分比的增加，裂缝导流能力降低，但是前置液百分比大于15%后导流能力下降幅度降低。

在实际压裂施工过程中，前置液百分比越大，成本越高且对地层的伤害越大。综合图6-15及图6-16的结果可知，该储层在钻完井条件下，最优的前置液百分比为15%～20%。

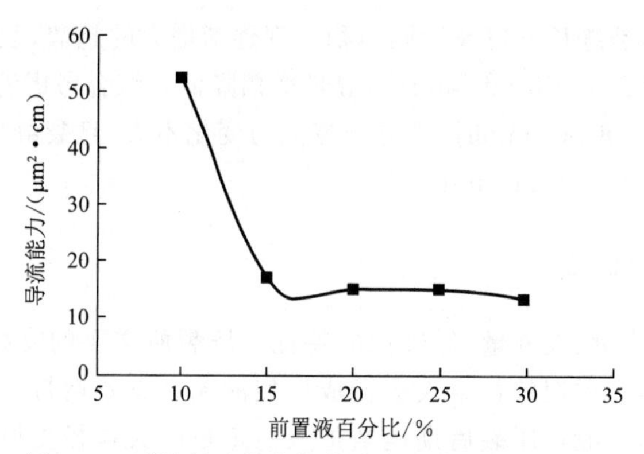

图 6-16　裂缝导流能力与前置液百分比的变化关系

6.2.2　排量优化

分析国外致密储层压裂的成功案例，由于其开发需要形成大且复杂的缝网才能达到增产的效果，因此在压裂过程中需要大量的压裂液，故需要大排量。同时，目标区块体积压裂施工也提出“大排量”的施工理念，根据体积压裂现场统计结果，一般现场的施工排量大于等于 8 m^3/min。为分析排量对于压裂缝网形态的影响，进行压裂排量的设计分析。根据之前的模拟分析可知，对于该特定的储层条件，取前置液百分比为 20%，在分析排量时以此为基础进行压裂设计。分别分析排量为 4 m^3/min，6 m^3/min，8 m^3/min 和 10 m^3/min 时产生缝网的形态。计算的裂缝形态结果见表 6-4。

表 6-4　不同排量计算结果

排量/($m^3 \cdot min^{-1}$)	4	6	8	10
裂缝半长/m	192	237	265	274
缝网体积/(10^4 m^3)	40.3	65.0	69.2	77.8
导流能力/($\mu m^2 \cdot cm$)	32.5	18.4	16.7	15.5

由表 6-4 及图 6-17 所得的计算结果分析，可以得出以下结论：

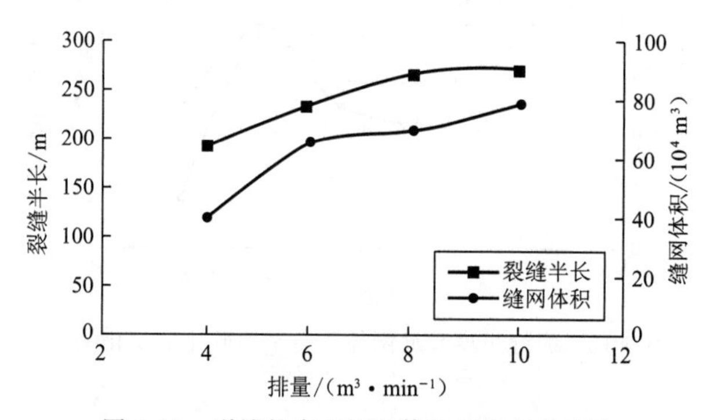

图 6-17　裂缝长度和缝网体积随排量的变化

随着排量的增加，裂缝长度以及缝网体积呈现逐渐增大的趋势，裂缝的导流能力呈现逐渐降低的趋势，但当排量大于8 m^3/min后，缝长增幅降低。综合考虑缝网体积及裂缝导流能力可知，当排量介于 6～8 m^3/min时，裂缝导流能力变化不大，且裂缝半长增幅变缓，因此在此情况下最优的排量为 6～8 m^3/min。

6.2.3 砂比优化

体积压裂具有大排量、大液量、低砂比的特征。压裂所需要的支撑剂粒径较小，这是因为压裂液的黏度较低，支撑剂粒径太大会造成压裂液无法有效携带。但是为了使压后裂缝具有较高的导流能力，一般在压裂后期尾随加入一定量的大粒径支撑剂。为了分析平均砂比对于压裂裂缝形态的影响，根据现场试验井数据进行以下设计。压裂液液量一定，前置液百分比确定，前期使用占总支撑剂量 30%的 40/70 目支撑剂，后期尾随加入占总支撑剂量 70%的 20/40 目支撑剂。分别取平均砂比为 5%，8%，11%，14%和 17%进行压裂设计，分析其对于压裂裂缝形态的影响。计算的裂缝形态结果见表 6-5。

表 6-5 不同平均砂比计算结果

平均砂比/%	5	8	11	14	17
裂缝半长/m	237	237.4	237.5	265	222
缝网体积/(10^4 m^3)	71.6	72.5	73.2	79.4	64.2
导流能力/(μm^2 · cm)	14	19.8	20.7	25.5	30.5

由图 6-18 的计算结果分析可以得出结论：随着平均砂比的增加，裂缝长度及缝网体积呈现先增大后降低的趋势。究其原因，可知随着平均砂比的增加，裂缝内砂子增多，但是在前置液确定的情况下其所造缝的体积是确定的，所以裂缝中无法进入更多的砂子，导致出现这种趋势。综合各方面因素考虑，认为在该储层及钻完井条件下最优平均砂比为 13%～15%。

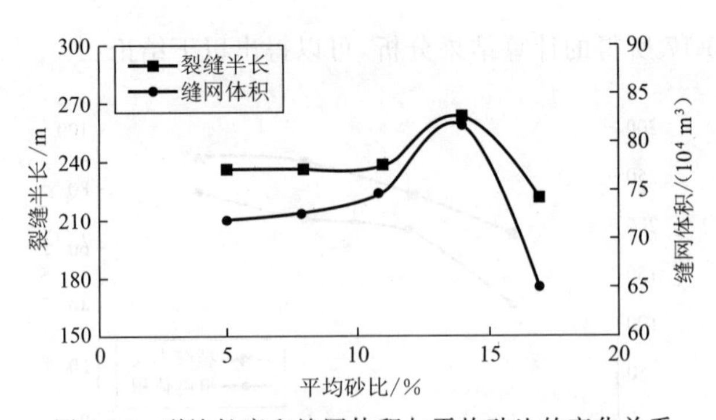

图 6-18 裂缝长度和缝网体积与平均砂比的变化关系

6.3 小　结

本章对长 7 储层体积压裂所形成改造体积的计算方法进行了研究，得到了适用于长 7 储层的改造体积计算方法，并对影响致密砂岩油藏体积压裂的地质及施工参数进行了分析研究，主要对水平应力差、岩石脆性、施工排量对体积压裂裂缝长度、储层改造体积的影响进行了定量研究，认为水平应力差、岩石脆性、施工排量是影响体积压裂的重要因素。

应用压裂设计软件 Meyer 中的 Mshale 模块对致密砂岩油藏体积压裂进行施工设计，分析了施工参数对裂缝和裂缝形态的影响效果。首先使用前期实施体积压裂措施井的储层参数、压裂液性质参数、施工参数建立体积压裂模型，在此基础上对第 5 章优化得到的五点井网 1 500 m 水平段模型的确定裂缝进行施工参数优化设计，并得到其改造体积和裂缝半长等参数。通过 Meyer 软件对前置液液量、施工排量及平均砂比进行了优化，得到了适用于长 7 致密砂岩油藏体积压裂的施工参数，同时得到以下认识：

(1) 在实际压裂施工过程中，前置液百分比越大，成本越高且对地层的伤害越大，该储层在钻完井条件下最优的前置液百分比为 15%～20%。

(2) 随着排量的增加，裂缝长度以及缝网体积呈现逐渐增大的趋势，裂缝的导流能力呈现逐渐降低的趋势，但当排量大于 8 m^3/min 后，缝长增幅降低。综合考虑缝网体积及裂缝导流能力可知，当排量介于 6～8 m^3/min 时裂缝导流能力变化不大，且裂缝半长增幅变缓，因此在此情况下最优的排量为 6～8 m^3/min。

(3) 随着平均砂比的增加，裂缝长度及缝网体积呈现先增大后降低的趋势。综合各方面因素考虑，认为该储层在钻完井条件下最优平均砂比为 13%～15%。

第7章　致密砂岩油藏水平井体积压裂工艺技术及矿场试验

X259区为2008年的开发区块，采用定向井常规压裂技术开发，开发效果较差，初期单井产能不到1 t。2011年在南部开辟X233水平井体积压裂攻关试验区。本章内容主要介绍与此相关的7口水平井设计与施工，其中5口井按照优化参数施工，2口井为试验对比井。

7.1　体积压裂主体工艺技术

X233区的体积压裂主要以水力喷射分段多簇压裂和水力泵注桥塞分段多簇压裂工艺为主。

7.1.1　水力喷射分段多簇压裂工艺

该工艺是集水力喷砂射孔、水力压裂、隔离于一体的水平井压裂方式，采用上提拖动管柱实现分段改造，达到一趟钻具压裂几段的目的。在常规水力喷射分段压裂工艺的基础上，X233区采用双喷射器施工和水力扩张式封隔器联作，即形成水力喷射分段多簇压裂工艺。两喷射器之间相隔一定距离，使每段压裂的缝网变得较为复杂。封隔器的使用确保了压裂段之间的有效隔离，不仅能达到一段两簇的压裂目的，而且可以提高分段压裂改造的效果。

同时，为了提高压裂效率，提高一趟钻具的压裂段数，在水力喷射分段多簇压裂基础上，从钻具结构上衍生出3种工艺，即双喷射器＋单钢丝式封隔器组合、双喷射器＋双钢丝式封隔器组合、双喷射器＋单钢带式封隔器组合；从加砂方式上衍生出2种工艺，即油管加砂和环空加砂。

1）压裂钻具及裂缝形态

压裂钻具结构示意如图7-1所示，依次为堵头、花管、单流阀、封隔器(K344-108)、下喷射器、工具油管(根据2个喷射器间距调整)、上喷射器、工具油管(1根)、安全接头。安全接头上部通常由工具油管连接至井口。

施工工艺：当油管注入时，排量达到一定程度后封隔器开始坐封，下部已压井段被隔离。

由于采用双喷射器，喷砂射孔时会产生 2 个射孔段，压裂时可能形成 2 条独立裂缝，达到压裂一段形成 2 条裂缝的目的。形成的 2 条裂缝可改变储层地应力状况，可将水力裂缝及天然裂缝相互沟通，形成复杂缝网，增大压裂改造体积(图 7-2)，通过注入参数的控制(大砂量、大排量、小砂比、低黏液体等)实现体积压裂的目的。

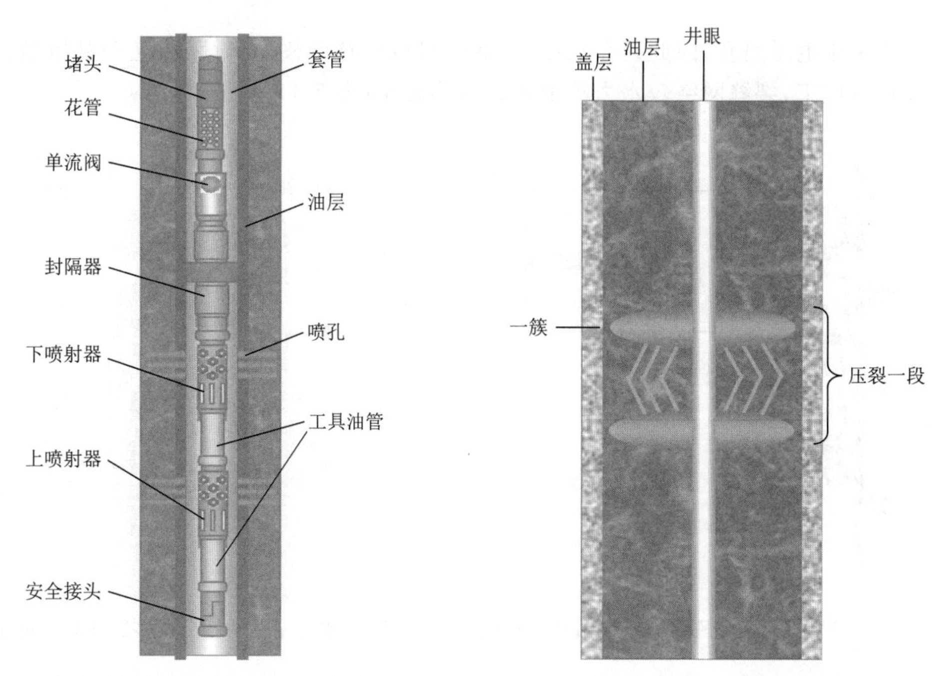

图 7-1　水力喷射分段多簇压裂钻具结构示意图　　图 7-2　水力喷射分段多簇压裂裂缝示意图

2) 压裂工序

每段压裂过程基本上包括地面试压、循环井筒、喷砂射孔、冲砂、压裂(前置液、携砂液、顶替液)、测压降、放喷、反洗等工序。压裂时，配套有专用井口及井下工具，油套保持畅通。主要步骤如下：

① 对地面管线及井口部分试压，防止压裂过程刺漏，造成施工不连续；

② 循环井筒，采用油管注入、套管返出流程；

③ 提高油管注入排量，并携带少量石英砂进行喷砂射孔，套管返出；

④ 喷砂射孔完成后继续油管注入，使井筒石英砂彻底返出，防止卡钻；

⑤ 关闭套管闸门，开始压裂，地层破裂后油管和套管(一端关闭，一端接有泵车)同时注入前置液，泵完前置液后油管注入携砂液，套管注入交联液(不加砂)，携砂液注完后油管和套管共同泵入顶替液；

⑥ 停泵测压降；

⑦ 井口控制放喷，强制使裂缝闭合；

⑧ 套管注入、油管返出，确保残留支撑剂彻底返出；

⑨ 卸井口，上提钻具，继续压裂下一段，压裂时重复①～⑧步骤。

7.1.2 水力泵注桥塞分段多簇压裂工艺

该工艺是按照“一次装弹、电缆传输、液体输送、桥塞脱离、套管试压、分级引爆、压裂施工”工序，实现光套管注入分段压裂改造，压完所有段后快速钻塞试油生产。钻具结构如图7-3所示。

由于采用电缆射孔，因此射孔长度、簇间距可以任意调整，同时采取光套管压裂，能够实现较大排量施工，裂缝网络较水力喷射压裂更为复杂（图7-4）。

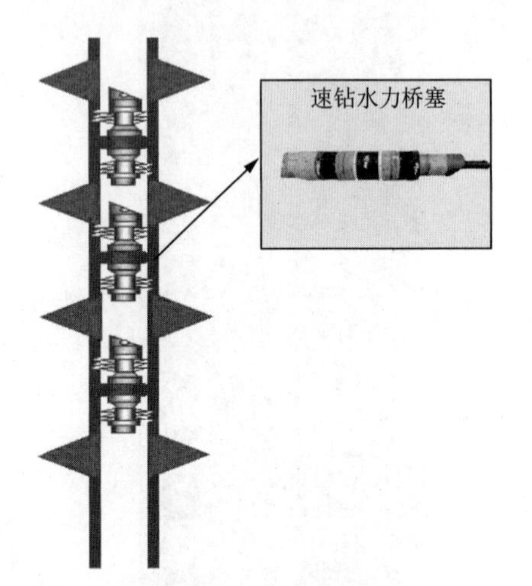

图7-3 水力泵注桥塞分段多簇压裂钻具示意图

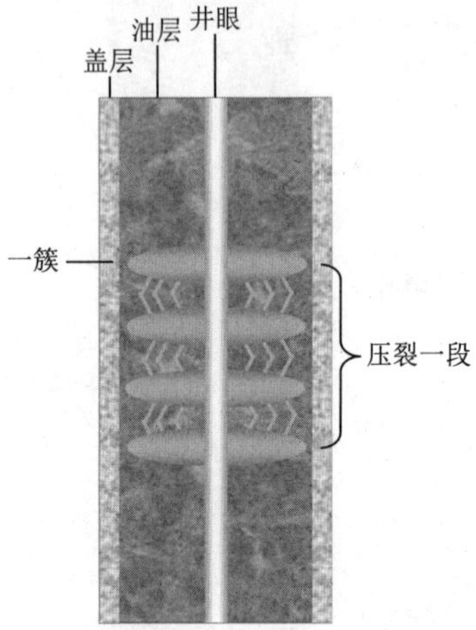

井眼
油层
盖层
一簇
压裂一段

图7-4 水力泵注桥塞分段多簇压裂裂缝示意图

施工工序如下：

① 用油管传输或爬行器拖动进行第一段射孔（图7-5）；

② 光套管压裂第一段（图7-5）；

③ 电缆作业下入桥塞及射孔枪，水平段进行泵送（磁定位）（图7-6）；

④ 地面点火坐封桥塞，并进行套管试压（图7-6）；

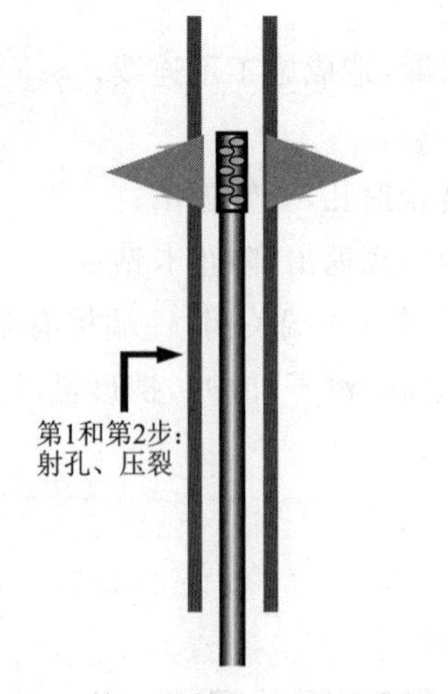

图7-5 第一段射孔、压裂示意图

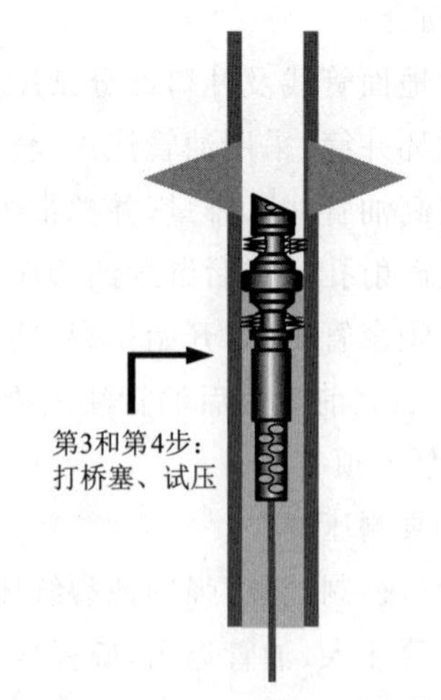

图7-6 打桥塞、试压示意图

⑤ 上提射孔枪至预定位置射孔(图 7-7)；
⑥ 起出射孔枪和桥塞送封工具(图 7-7)；
⑦ 光套管压裂第二段(图 7-7)；
⑧ 根据设计压裂段数，重复第 3～7 步(泵注桥塞→射孔→压裂)(图 7-8)；
⑨ 采用连续油管或常规工具油管下入磨铣工具进行钻塞(图 7-8)；
⑩ 排液求产(图 7-9)。

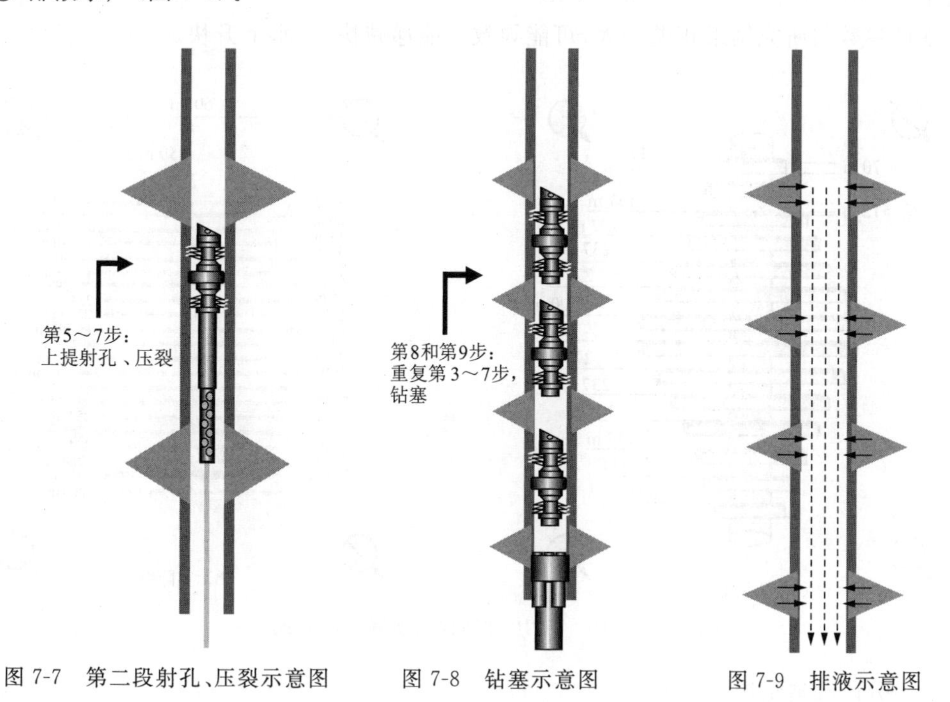

图 7-7　第二段射孔、压裂示意图　　图 7-8　钻塞示意图　　图 7-9　排液示意图

7.2　矿场试验分析

7.2.1　对比井分析

1) 例一：YP10 井

该井为鄂尔多斯盆地伊陕斜坡的一口水平井，属于 X233 区块，生产层位为长 8，水平段长 1 535 m，采用五点井网注水开发。该井钻遇油层 872 m，差油层 478 m，油层钻遇率 88.9%，采用 5½ in 套管固井完井方式。

(1) 油层数据。

平均电测渗透率 $0.29\times10^{-3}\,\mu m^2$，孔隙度 9.94%，其他参数见表 7-1 所示。

表 7-1　YP10 井油层电性参数表

电阻率/(Ω·m)	声波时差/(μs·m⁻¹)	孔隙度/%	渗透率/($10^{-3}\mu m^2$)	含油饱和度/%
76.14	206.69	9.94	0.29	47.50

(2) 缝网几何参数优化。

根据前期数值模拟研究结果，建议缝网形态如图 7-10(a)所示：裂缝条数 14 条，段间距 92.7 m，导流能力 15 $\mu m^2 \cdot cm$。

矿场试验过程中，通过增加改造段数及等长布缝思路，计划压裂 21 段，分析裂缝条数对产能的影响规律。实际改造缝网形态如图 7-10(b)所示：裂缝条数 20 条(第 18 段未压开)，段间距 56 m，导流能力 14.5 $\mu m^2 \cdot cm$。

现场参数与研究结果相差较大，可能导致产能递减快、含水上升快。

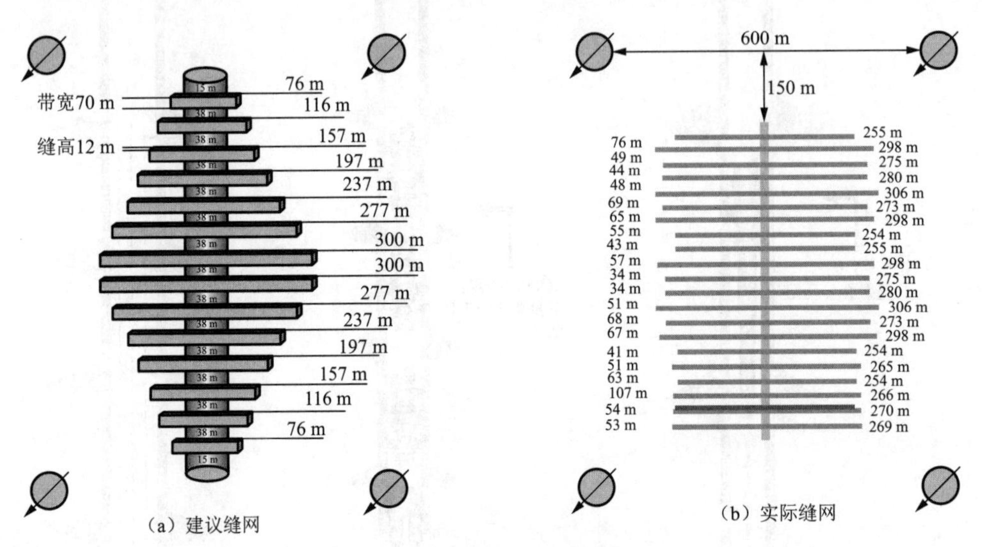

图 7-10　YP10 井建议与实际缝网对比

(3) 分段改造情况。

该井采用水力喷砂射孔分段多簇环空加砂压裂工艺进行改造。

① 水力喷砂射孔。

水力喷砂射孔的射孔液为 0.25%CJ2-6，射孔磨料为天然石英砂(20/40 目)，每个喷射器 4 个喷嘴，喷嘴直径 6.3 mm。统计 20 次 40 簇喷射数据，平均喷射压力 44.3 MPa，排量 2.3 m^3/min，喷射速度 153.8 m/s，砂量 3.4 m^3/段，喷射时间 17.7 min/段，相关记录如图 7-11 至图 7-15 所示。

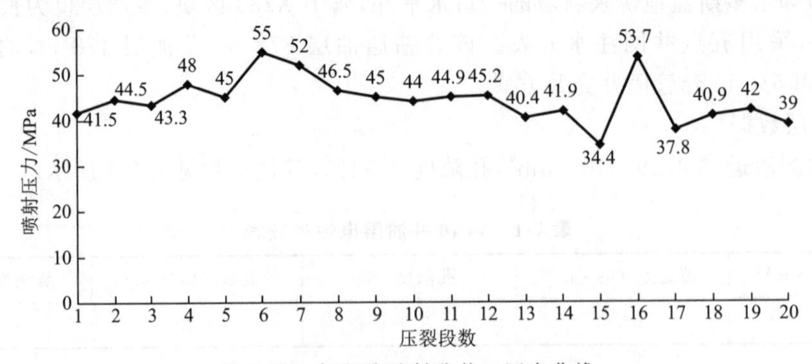

图 7-11　每段喷砂射孔井口压力曲线

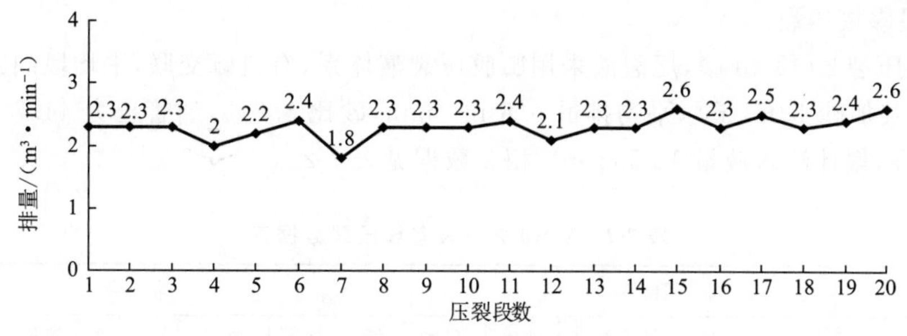

图 7-12　每段喷砂射孔地面排量曲线

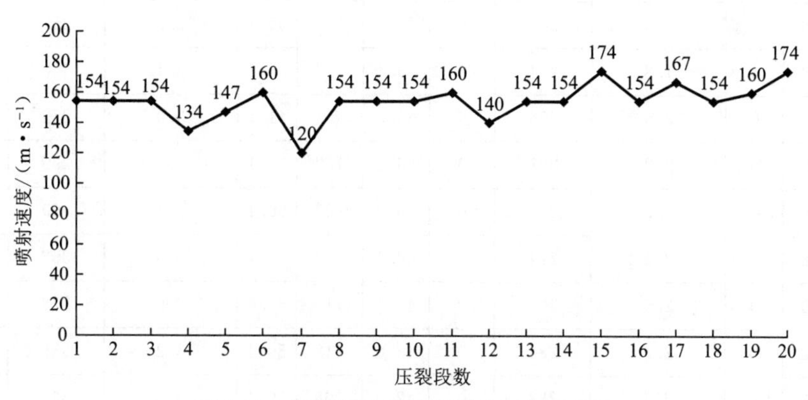

图 7-13　每段喷砂射孔喷嘴出口流速曲线

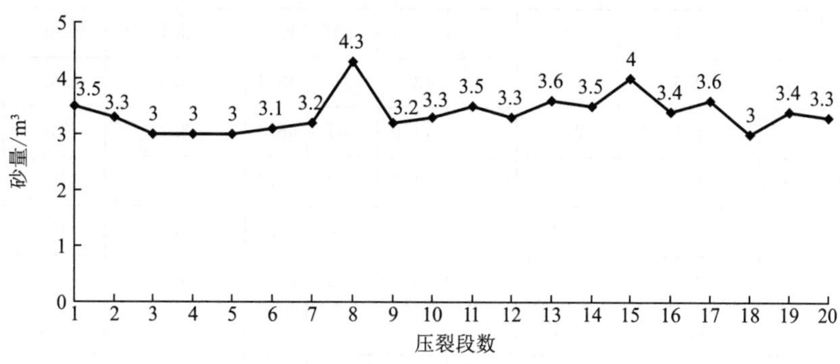

图 7-14　每段喷砂射孔使用砂量曲线

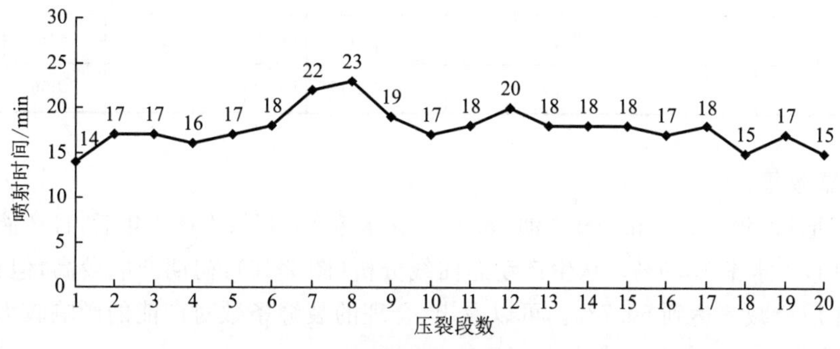

图 7-15　每段喷砂射孔所用时间曲线

② 分段多簇压裂。

该井共压裂20段40簇,压裂液采用胍胶压裂液体系,有机硼交联,平均段间距73 m,簇间距15 m,共加砂1 051 m^3,平均排量5.6 m^3/min,砂比8.8%,油管压力44.7 MPa,环空压力33 MPa,累计注入液量12 533 m^3,相关数据见表7-2。

表7-2 YP10井分段多簇压裂数据表

压裂段数	油管						环空					
	时间/min	砂量/m^3	喷射排量/($m^3\cdot min^{-1}$)	注入液量/m^3	砂比/%	压力/MPa	时间/min	砂量/m^3	喷射排量/($m^3\cdot min^{-1}$)	注入液量/m^3	砂比/%	压力/MPa
第1段	103	0	2.5	265	0	53.5	103	50.1	2.3	262	9.5	26.4
第2段	132	0	1.8	254	0	56.4	132	53.1	3.1	450	7.9	34.8
第3段	87	0	2.5	226	0	55.3	87	41.1	3.0	272	8.6	37.9
第4段	122	0	2.8	301	0	46.2	122	55.1	2.8	295	10.2	35.4
第5段	129	0	2.0	271	0	48.0	129	60.1	3.1	409	9.3	37.0
第6段	108	0	2.5	274	0	48.1	108	55.1	3.3	362	9.1	36.5
第7段	119	0	2.5	305	0	47.5	119	60.1	2.6	378	9.2	37.3
第8段	112	0	2.5	284	0	46.0	112	50.1	3.2	359	8.1	34.2
第9段	103	0	2.7	283	0	42.0	103	50.1	3.3	339	8.4	34.0
第10段	100	0	2.5	258	0	48.9	100	55.1	3.3	334	9.8	35.3
第11段	93	0	2.5	237	0	39.8	93	45.1	3.1	289	9.0	31.7
第12段	91	0	2.5	236	0	43.9	91	45.1	3.3	305	8.7	30.9
第13段	104	0	2.5	266	0	44.0	104	55.1	3.3	349	9.4	31.7
第14段	119	0	2.5	307	0	44.3	119	55.1	3.3	396	8.2	32.5
第15段	126	0	2.5	323	0	35.4	126	60.1	3.5	452	8.1	33.5
第16段	116	0	2.5	296	0	42.6	116	60.1	3.3	384	9.3	31.0
第17段	100	0	2.5	261	0	37.8	100	50.1	3.2	334	8.8	31.1
第18段	106	0	2.5	273	0	40.0	106	50.1	3.3	356	8.3	27.8
第19段	108	0	2.5	298	0	38.5	108	50.1	3.4	408	7.4	28.0
第20段	100	0	2.5	259	0	35.6	100	50.1	3.2	323	9.0	28.4
合计	2 178	0		5 477			2 178	1 051		7 056		

(4) 实施效果。

该井初期日产液25.94 m^3,日产油18.65 t,含水率15.4%;生产1年后,日产液12.86 m^3,日产油9.19 t,含水率15.9%。从生产动态曲线分析(图7-16):初期产能较高,但自然递减较大,生产1年后递减率达到50.7%。可以看出,合理的裂缝条数对产能的影响较大,与数值模拟结果较为吻合。

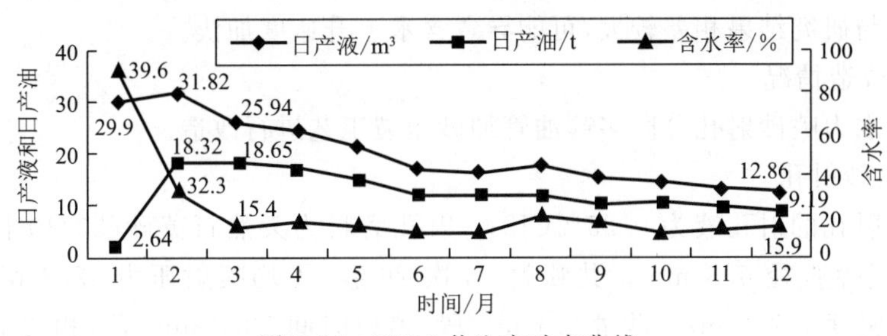

图 7-16　YP10 井生产动态曲线

2）例二：YP1 井

该井为鄂尔多斯盆地伊陕斜坡的一口水平井，属于 X233 区块，生产层位为长 7，水平段长 1 543 m，采用五点井网注水开发。该井钻遇油层 1 104 m，差油层 355 m，油层钻遇率 100%。采用 5½ in 套管固井完井方式。

（1）油层数据。

平均电测渗透率 $0.117\times10^{-3}\ \mu m^2$，孔隙度 8.81%，其他参数见表 7-3 所示。

表 7-3　YP1 井油层电性参数表

电阻率/(Ω·m)	声波时差/($\mu s\cdot m^{-1}$)	孔隙度/%	渗透率/($10^{-3}\ \mu m^2$)	含油饱和度/%
78.97	206.69	8.81	0.117	54.86

（2）缝网几何参数优化。

根据前期数值模拟研究结果，建议缝网形态如图 7-17(a)所示：裂缝条数 14 条，段间距 92.7 m，导流能力 15 $\mu m^2\cdot cm$。

矿场试验过程中，通过提高裂缝半长及等长布缝思路，分析缝长对产能的影响规律。实际改造缝网形态如图 7-17(b)所示：裂缝条数 13 条，段间距 88 m，导流能力 14.5 $\mu m^2\cdot cm$。

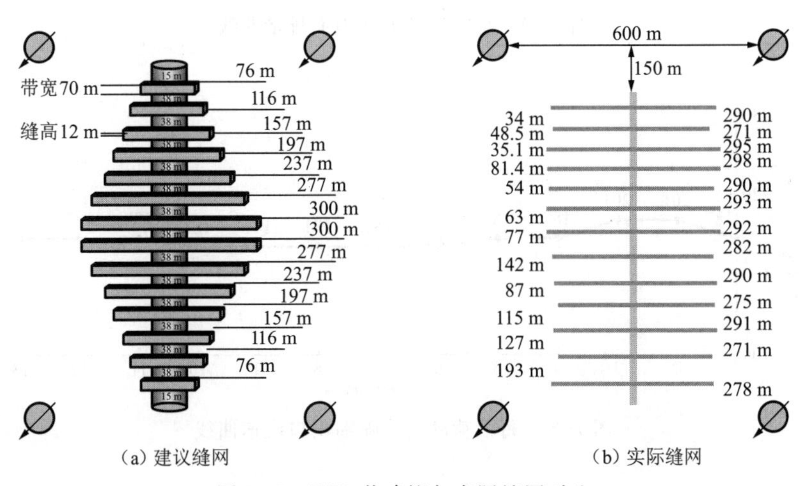

图 7-17　YP1 井建议与实际缝网对比

现场参数与研究结果相差较大，可能导致含水上升速度加快。

(3) 分段改造情况。

该井采取水力喷砂射孔分段多簇油管加砂压裂工艺进行改造。

① 水力喷砂射孔。

水力喷砂射孔的射孔液为0.25%CJ2-6，射孔磨料为天然石英砂(20/40目)，每个喷射器4个喷嘴，喷嘴直径6.3 mm。共喷射13次26簇，平均喷射压力42.3 MPa，排量2.8 m^3/min，喷射速度187.2 m/s，砂量3.1 m^3/段，喷射时间13.8 min/段，相关记录如图7-18至图7-22所示。

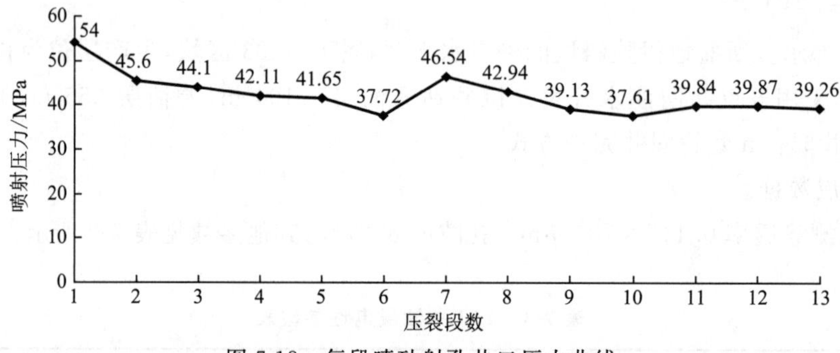

图7-18　每段喷砂射孔井口压力曲线

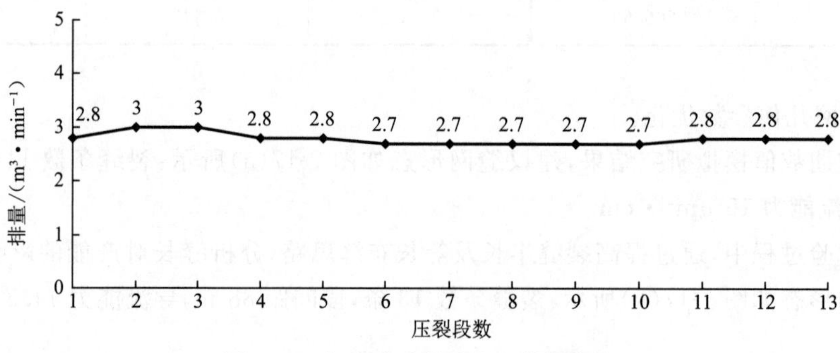

图7-19　每段喷砂射孔地面排量曲线

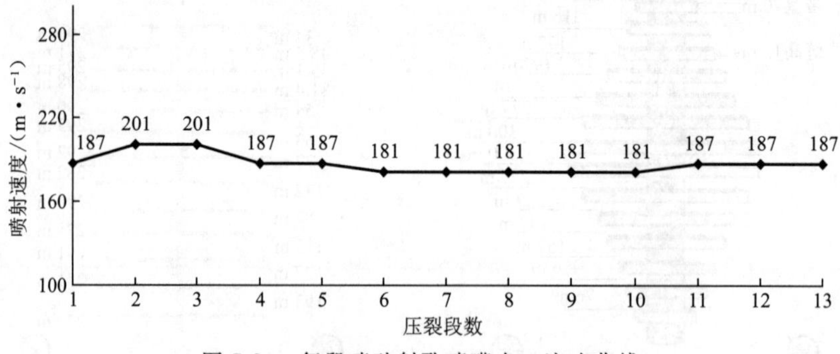

图7-20　每段喷砂射孔喷嘴出口流速曲线

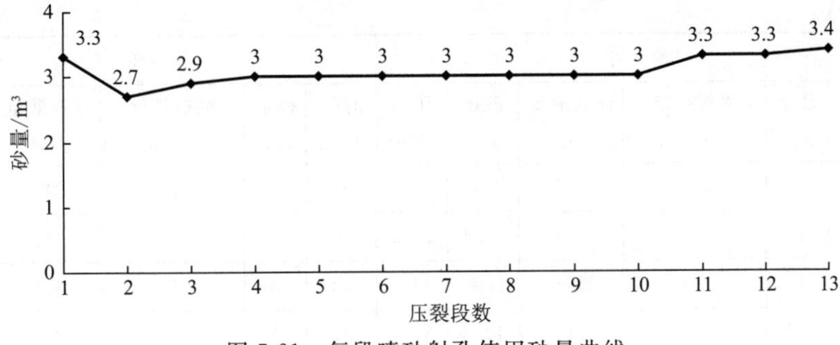

图 7-21　每段喷砂射孔使用砂量曲线

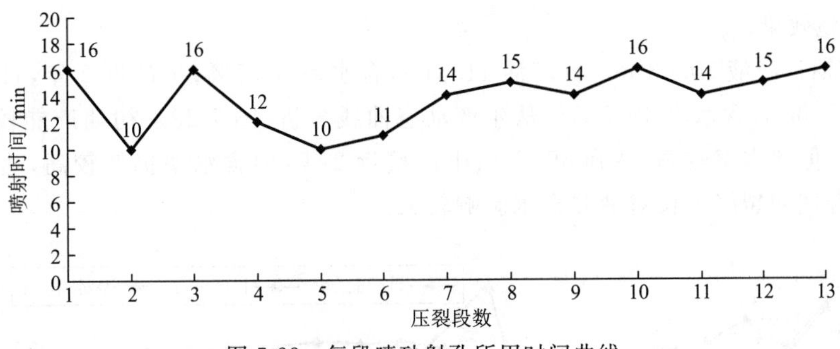

图 7-22　每段喷砂射孔所用时间曲线

② 分段多簇压裂。

压裂液采用胍胶压裂液体系，有机硼交联，共压裂 13 段 26 簇，平均段间距 115 m，簇间距 20 m，共加砂 484 m³，平均排量 6.1 m³/min，砂比 9.1%，油管压力 39.5 MPa，环空压力 30 MPa，累计注入液量 7 012 m³，相关数据见表 7-4。

表 7-4　YP1 井分段多簇压裂数据表

压裂段数	油管						环空					
	时间/min	砂量/m³	喷射排量/(m³·min⁻¹)	注入液量/m³	砂比/%	压力/MPa	时间/min	砂量/m³	喷射排量/(m³·min⁻¹)	注入液量/m³	砂比/%	压力/MPa
第 1 段	78	30	2.5	212	6.4	53.9	78	0	4	510	0	32.9
第 2 段	72	30	2.5	184	7.9	45.4	72	0	4	460	0	31.1
第 3 段	72	30	2.5	185	7.9	43.7	72	0	4	440	0	27.8
第 4 段	78	37	2.5	193	8.3	42.4	78	0	3	313	0	26.4
第 5 段	72	40	2.5	182	8.3	38.6	72	0	4	387	0	34.4
第 6 段	68	39	2.5	168	9.1	38.0	68	0	3.5	322	0	30.0
第 7 段	68	40	2.7	194	9.2	44.1	68	0	3.5	355	0	36.5
第 8 段	62	40	2.6	191	9.1	41.6	62	0	3.5	312	0	34.6
第 9 段	63	38	2.7	180	9.6	38.5	63	0	3.4	267	0	24.5

续表

压裂段数	油管						环空					
	时间/min	砂量/m^3	喷射排量/($m^3\cdot min^{-1}$)	注入液量/m^3	砂比/%	压力/MPa	时间/min	砂量/m^3	喷射排量/($m^3\cdot min^{-1}$)	注入液量/m^3	砂比/%	压力/MPa
第10段	67	40	2.7	185	9.5	38.5	67	0	3.4	312	0	33.1
第11段	66	40	2.7	185	11.4	29.5	66	0	3	278	0	24.5
第12段	82	40	2.8	236	9.2	29.3	82	0	3	326	0	26.3
第13段	61	40	2.8	174	12.6	30.3	61	0	3	261	0	28.4
合计	909	484		2 469			909	0		4 543		

(4) 实施效果。

该井初期日产液30.03 m^3,日产油11.31 t,含水率55.7%;生产近2年,日产液17.84 m^3,日产油7.66 t,含水率49.5%。从生产动态曲线分析(图7-23):初期产能较好,基本达到预期效果,但含水率较高,达到55.7%;生产接近2年,但含水率仍然较高,达到49.5%。可以看出,合理的裂缝半长对油井含水影响较大。

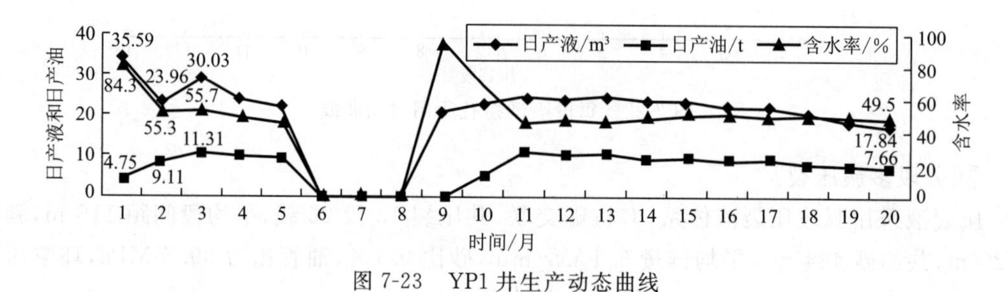

图7-23　YP1井生产动态曲线

7.2.2　优化井分析

以YP8井为例,该井为鄂尔多斯盆地伊陕斜坡的一口水平井,生产层位为长7,水平段长1 536 m,采用五点井网注水开发。该井钻遇油层939 m,差油层398 m,油层钻遇率100%,采用5½ in套管固井完井方式。

(1) 油层数据。

平均电测渗透率$0.169\times10^{-3}\mu m^2$,孔隙度7.99%,其他参数见表7-5所示。

表7-5　YP8井油层电性参数表

电阻率/(Ω·m)	声波时差/($\mu s\cdot m^{-1}$)	孔隙度/%	渗透率/($10^{-3}\mu m^2$)	含油饱和度/%
48.02	207.63	7.99	0.169	36.88

(2) 缝网几何参数优化。

根据前期数值模拟研究结果,建议缝网形态如图7-24(a)所示:裂缝条数14条,段间距92.7 m,导流能力15 $\mu m^2\cdot cm$。

矿场试验过程中，实际改造后缝网形态如图 7-24(b)所示：裂缝条数 14 条，段间距 94 m，导流能力 14.7 $\mu m^2 \cdot cm$。

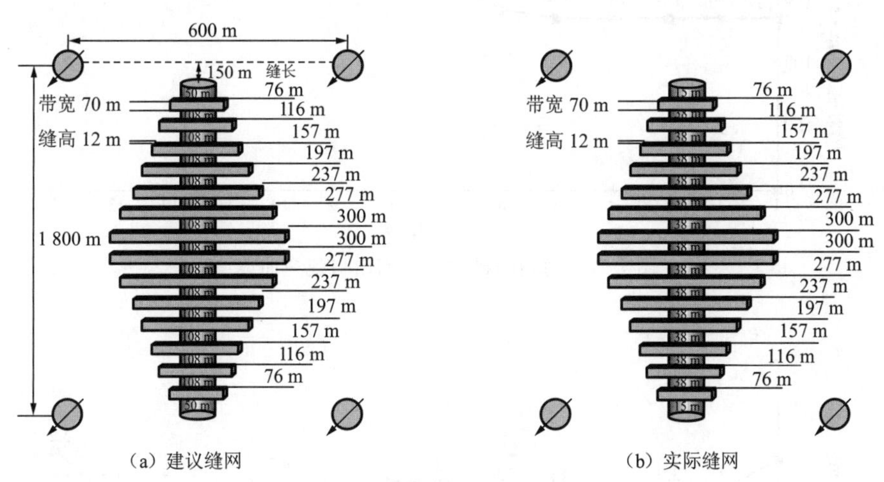

(a) 建议缝网　　(b) 实际缝网

图 7-24　YP8 井建议与实际缝网对比

(3) 分段改造情况。

该井采取水力喷砂射孔分段多簇环空加砂压裂工艺进行改造。

① 水力喷砂射孔。

射孔液为 0.25%CJ2-6，射孔磨料为天然石英砂(20/40 目)，每个喷射器 4 个喷嘴，喷嘴直径 6.3 mm。共喷射 14 次 28 簇，平均喷射压力 44.4 MPa，排量 2.3 m^3/min，喷射速度 152.8 m/s，砂量 4.1 m^3/段，喷射时间 21.2 min/段，相关记录如图 7-25 至图 7-29 所示。

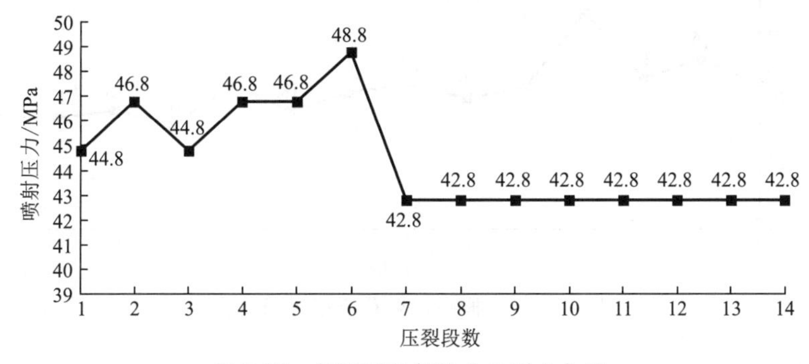

图 7-25　每段喷砂射孔井口压力曲线

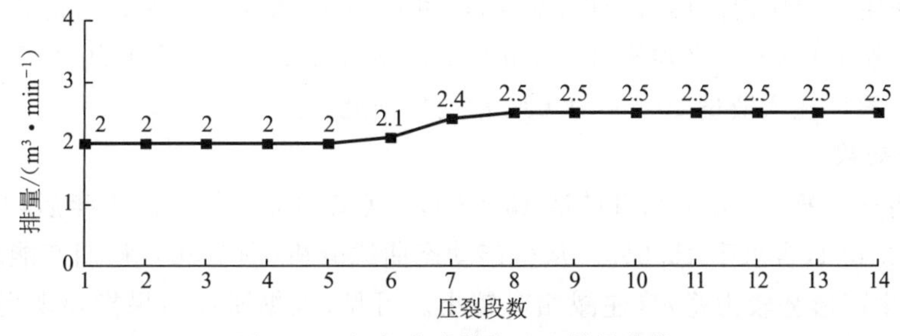

图 7-26　每段喷砂射孔地面排量曲线

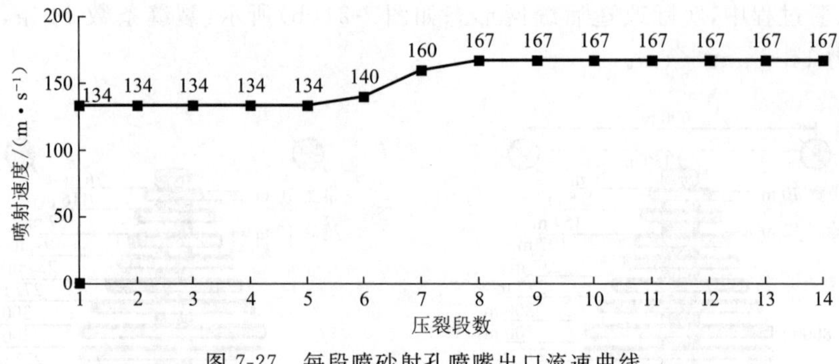

图 7-27 每段喷砂射孔喷嘴出口流速曲线

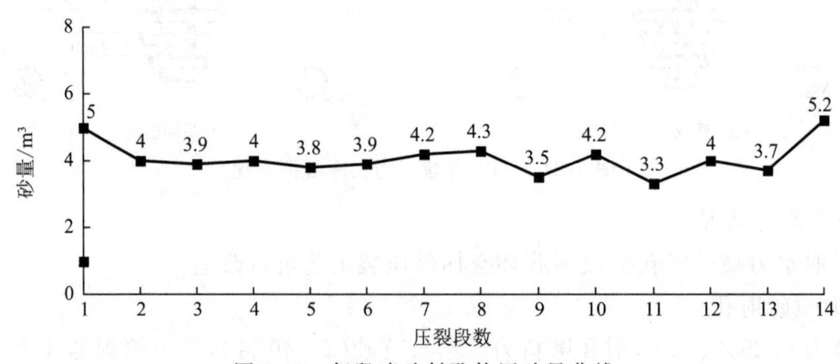

图 7-28 每段喷砂射孔使用砂量曲线

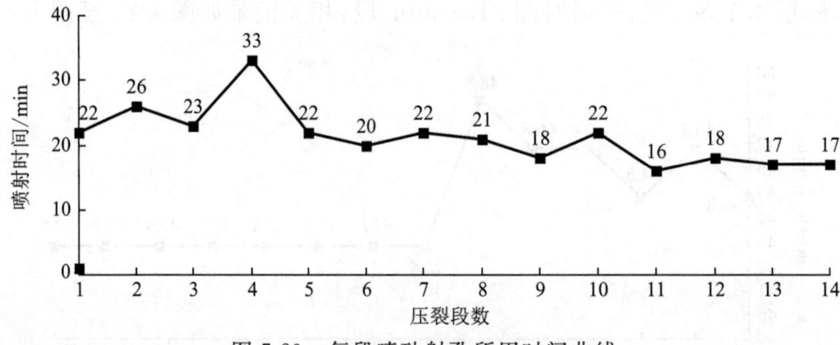

图 7-29 每段喷砂射孔所用时间曲线

② 分段多簇压裂。

压裂液采用胍胶压裂液体系，有机硼交联，共压裂 14 段 28 簇，平均段间距 107 m，簇间距 15 m，共加砂 1 448 m^3，平均排量 7.4 m^3/min，砂比 14.2%，油管压力 46.7 MPa，环空压力 35.3 MPa，累计注入液量 10 665.4 m^3，相关数据见表 7-6。

(4) 实施效果。

该井初期日产液 18.67 m^3，日产油 13.68 t，含水率 13.8%；生产 1 年后，日产液 17.19 m^3，日产油 12.43 t，含水率 15.0%。从生产动态曲线分析(图 7-30)：初期产能较高，基本达到预期效果；生产形势较为稳定，递减相对较小。可见，根据研究结果指导现场试验后取得了较好效果。

表 7-6　YP8 井分段多簇压裂数据表

压裂段数	油管						环空					
	时间/min	砂量/m³	喷射排量/(m³·min⁻¹)	注入液量/m³	砂比/%	压力/MPa	时间/min	砂量/m³	喷射排量/(m³·min⁻¹)	注入液量/m³	砂比/%	压力/MPa
第 1 段	79	0	2.1	179	0	52.6	79	71	4.7	417.6	12.8	38.6
第 2 段	124	0	2.0	179	0	53.6	124	119	5.1	417.6	14.6	38.6
第 3 段	111	0	2.1	286	0	54.6	111	99	5.1	607.4	11.75	38.6
第 4 段	107	0	1.9	201	0	50.8	107	99	5.4	583.2	13.8	38.8
第 5 段	103	0	1.9	186	0	46.8	103	100	5.5	548.2	14.7	36.8
第 6 段	106	0	1.9	186	0	46.8	106	100	5.4	548.2	13.9	36.8
第 7 段	107	0	2.0	218	0	42.8	107	100	5.5	549.4	14.0	30.8
第 8 段	120	0	2.2	260	0	42.1	120	120	5.6	661.5	14.0	34.8
第 9 段	122	0	1.8	232	0	44.1	122	120	5.4	668.7	14.3	36.8
第 10 段	118	0	2.1	253	0	44.1	118	120	5.5	659.5	14.14	36.8
第 11 段	100	0	2.3	227	0	42.1	100	120	5.5	541.7	17.0	34.8
第 12 段	97	0	2.0	200	0	40.0	97	100	5.6	546.0	14.4	30.8
第 13 段	96	0	2.1	198	0	47.0	96	100	5.5	526.2	14.9	30.8
第 14 段	76	0	2.1	169	0	47.0	76	80	5.5	416.2	14.7	29.8
合　计	1 466	0		2 974			1 466	1 448		7 691.4		

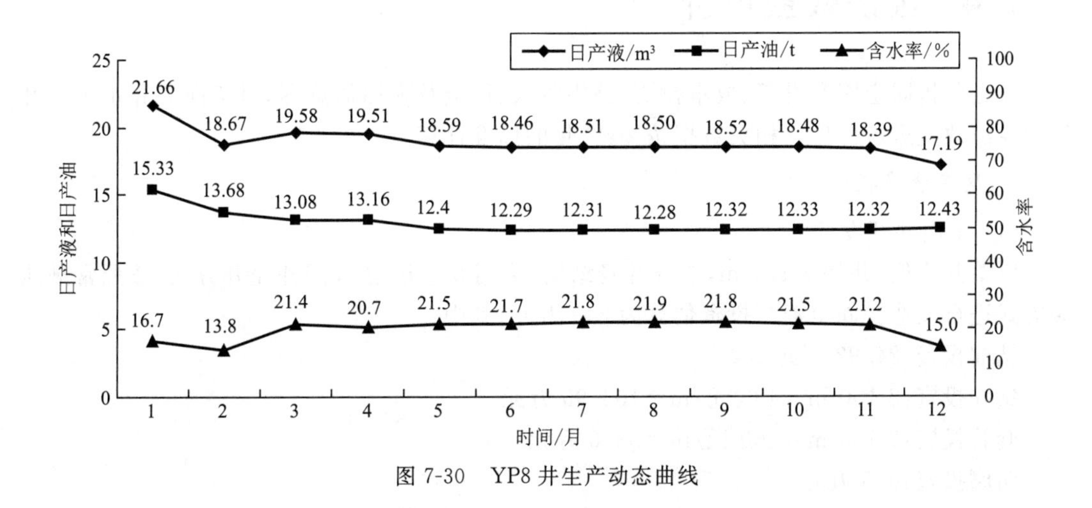

图 7-30　YP8 井生产动态曲线

7.3 试验效果对比

试验效果见表 7-7。试验井 5 口，初期平均日产液 18.59 m³，日产油 13.42 t，含水率 15.1%；生产 8 个月后，日产液 16.49 m³，日产油 11.74 t，含水率 16.4%。对比井 2 口，初期平均日产液 27.99 m³，日产油 14.98 t，含水率 35.6%；生产 16 个月后，日产液 15.35 m³，日产油 8.43 t，含水率 34.7%。

通过生产数据对比发现，试验井 5 口的单井产量较高，含水率稳定，总体效果较好，长期效果有待进一步观察；对比井 2 口的初期单井产量较高，但含水率较高、递减较大，综合分析效果不如试验井。

表 7-7 裂缝参数优化后矿场试验效果统计表

分类	井 号	初期产能			优化后产能			生产时间/月
		日产液/m³	日产油/t	含水率/%	日产液/m³	日产油/t	含水率/%	
试验井	YP3	18.81	13.48	15.7	15.47	11.08	15.7	8
	YP4	18.74	12.44	21.9	14.73	10.13	19.1	8
	YP5	17.20	12.46	14.8	15.27	10.69	17.6	8
	YP7	19.53	15.02	9.5	18.48	14.50	7.7	8
	YP8	18.67	13.68	13.8	18.50	12.28	21.9	8
	平均(5 口)	18.59	13.42	15.1	16.49	11.74	16.4	8
对比井	YP1	30.03	11.31	55.7	17.84	7.66	49.5	20
	YP10	25.94	18.65	15.4	12.86	9.19	15.9	12
	平均(2 口)	27.99	14.98	35.6	15.35	8.43	34.7	16

7.4 经济效益评价

通过分析固定资产投资、成本投资、销售收入、税金及附加估算等，对定向井和水平井开发的经济效益进行评价。相关数据按 2007 年的标准计算。

1) 固定资产投资

(1) 定向井开发。

以单井为例，井深 2 100 m，二开井身结构，采用 5½ in 套管固井完井方式，按照常规压裂方式进行改造。固定资产投资估算为 246 万元，其中：

钻前投资：24.92 万元

钻井投资：2 100 m×495 元/m＝103.95 万元

套管投资：2 100 m×160 元/m＝33.6 万元

防腐投资：6.5 万元

固井投资:2 100 m×46 元/m=9.66 万元

录井投资:2 100 m×18 元/m=3.78 万元

测井投资:2 100 m×40 元/m=8.4 万元

试油投资:20.84 万元

投产投资:34.35 万元

(2) 水平井开发。

以单井为例,井深 3 700 m,二开井身结构,采用 5½ in 套管固井完井方式,水平段长 1 500 m,按照体积压裂方式进行改造。固定资产投资估算为 1 956.28 万元,其中:

钻前投资:38 万元

钻井投资:3 700 m×1 766 元/m=653.42 万元

套管投资:3 700 m×180 元/m=66.6 万元

防腐投资:6.5 万元

固井投资:3 700 m×100 元/m=37 万元

录井投资:3 700 m×33 元/m=12.21 万元

测井投资:2 200 m×70 元/m+1 500 m×172 元/m=41.2 万元

试油投资:1 067 万元

投产投资:34.35 万元

2) 成本投资

综合采油厂发生材料费、燃料费、动力费、人员费、作业费、运输费、管理费等各项费用,原油生产成本按照 500 元/t 计算。

3) 销售收入、税金及附加估算

(1) 销售收入。

按照原油价格 4 500 元/t 估算。

(2) 销售税金及附加。

增值税:17%

城市维护建设税:5%

教育费附加:3%

资源税:28 元/t

(3) 所得税。

根据 2007 年 3 月颁布的《中华人民共和国企业所得税法》规定,按 25%的税率缴纳。

4) 经济效益评价结果

(1) 定向井开发。

单井产量按照 1 t 计算,1 年内销售收入 164.25 万元,销售税金及附加费用 42.08 万元,所得税费用 41.06 万元,吨油成本 18.25 万元,1 年内实际收入 62.86 万元。

预计投资回收期为 3.91 年。

(2) 水平井开发。

单井产量按照 10 t 计算,1 年内销售收入 1 642.5 万元,销售税金及附加费用 420.845

万元，所得税费用 410.625 万元，吨油成本 182.5 万元，1 年内实际收入 628.53 万元。

预计投资回收期为 3.11 年。

由表 7-8 可知，与定向井常规压裂相比，水平井体积压裂的固定资产投资是定向井常规压裂的 7.95 倍，年收入是定向井常规压裂的 10 倍，投资回收期比定向井常规压裂缩短 0.8 年。水平井体积压裂的投资回收期为 3.11 年，具有较好的经济效益。

表 7-8 水平井体积压裂与定向井常规压裂经济效益对比表

开发方式	固定资产投资/万元	单井日产油/t	1 年收入/万元	投资回收期/年
定向井常规压裂	246	1	62.86	3.91
水平井体积压裂	1 956.28	10	628.53	3.11

第8章　致密砂岩油藏水平井开采理论与技术展望

中国致密砂岩油藏规模巨大，虽然致密砂岩油藏采用水平井体积压裂技术可以提高油气的产量和最终的采收率，但由于突出的低孔、低渗、低压等特征，导致开发过程中产量递减快、能量补充困难、动用效果差，其有效开发面临诸多挑战，满足不了经济开发的要求。国内外于20世纪80年代开始研究水平井的压裂增产改造技术，在水力裂缝的起裂、延伸，水平井压后产量预测，水力裂缝条数和裂缝几何尺寸的优化，储层保护，分段压裂施工技术与井下分隔工具等方面取得了一定进展，但总体来讲配套完善程度仍然不足，特别是水平井分段压裂改造技术和井下分隔工具与实际生产需求还存在较大差距，有待进一步加大攻关研究。

8.1　致密砂岩油藏水平井压裂技术存在的主要问题

由于致密砂岩油藏孔喉细小、连通性差，渗流规律不符合达西定律，储层压力系数低，衰竭开采过程中地层能量不能及时补充，地层压力下降快，驱替动力进一步降低，造成单井产量快速下降和采收率降低。改善储层的连通性，补充地层能量，建立有效的渗流动力系统是致密砂岩油藏开发的关键。规模改造、重复“压采”的开发技术具备科学的增产理论基础：致密砂岩油藏水平井压裂期间，人造裂缝压力高于喉道和孔隙压力，压裂液进入连通的孔隙，在扩压放喷前逐步趋于平衡；放喷时裂缝内的压力降低，孔喉中原油在压差驱动下通过裂缝进入井筒，形成工业产能；经过一段时间采油生产，当产量低于经济下限时，实施重复转向改造，力求既拓展原裂缝，又形成新缝网系统，再次补充地层能量，形成多次“压采”的采油过程。

根据笔者在致密砂岩油藏水平井开采理论与技术方面研究工作的体会以及对国内外同行专家研究工作的总结分析，可知致密砂岩油藏水平井体积压裂需要解决如下几个主要关键问题。

1）水平井完井方式与后期压裂改造不匹配

对于致密砂岩油藏，水平井都是采取重复“压采”的方式对地层进行改造，建立有效渗流动力系统。水平井完井方式有裸眼完井、套管完井、筛管完井、管外封隔等多种完井方式，但很多完井设计时没有考虑后期的压裂以及重复压裂改造，造成完井方式或完井管柱和压裂管柱不匹配，给后期的压裂改造带来很大的困难，甚至无法进行压裂改造。在水平井含水增高时也无法采取堵水措施。这种状况在国内尤为突出。

2）压裂裂缝起裂和延伸的机理研究不够

由于直井和水平井井筒轨迹不同，钻遇地层与直井相比较为复杂，其沿井筒地层的应力分布也不同；水平井井段长度一般是直井的几十倍，例如限流压裂要同时压开几段，裂缝的起裂和延伸以及多次"压采"中缝网的形成尤为重要；由于受最大主应力方向的影响，在水平井段形成的裂缝几何形态将更加复杂和难以控制。目前水平井压裂裂缝起裂和裂缝延伸、缝网形成规律以及形态等研究不够，设计参数与实际有差距，从而无法合理地控制水平井压裂施工参数。

3）对水平井应力剖面的研究较少

水平井应力剖面和水平井井筒附近应力分布规律目前研究得较少，尤其是水平井油气层纵向应力剖面。水平井应力剖面对水平井分段压裂设计优化非常重要。井筒在垂向上位置的选择将优化穿过油气层垂向剖面的裂缝高度，与油气层的应力剖面、油气层厚度和计划的施工规模有关。如何优化水平井压裂裂缝高度是水平井压裂的一个主要问题。水平井井筒横向应力剖面反映在低渗油气层非均质性上比较强。如何选择水平井压裂层段、采取哪种隔离技术进行分压等问题仍待深入探讨。水平井分段压裂需要井筒应力剖面提供技术依据，因此深化这些研究十分重要。

4）压裂优化设计参数与水平井真实参数的符合性尚需提高

目前压裂设计的优化主要考虑压裂参数带来的经济效果不同，而没有对整个系统进行优化。整个系统存在一个最优的油管尺寸、裂缝条数、裂缝导流能力、裂缝长度、裂缝位置、裂缝间距和裂缝布局的组合，必须将地层和压裂水平井井筒作为整体系统来考虑。目前国内外在直井的单裂缝延伸模型的研究基础上形成了众多的压裂设计软件，但并没有全面考虑井筒弯曲、复杂的压裂工具与管柱、多裂缝温度场、复杂的地应力场等因素对压裂设计的影响。这些软件并不能专门针对水平井分级压裂进行设计，其产能预测结果与实际情况亦有较大差距。

5）水平井压裂技术和压裂材料还需进一步完善

目前已有好几种压裂工艺和管柱组合用于水平井压裂，都有不同的适应性和优缺点。现场施工经常出现工具管柱卡在井下而中断施工的情况，或达不到设计目的，达不到增产效果。目前应用的水平井压裂工艺和管柱还不成熟，没有形成生产能力。例如，先进的遇油膨胀封隔管柱，因其膨胀周期长、造价高而制约应用。另外，水平井多在低渗油气层应用，且采取分段压裂作业，周期长、压裂液返排难度大，因此易造成储层伤害。水平井井筒和裂缝的相对关系要求支撑剂充填层要具有更高的稳定性和较好的导流能力，压裂液对储层产生更低的污染。因此，压裂材料需要进一步提高性能，降低成本。

8.2 致密砂岩油藏水平井压裂技术发展趋势

由于水平井具有许多直井不可比拟的优势，其数量必将快速增加，尤其是复杂结构井的增加给水平井储层改造技术提出了更高要求。依据国内外的研究与需求,近几年水平井压裂技术的发展趋势主要是水平井井眼轨迹的研究设计、水平井钻井过程中的储层保护、水平井完井方式与完井工艺、水平井压裂的基础理论与方法、水平井压裂方式与压裂工艺、压裂工具与压裂管柱、压裂液与添加剂的改进等。

1)水平井技术发展必将促使水平井压裂技术快速进步

与直井相比,水平井有绝对的优势,尤其在低渗透油气田开发中更能凸现其优越性。目前投入开发的储量接近 50% 都是低渗难采储量,预计未来几年水平井将以每年 5%～10% 的速度增长,并且多分支井、鱼骨井等复杂结构井将增长更快。由此也给水平井压裂提出更高的要求,促使水平井压裂技术快速进步,为水平井提供更加广阔的应用前景。水平井从设计、钻井、完井、储层改造到后期堵水等的系统工程将引起更多关注。

2)水平井压裂的基础理论与方法将得到解决

近几年,水平井压裂的基础理论问题已引起世界学术界广泛关注,正在应用物理模拟和数值模拟的方法开展研究。预计不久的将来在水平井产能预测与评价、压裂材料的完善、水平井压裂多段多裂缝起裂的物理模拟实验,以及裂缝起裂和裂缝与缝网延伸的规律、水平井油气层纵向地应力剖面和横向地应力剖面的分布、形成多裂缝时的裂缝几何尺寸和裂缝导流能力、数学模型建立等方面都将取得进展与突破。这将为水平井优化设计软件的修正和完善打下基础,使设计参数更加符合实际,为水平井施工提供可靠保证。

3)不动管柱多次水力喷射分段压裂技术将有良好的应用前景

该技术既可以用于裸眼井和筛管完井,也可以用于水泥完井。在水力喷射辅助压裂的基础上,对工具和管柱结构进行改进,对水平井进行一趟管柱压裂施工多段的压裂技术。管柱主要由喷枪和滑套组成。比如压裂 3 层,就在一趟管柱上将 3 层所需要的喷枪和滑套连接下到位,第 1 层采用普通水力喷射压裂,后两层采用滑套水力喷射压裂,压完第 1 层后打开上一层的滑套喷枪压上层,这样也能实现分层压裂。该管柱结构简单,施工风险小,将会得到快速发展完善,形成主导技术。

4)定点分段多级封隔器分段改造完井技术将有良好的应用前景

定点分段多级封隔器分段改造完井技术主要由遇烃膨胀封隔器和滑套式喷砂器等组成,可以用于裸眼井,也可以用于水泥固井完井。假如压裂 4 层,则一趟管柱上将 4 段所需要的封隔器(8 套)连接下到位,第 1 段采用普通喷砂器,后 3 段采用滑套喷砂器,压完第 1 段后打开上一段的滑套喷砂器压上一段,实现多级分段压裂。最多可以对 10 个层段进行不动管柱的分段压裂施工处理。该管柱结构简单,性能可靠,适用范围广。若进一步缩短遇油膨胀时间,并适当降低造价,则将会得到大面积推广应用。

5)水平井连续油管分段压裂技术将得到快速发展

20 世纪 80 年代国外就已将连续油管应用在油气层改造上,并形成了配套技术。国内由于受制造、操作、维修配套技术的制约,起步较晚。连续油管作业具有起下速度快、操作简单、施工周期短等优点,适用于水力喷射、限流、滑套等不同压裂管柱。近几年,随着大直径连续油管的引进以及国产化速度的加快,井下压裂工具和管柱的研究配套,连续油管在水平井分段压裂技术中的应用得到了快速发展。连续油管压裂必将形成一种适合于不同压裂方式的独特压裂技术。

6）高性能压裂液与支撑剂的发展前景良好

由于水平井压裂施工周期较长，要求压裂液低伤害或无伤害。当前清洁压裂液虽然低伤害，但价格较高。为适应长期关井降低伤害的要求，水平井压裂液应加强超低表界面张力技术、无滤饼或滤饼可降解技术、超稳定长效破胶剂技术、智能层内增能助排技术、低成本清洁压裂液、无固相压裂液等方面的研究。近年来，国外支撑剂回流控制技术不断完善，包胶支撑剂的适应能力、应用范围和性能指标也在不断提高。目前，致力于开展低密度支撑剂、纤维与热塑膜覆膜等技术研究工作。

总之，在石油工业对复杂油气藏开发不断深入的背景下，由于水平井规模重复“压采”在致密砂岩油藏中可以有效改善渗流条件，提高地层能量、提高储量动用率、挖潜剩余油、提高单井及累计采油量，因而其具有很广阔的发展和应用前景。当然，在致密砂岩油藏水平井开采理论与技术的研究和应用中，还存在大量基础科学问题、工艺技术问题、配套装备问题需要解决，故水平井开发技术仍需进一步发展和完善。

参考文献

[1] 邹才能，朱如凯，吴松涛，等．常规与非常规油气聚集类型、特征、机理及展望[J]．石油学报，2012，33(2)：173-187.

[2] 庞正炼，邹才能，陶士振，等．中国致密油形成分布与资源潜力评价[J]．中国工程科学，2012，14(7)：60-67.

[3] 林森虎，邹才能，袁选俊，等．美国致密油开发现状及启示[J]．岩性油气藏，2011，23(4)：25-30.

[4] 方文超，姜汉桥，孙彬峰，等．致密油藏特征及一种新型开发技术[J]．科技导报，2014，32(7)：71-76.

[5] WEBSTER R L. Petroleum source rocks and stratigraphy of Bakken Formation in North Dakota[J]. AAPG Bulletin，1984，68(7)：593.

[6] SCHMOKER J W，HESTER T C. Organic carbon in Bakken Formation，United States portion of Williston Basin[J]. AAPG Bulletin，1983，67(12)：2165-2174.

[7] SONNENBERG S A，APPLEBY S K，SARG J R. Quantitative mineralogy and microfractures in the middle Bakken Formation，Williston Basin，North Dakota[R]. New Orleans：AAPG Annual Convention and Exhibition，2010.

[8] LIK D，CURRIE S M，BLASINGAME T A. Production analysis and well performance forecasting of tight gas and shale gas wells[C]. SPE 139118，2010.

[9] CIPOLLA C L，LOLON E P，DZUBIN B. Evaluating stimulation effectiveness in unconventional gas reserviors[C]. SPE 124843，2009.

[10] CIPOLLA C L，WARPINSKI N R，MAYERHOFER M J，et al. The relationship between fracture complexity，reservoir properties，and fracture-treatment design[C]. SPE 115769，2010.

[11] 陈作，薛承瑾，蒋廷学，等．页岩气井体积压裂技术在我国的应用建议[J]．天然气工业，2010，30(10)：30-32.

[12] 蒋廷学，贾长贵，王海涛，等．页岩气网络压裂设计方法研究[J]．石油钻探技术，2011，39(3)：36-40.

[13] 张文正，杨华，杨奕华，等．鄂尔多斯盆地长7优质烃源岩的岩石学、元素地球化学特征及发育环境[J]．地球科学，2008，37(1)：59-64.

[14] 雷群，胥云，蒋廷学，等．用于提高低-特低渗透油气藏改造效果的缝网压裂技术[J]．石油学报，2009，30(2)：237-241.

[15] POTLURI N，ZHU D，HILL A D. Effect of natural fractures on hydraulic fracture propagation[C]. SPE 94568，2005.

[16] 吴奇，胥云，刘玉章，等．美国页岩气体积改造技术现状及对我国的启示[J]．石油钻采工艺，2011，33(2)：1-7.

[17] 吴奇，胥云，王晓泉，等．非常规油气藏体积改造技术[J]．石油勘探与开发，2012，39(3)：352-358.

[18] RICKMAN R，MULLEN M，PETRE E，et al. A practical use of shale petrophysics for stimulation design optimization：All shale plays are not clones of the Barnett Shale[C]. SPE 115258，2008.

[19] MAYERHOFER M J，LOLON E P，YOUNGBLOOD J E，et al. Integration of microseismic fracture mapping results with numerical fracture network production modeling in the Barnett Shale[C]. SPE 102103，2006.

[20] MODELAND N，BULLER D，CHONG K K. Statistical analysis of the effect of completion method-

ology on production in the Haynesville Shale[C]. SPE 144120, 2011.

[21] 魏海峰,凡哲元,袁向春. 致密油藏开发技术研究进展[J]. 油气地质与采收率,2013,20(2):62-66.

[22] 马新华,贾爱林,谭健,等. 中国致密砂岩气开发工程技术与实践[J]. 石油勘探与开发,2012,39(5):572-579.

[23] 蔡星星. 樊147薄互层低渗油藏压裂水平井渗流规律及井网优化研究[D]. 成都:西南石油大学,2011.

[24] 李树松,段永刚,陈伟. 中深致密气藏压裂水平井渗流特征[J]. 石油钻探技术,2006,34(5):65-69.

[25] 张宏岩,张国学. 双封单卡奇偶交叉缝网体积压裂工艺探索应用[J]. 内蒙古石油化工,2013(19):1-2.

[26] 唐邦忠,沈华,才博,等. 束鹿泥灰岩致密油水平井体积压裂技术研究[J]. 天然气与石油,2014,32(4):43-45,69.

[27] 李建山,陆红军,杜现飞,等. 超低渗储层混合水体积压裂重复改造技术研究与现场试验[J]. 石油与天然气化工,2014,43(5):515-520.

[28] 龙增伟. 伊通岔路河西北缘凝析气藏体积压裂技术研究与应用[J]. 当代化工,2014,43(9):1802-1805.

[29] 汪剑武,余贞友,钟国财,等. 分层压裂技术在南翼山油田的应用分析[J]. 中国石油和化工标准与质量,2014(11):142.

[30] 叶成林,王国勇. 体积压裂技术在苏里格气田水平井开发中的应用——以苏53区块为例[J]. 石油与天然气化工,2013,42(4):382-386.

[31] 李宪文,张矿生,樊凤玲,等. 鄂尔多斯盆地低压致密油层体积压裂探索研究及试验[J]. 石油天然气学报,2013,35(3):142-146.

[32] 马旭,郝瑞芬,来轩昂,等. 苏里格气田致密砂岩气藏水平井体积压裂矿场试验[J]. 石油勘探与开发,2014,41(6):742-747.

[33] 唐勇,王国勇,李志龙,等. 苏53区块裸眼水平井段内多裂缝体积压裂实践与认识[J]. 石油钻采工艺,2013,35(1):63-67.

[34] 李月丽,何青,秦玉英,等. 体积压裂在大牛地致密砂岩储层水平井的试验应用[J]. 石油地质与工程,2014,28(4):112-114.

[35] 李龙龙,王平平,李垚,等. 鄂尔多斯盆地胡尖山油田安83区块开发效果评价[J]. 石油化工应用,2012,31(10):75-78.

[36] 李进步,白建文,朱李安,等. 苏里格气田致密砂岩气藏体积压裂技术与实践[J]. 天然气工业,2013,33(9):65-69.

[37] 陈世加,张焕旭,路俊刚,等. 四川盆地中部侏罗系大安寨段致密油富集高产控制因素[J]. 石油勘探与开发,2015,42(2):186-193.

[38] 江涛. 低渗透油藏储层裂缝预测技术研究[D]. 北京:中国地质大学(北京),2007.

[39] 翟中喜,白振瑞. 渤海湾盆地石油储量增长规律及潜力分析[J]. 石油与天然气地质,2008,29(1):88-94.

[40] 金成志,杨东,张永平,等. 松辽盆地北部非均质致密油水平井增产改造设计优化技术[J]. 中国石油勘探,2014,19(6):40-46.

[41] 张友振. 孤东油田水平井分段完井优化研究[J]. 内江科技,2012(2):115,179.

[42] 李远钦,刘雯林. 水平井产量分布反演[J]. 石油勘探与开发,1999,26(3):86-91.

[43] 李功. 水平井与直井联合布井条件下水平井产能研究[D]. 大庆:大庆石油学院,2010.

[44] 付俊峰,金生. 基于饱和度分布的渗流计算[J]. 水动力学研究与进展(A辑),2008,23(6):668-674.

[45] 曾凡辉,郭建春,徐严波,等.压裂水平井产能影响因素[J].石油勘探与开发,2007,34(4):474-477.
[46] 贾振岐,王立军,徐哲,等.水平井与直井联合布井的产能计算[J].大庆石油学院学报,1996,20(2):1-4.
[47] 庞长英,程林松,冯金德,等.水平井直井联合井网产能研究[J].石油天然气学报(江汉石油学院学报),2006,28(6):113-116.
[48] 李春兰,程林松,张丽华,等.水平井九点井网产能研究[J].西南石油学院学报,1998,20(1):64-66,6.
[49] 曲占庆,赵英杰,温庆志,等.水平井整体压裂裂缝参数优化设计[J].油气地质与采收率,2012,19(4):106-110.
[50] 宋文玲,冯凤萍,赵春森,等.水平井和分支水平井与直井混合井网产能计算方法[J].大庆石油学院学报,2004,28(2):107-109.
[51] 陈元千.辐射状分支水平井产能公式研究进展[J].特种油气藏,2014,21(1):1-6,11.
[52] 陈德民,崔一平,王文臣,等.分支水平井产能公式的精度分析[J].油气田地面工程,2011,30(3):15-17.
[53] 李春兰,张士诚.鱼骨型分支井稳态产能公式[J].大庆石油学院学报,2010,34(1):56-59,117.
[54] 张睿,韩国庆,宁正福,等.蛇曲井渗流特征与产能评价电模拟实验研究[J].石油钻采工艺,2013,35(6):60-64.
[55] 刘常红.人工裂缝井产能预测及试井分析理论研究[D].大庆:大庆石油学院,2002.
[56] 陈德春,黄新春,张琪,等.水力裂缝层内爆燃压裂油井产能模型电模拟实验评价[J].中国石油大学学报(自然科学版),2006,30(5):71-73.
[57] 谭巧.常规稠油油藏分支井冷采产能预测[D].青岛:中国石油大学(华东),2008.
[58] 吕志凯,刘广峰,何顺利,等.压裂水平井渗流的ANSYS热模块模拟分析[J].重庆科技学院学报(自然科学版),2010,12(6):89-92.
[59] 曾保全,程林松,罗鹏.基于流线模拟的压裂水平井渗流场及产能特征[J].西南石油大学学报(自然科学版).2010,32(5):109-113,192.
[60] 才博,丁云宏,卢拥军,等.复杂人工裂缝网络系统流体流动耦合研究[J].中国矿业大学学报,2014,43(3):491-495.
[61] 赵春森,翟云芳,曹乐陶,等.水平井五点法矩形井网的产能计算及其优化[J].大庆石油学院学报,2000,24(3):23-25.
[62] 吕志凯,刘广峰,何顺利,等.裂缝形态对水平井产能影响的有限元法研究[J].科学技术与工程,2010,10(25):6166-6171.
[63] 程远方,李友志,时贤,等.页岩气体积压裂缝网模型分析及应用[J].天然气工业,2013,33(9):53-59.
[64] 李士斌,秦齐,张立刚.火山岩气藏体积压裂多裂缝协同效应及控制机理[J].断块油气田,2014,21(6):742-745.
[65] 张学文,方宏长.低渗透率油藏压裂水平井产能影响因素[J].石油学报,1999,20(4):51-55.
[66] 蒲春生,陈庆栋,吴飞鹏,等.致密砂岩油藏水平井分段压裂布缝与参数优化[J].石油钻探技术,2014,42(6):73-79.
[67] HU JUNLI. A new method to predict performance of fractured horizontal wells[C]. SPE 37051, 1996.
[68] MCNEIL F, HARBOLT W, BIVENS E, et al. Low-rate fracture treatment in the Bakken Shale using state-of-the-art hybrid coiled-tubing system[C]. SPE 142774, 2011.

[69] WANG JIANWEI, LIU YANG. Well performance modeling in Eagle Ford Shale oil reservoir[C]. SPE 144427, 2011.
[70] 翁定为,雷群,胥云,等.缝网压裂技术及其现场应用[J].石油学报,2011,32(2):280-284.
[71] 刘立峰,张士诚.通过改变近井地应力场实现页岩储层缝网压裂[J].石油钻采工艺,2011,33(4):70-73.
[72] 才博,丁云宏,卢拥军,等.提高改造体积的新裂缝转向压裂技术及其应用[J].油气地质与采收率.2012,19(5):108-110.
[73] 王晓东,赵振峰,李向平,等.鄂尔多斯盆地致密油层混合水压裂试验[J].石油钻采工艺,2012,34(5):80-83.
[74] 杜现飞,李建山,齐银,等.致密厚油层斜井多段压裂技术[J].石油钻采工艺,2012,34(4):61-63.
[75] 唐梅荣,赵振峰,李宪文,等.多缝压裂新技术研究与试验[J].石油钻采工艺,2010,32(2):71-74.
[76] 郎兆新,张丽华.压裂水平井产能研究[J].石油大学学报(自然科学版),1994,18(2):43-46.
[77] 高海红,曲占庆,赵梅.压裂水平井产能影响因素的实验研究[J].西南石油大学学报(自然科学版),2008,30(4):73-76.
[78] 曲占庆,曲冠政,何利敏,等.压裂水平井裂缝分布对产能影响的电模拟实验[J].天然气工业,2013,33(10):52-58.
[79] 曲占庆,张琪,吴志民,等.水平井压裂产能电模拟实验研究[J].油气地质与采收率,2006,13(3):53-55.
[80] 曾凡辉,郭建春.一种预测压裂水平井生产动态的新方法[J].天然气勘探与开发,2006,29(1):63-67.
[81] 张矿生.压裂水平井生产动态数值模拟研究[D].成都:西南石油学院,2004.
[82] 李龙龙,姚军,李阳,等.分段多簇压裂水平井产能计算及其分布规律[J].石油勘探与开发,2014,41(4):457-461.
[83] BUFFINGTON N, KELLNER J, KING J G, et al. New technology in the Bakken Play increases the number of stages in packer/sleeve completions[C]. SPE 133540, 2010.
[84] ZARGARI S, MOHAGHEGH S D. Field development strategies for Bakken Shale Formation[C]. SPE 139032, 2010.
[85] 吴奇,胥云,王腾飞,等.增产改造理念的重大变革——体积改造技术概论[J].天然气工业,2011,31(4):7-12.
[86] MAYERHOFER M, LOLON E,WARPINSKI N,et al. What is stimulated rock volume? [C]. SPE 119890,2008.
[87] WU F,PU C,CHEN D,et al. Coupling simulation of multistage pulse conflagration compression fracturing. Petroleum Exploration and Development,2014,41(5):605-611.
[88] MAYERHOFER M, LOLON E,WARPINSKI N, et al. What is stimulated reservoir volume? [J]. SPE Production & Operations, 2010, 25(1): 89-98.
[89] WARPINSKI N R, MAYERHOFER M J, VINCENT M C, et al. Stimulating unconventional reservoirs:Maximizing network growth while optimizing fracture conductivity[J]. Journal of Canadian Petroleum Technology, 2009, 48(10): 39-51.
[90] CIPOLLA C. Modeling production and evaluating fracture performance in unconventional gas reservoirs[J]. Journal of Petroleum Technology, 2009, 61(9): 84-90.
[91] 王文东,赵广渊,苏玉亮,等.致密油藏体积压裂技术应用[J].新疆石油地质,2013,34(3):345-348.
[92] 王文东,苏玉亮,慕立俊,等.致密油藏直井体积压裂储层改造体积的影响因素[J].中国石油大学学

报(自然科学版),2013,37(3):93-97.

[93] 吴飞鹏,蒲春生,陈德春,等. 多级脉冲爆燃压裂作用过程耦合模拟[J]. 石油勘探与开发,2014,41(5):605-611.

[94] LUO S, NEAL L, ARULAMPALAM P, et al. Flow regime analysis of multi-stage hydraulically fractured horizontal wells with reciprocal rate derivative function: Bakken case study[C]. Canadian Unconventional Resources and International Petroleum Conference,2010.

[95] PRICE L C, LEFEVER J A. Does Bakken horizontal drilling imply a huge oil-resource base in fractured shales? [J]. Rocky Mountain Association of Geologists, 1992: 199-214.

[96] 丁晓琪,张哨楠,周文,等. 鄂尔多斯盆地北部上古生界致密砂岩储层特征及其成因探讨[J]. 石油与天然气地质,2007,28(4): 491-496.

[97] 郭正吾. 四川盆地西部浅层致密砂岩天然气勘探模式[J]. 天然气工业,1997,17(3): 5-9.

[98] 康毅力,罗平亚. 中国致密砂岩气藏勘探开发关键工程技术现状与展望[J]. 石油勘探与开发,2007,34(2):239-245.

[99] 庞军刚,李文厚,石硕,等. 鄂尔多斯盆地长 7 段浊积岩沉积演化模式及石油地质意义[J]. 岩性油气藏,2009,21(4):73-77.

[100] 国吉安,庞军刚,王桂成,等. 鄂尔多斯盆地晚三叠世延长组湖盆演化及石油聚集规律[J]. 世界地质,2010,29(2): 277-291.

[101] 景成,蒲春生,周游,等. 基于成岩储集相测井响应特征定量评价致密气藏相对优质储层——以 SULG 东区致密气藏盒 8 上段成岩储集相为例[J]. 天然气地球科学,2014,25(5):657-664.

[102] 石道涵,张兵,于浩然,等. 致密油藏低伤害醇基压裂液体系的研究与应用[J]. 陕西科技大学学报(自然科学版),2014,32(1):101-104.

[103] 王道富,付金华,雷启鸿,等. 鄂尔多斯盆地低渗透油气田勘探开发技术与展望[J]. 岩性油气藏,2007,19(3):126-130.

[104] 赵新智,赵耀辉,李儒春. 超低渗透油藏合理开发技术政策的认识与实践[J]. 大庆石油地质与开发,2010,29(1): 60-64.

[105] 李国锋,秦玉英,刘恋,等. 丛式水平井组整体压裂工艺技术在致密低渗透气藏中的应用[J]. 天然气工业,2013,33(8): 49-53.

[106] 李洪波,王卫忠. 陕北地区丛式井钻井技术[J]. 石油天然气学报,2005,27(4):624-626.

[107] 张明禄,吴正,樊友宏,等. 鄂尔多斯盆地低渗透气藏开发技术及开发前景[J]. 天然气工业,2011,31(7): 1-4.

[108] 潘高峰,刘震,赵舒,等. 鄂尔多斯盆地镇泾地区长 8 段致密砂岩油藏成藏孔隙度下限研究[J]. 现代地质,2011,25(2): 271-278.

[109] 邓秀芹,刘新社,李士祥. 鄂尔多斯盆地三叠系延长组超低渗透储层致密史与油藏成藏史[J]. 2009,30(2):156-161.

[110] 陈长春,魏俊之. 水平井产能公式精度电模拟实验评价[J]. 石油勘探与开发,1998,25(5):62-64.

[111] 周德华,葛家理. 应用等值渗流阻力法建立面积井网水平井产能方程[J]. 石油实验地质,2004,26(6):594-596.

[112] 杨阳,曲占庆,曹砚锋,等. 径向井远端压裂电模拟实验研究[J]. 断块油气田,2014,21(3):386-389.

[113] 于姣姣,贾宗文,曲占庆,等. 菱形联合井网整体压裂电模拟实验研究[J]. 科学技术与工程,2013,13(29):8612-8617.

[114] 温庆志,于姣姣,翟学宁,等. 水平井整体压裂矩形联合井网电模拟试验研究[J]. 石油钻探技术,2013,41(2):75-81.

[115] 杜保健,程林松,黄世军.致密油藏分段多簇压裂水平井电模拟实验研究[J].科学技术与工程,2013,13(12):3267-3270.

[116] 曾保全,程林松,李春兰,等.特低渗透油藏压裂水平井开发效果评价[J].石油学报,2010,31(5):791-796.

[117] 程林松,郎兆新.水平井五点井网的研究及对比[J].大庆石油地质与开发,1994,13(4):27-31,76.

[118] 郎兆新,张丽华,程林松,等.水平井与直井联合开采问题——五点法面积井网[J].石油大学学报(自然科学版),1993,17(6):50-55.

[119] 冯金德,程林松,常毓文,等.裂缝各向异性油藏渗流特征[J].中国石油大学学报(自然科学版),2009,33(1):78-82.

[120] 冯金德.裂缝性低渗透油藏渗流理论及油藏工程应用研究[D].北京:中国石油大学(北京),2007.

[121] 高飞,韩国庆,吴晓东,等.水电模拟实验方法研究[J].科学技术与工程,2012,12(16):3839-3843.

[122] 陈德春,吴晓东,潘志华,等.爆燃压裂油井产能电模拟实验评价[J].石油钻探技术,2011,39(6):73-77.

[123] 段辉,房好青,赵晨云,等.鄂尔多斯盆地富县页岩气缝网压裂适应性研究[J].科学技术与工程,2013,13(28):8434-8438.

[124] 赵碧华,曲海潮,郑春江,等.用模拟技术寻求合理的布井方案[C].第十六届全国水动力学研讨会文集,2002:10.

[125] 姚泽.天然裂缝油藏水平井开发电解模拟实验研究[J].油气藏评价与开发,2013,3(1):22-26.

[126] 阳晓燕,张小霞,马超.研究水平井压降的一种新方法[J].油气地球物理,2011,9(1):7-10.

[127] 胡博,程时清,袁志明,等.鱼骨刺井电模拟实验研究[J].辽宁工程技术大学学报(自然科学版),2009,28(s1):127-130.

[128] 苏玉亮,曹国梁,袁彬,等.低渗透油藏压裂井网水电模拟[J].深圳大学学报(理工版),2013,30(3):294-298.

[129] 曹国梁,李晓慧,张琪,等.特低渗五点井网长缝压裂渗流规律研究[J].中国西部科技,2012,11(3):19-22.

[130] 程逸群.电场理论在油田开发中的应用[J].科技创新导报,2012(33):81-82.

[131] 明玉坤.分段压裂水平井注水开发电模拟实验[J].油气地质与采收率,2013,20(6):91-93,117.

[132] 冯跃平,潘迎德,唐愉拉,等.电模拟平面径向流理论在实际运用中几个问题的探讨[J].西南石油学院学报,1990,12(4):49-59.

[133] 速宝玉,张祝添,赵坚,等.三维渗流水电模拟测试技术的研究[J].河海大学科技情报,1990,10(4):46-52.

[134] 张凤喜,吴晓东,隋先善,等.基于电模拟实验的低渗透油藏压裂水平井产能研究[J].特种油气藏,2009,16(2):90-93.

[135] 朱丹,毛昶熙.闸基板桩缝对渗流影响的计算[J].人民黄河,1997(2):47-51.

[136] 李春兰.油藏流体渗流机理电模拟实验仪[J].实验技术与管理,1999,16(6):34-36.

[137] 赵君.面板堆石坝集中渗流研究[J].大连理工大学学报,1999,39(3):122-125.

[138] 林洁梅.渗流的电模拟实验教学[J].科技信息(学术研究),2006(7):48-49.

[139] 朱晓源.考虑非饱和土体的土石坝渗流与坝坡稳定分析研究[D].杭州:浙江大学,2006.

[140] 郭迎春,黄世军.多分支井近井油藏地带渗流的电模拟实验研究[J].油气地质与采收率,2009,16(5):95-96,99.

[141] 李茂秋.电模拟与实例简介[J].资源环境与工程,2010,24(5):559-561.

[142] 常广涛.致密油压裂水平井电模拟实验研究[J].非常规油气,2015,2(3):70-77.

[143] 何东博,贾爱林,冀光,等. 苏里格大型致密砂岩气田开发井型井网技术[J]. 石油勘探与开发,2013,40(1):79-89.

[144] 何东博,王丽娟,冀光,等. 苏里格致密砂岩气田开发井距优化[J]. 石油勘探与开发,2012,39(4):458-464.

[145] 凌云,李宪文,慕立俊,等. 苏里格气田致密砂岩气藏压裂技术新进展[J]. 天然气工业,2014,34(11):66-72.

[146] 李奇,高树生,叶礼友,等. 致密砂岩气藏渗流机理及开发技术[J]. 科学技术与工程,2014,14(34):79-87.

[147] 张阳. 致密油藏压裂水平井理论研究与应用[D]. 西安:西安石油大学,2014.

[148] 魏漪,冉启全,童敏,等. 致密油储层压裂水平井产能预测与敏感性因素分析[J]. 水动力学研究与进展(A),2014,29(6):691-699.

[149] 程远方,王光磊,李友志,等. 致密油体积压裂缝网扩展模型建立与应用[J]. 特种油气藏,2014,21(4):138-141.

[150] PEÑA A, GUTIERREZ L, ARCHIMIO A, et al. New treatment creates infinite fracture conductivity[J]. Exploration and Production, 2010, 38(10): 71-73.

[151] JOHNSON J, TURNER M, WEINSTOCK C, et al. Channel fracturing: A paradigm shift in tight gas stimulation[C]. SPE 140549, 2011.

[152] 曲德斌,葛家理,王德民. 水平井与直井联合面积布井的开发理论研究(一)——一般的五点面积井网[J]. 石油勘探与开发,1995,22(1):35-38,85-86.

[153] 刘月田. 水平井整体井网渗流解析解[J]. 石油勘探与开发,2001,28(3):57-59.

[154] 刘月田,张吉昌. 各向异性油藏水平井网稳定渗流与产能分析[J]. 石油勘探与开发,2004,31(1):94-96.

[155] 赵春森,宋文玲,睦明庆,等. 水平井与直井五点法井网的数值模拟[J]. 大庆石油学院学报,2004,28(2):104-106,136.

[156] 牟泽辉. 鄂尔多斯盆地庆阳以南三叠系延长组长5、长6、长7储层成岩作用 [J]. 天然气工业,2001,21(2): 13-17.

[157] 李凤杰,王多云,徐旭辉. 鄂尔多斯盆地陇东地区三叠系延长组储层特征及影响因素分析[J]. 石油实验地质,2005,27(4): 365-370.

[158] 杨华,窦伟坦,刘显阳,等. 鄂尔多斯盆地三叠系延长组长7沉积相分析[J]. 沉积学报,2010,28(2):254-263.

[159] 杨友运. 鄂尔多斯盆地南部延长组沉积体系和层序特征[J]. 地质通报,2005,24(4): 369-372.

[160] 罗静兰,史成恩,李博,等. 鄂尔多斯盆地周缘及西峰地区延长组长8、长6沉积物源——来自岩石地球化学的证据[J]. 中国科学(D辑:地球科学),2007,37(s1):62-72.

[161] 刘明洁,刘震,刘静静,等. 砂岩储集层致密与成藏耦合关系——以鄂尔多斯盆地西峰-安塞地区延长组为例[J]. 石油勘探与开发,2014,41(2):168-175.

[162] 段毅,吴保祥,张辉,等. 鄂尔多斯盆地西峰油田原油地球化学特征及其成因[J]. 地质学报,2006,80(2):301-310.

[163] 李凤杰,王多云. 鄂尔多斯盆地西峰油田延长组高分辨率层序地层学研究[J]. 天然气地球科学,2006,17(3):339-344.

[164] 李红,柳益群,刘林玉. 鄂尔多斯盆地西峰油田延长组长8_1低渗透储层成岩作用[J]. 石油与天然气地质,2006,27(2):209-217.

[165] 卢龙飞,史基安,蔡进功,等. 鄂尔多斯盆地西峰油田三叠系延长组油流沉积及成因模式[J]. 地球学

报,2006,27(4):303-309.

[166] 宋子齐,赵宏宇,唐长久,等.利用测井资料研究特低渗储层的沉积相带[J].石油地质与工程,2006,20(6):18-25.

[167] 陈凯,刘震,潘高峰,等.含油气盆地岩性圈闭成藏动态分析——以鄂尔多斯盆地西峰地区长8油藏为例[J].新疆石油地质,2012,33(4):424-427.

[168] 史基安,王金鹏,毛明陆,等.鄂尔多斯盆地西峰油田三叠系延长组长6—8段储层砂岩成岩作用研究[J].沉积学报,2003,21(3):373-380.

[169] 潘静文.鄂尔多斯盆地西峰油田庄36井区长8储层特征及油气富集规律[D].荆州:长江大学,2012.

[170] 吴向华.鄂尔多斯盆地西峰地区油气微渗漏检测评价技术研究[D].成都:成都理工大学,2011.

[171] 吉利明,吴涛,李林涛.鄂尔多斯盆地西峰地区延长组烃源岩干酪根地球化学特征[J].石油勘探与开发,2007,34(4):424-428.

[172] 侯林慧,彭平安,于赤灵,等.鄂尔多斯盆地姬塬-西峰地区原油地球化学特征及油源分析[J].地球化学,2007,36(5):497-506.

[173] 段毅,张辉,吴保祥,等.鄂尔多斯盆地西峰油田原油含氮化合物分布特征与油气运移[J].石油勘探与开发,2004,31(5):17-20.

[174] 李威,文志刚.鄂尔多斯盆地马岭地区延长组长7致密油成因分析[J].科学技术与工程,2014,14(1):170-175.

[175] 段毅,吴保祥,郑朝阳,等.鄂尔多斯盆地马岭油田延9油层组油气运移研究[J].沉积学报,2008,26(2):349-354.

[176] 段毅,张胜斌,郑朝阳,等.鄂尔多斯盆地马岭油田延安组原油成因研究[J].地质学报,2007,81(10):1407-1415.

[177] 段毅,孙涛,吴保祥,等.鄂尔多斯盆地马岭油田延10油层组油气运移特征与机理[J].成都理工大学学报(自然科学版),2009,36(1):1-7.

[178] 刘军锋,段毅,刘一仓,等.鄂尔多斯盆地马岭油田成藏条件与机制[J].沉积学报,2011,29(2):410-416.

[179] 王力,崔攀峰.鄂尔多斯盆地西峰油田长8沉积相研究[J].西安石油学院学报(自然科学版),2003,18(6):26-30.

[180] 刘自亮,王多云,李凤杰,等.鄂尔多斯盆地西峰油田主要储层砂体的成因与演化[J].地质科技情报,2008,27(2):68-72.

[181] 杨友运,张蓬勃,张忠义.鄂尔多斯盆地西峰油田长8油层组辫状河三角洲沉积特征与层序演化[J].地质科技情报,2005,24(1):45-48.

[182] 王春宇,张志国,李兆明,等.鄂尔多斯盆地马岭油田高分辨率层序地层分析及沉积体系研究[J].地质力学学报,2007,13(1):70-77,96.

[183] 李威,文志刚.鄂尔多斯盆地马岭地区上三叠统长7油层组油气富集规律[J].岩性油气藏,2012,24(6):101-105,120.

[184] 李丹江,文志刚,柯友爱.鄂尔多斯盆地环县-马岭地区长4+5油层组沉积微相及油气富集规律研究[J].长江大学学报(自然科学版),2014,11(31):13-16.

[185] 苏甜,付斌,刘运奇.鄂尔多斯盆地马岭长8_1储层流动单元研究[J].延安大学学报(自然科学版),2013,32(1):90-94.

[186] 朱玉双.油层伤害对岩性油藏流动单元的影响——以鄂尔多斯盆地华池油田、马岭油田为例[D].西安:西北大学,2004.

[187] 高琼瑶. 鄂尔多斯盆地马岭地区长8储层地质特征及有利区预测[D]. 西安:西北大学,2014.
[188] 蔺昉晓. 鄂尔多斯盆地西峰油田延长组长8油层组储层特征研究[D]. 西安:西北大学,2006.
[189] 陈璐,李慧. 鄂尔多斯盆地马岭地区长8_1储层特征研究[J]. 中国石油和化工标准与质量,2014(1):152.
[190] 李威,文志刚. 鄂尔多斯盆地马岭地区延长组长7烃源岩特征与分布[J]. 断块油气田,2014,21(1):24-27.
[191] 谢云欣,文志刚,潘静,等. 鄂尔多斯盆地马岭地区长6油层组储层特征研究[J]. 长江大学学报(自然科学版),2014,11(8):8-11.
[192] 李卫成,牛小兵,梁晓伟,等. 鄂尔多斯盆地马岭地区长8油层组储层成岩作用及其对物性的影响[J]. 石油天然气学报,2014,36(8):6-11,3.
[193] 宁文钰,文志刚,胡友清. 鄂尔多斯盆地马岭地区长7_1储集层特征及评价[J]. 新疆石油地质,2014,35(5):531-535.
[194] 马春林,王瑞杰,罗必林,等. 鄂尔多斯盆地马岭油田长8油层组储层特征与油藏分布研究[J]. 天然气地球科学,2012,23(3):514-519.
[195] 朱晓燕,李建霆,赵永刚,等. 鄂尔多斯盆地马岭油田三叠系石油地质特征探析[J]. 中国西部科技,2013,12(2):1-3.
[196] 高淑梅,陈娟,胡剑,等. 鄂尔多斯盆地马岭油田延长组长8储层特征及影响因素分析[J]. 特种油气藏,2013,20(2):34-37,152.
[197] 王春宇. 鄂尔多斯盆地马岭油田上里塬区储层精细建模[D]. 北京:中国地质科学院,2007.
[198] 刘林玉,王震亮,柳益群. 鄂尔多斯盆地西峰地区长8砂岩微观非均质性的实验分析[J]. 岩矿测试,2008,27(1):29-32,36.
[199] 李大建,胡晓威,宁仲宏,等. 西峰油田长8储层裂缝特征及对生产影响探讨[J]. 内蒙古石油化工,2008(20):128-132.
[200] 杨克文,史成恩,万晓龙,等. 鄂尔多斯盆地长8、长6天然裂缝差异性研究及其对开发的影响[J]. 西安石油大学学报(自然科学版),2008,23(6):37-41,119.
[201] 王联国. 西峰油田长8油藏裂缝特征认识及治理对策研究[D]. 西安:西北大学,2013.
[202] 王联国,马振昌,曾山,等. 西峰油田长8油藏裂缝分析探讨[J]. 地下水,2013,35(2):128-129.
[203] 韩秀玲,周福建,熊春明,等. 超深裂缝性砂岩气层体积压裂的可行性分析[J]. 天然气工业,2013,33(9): 60-64.
[204] 常建娥,蒋太立. 层次分析法确定权重的研究[J]. 武汉理工大学学报,2007,29(1):153-156.
[205] NOVY R A. Pressure drops in horizontal wells:When can they be ignored? [C]. SPE 24941,1995.
[206] CORLAY P, BOSSIE-CODEANU D, SABATHIER J C, et al. Improving reservoir management with complex well architecture[C]. World Oil,1997,218(1):45-50.
[207] TURHAN YILDIZ, OZER DENIZ. Experimental study on the productivity of complex well configurations[C]. SPE 50433,1998.
[208] BEAR J. Dynamics of fluids in porous media[M]. New York:Dover Publications Inc. ,1972.
[209] BRYCE CUNNINGHAM A, CHALIHA P R. Field testing and study of horizontal water injectors in increasing ultimate recovery from a reservoir in Thamama Formation in a peripheral water injection scheme in a giant carbonate reservoir, United Arab Emirates[C]. SPE 78480,2002.
[210] 张志强,郑军卫. 低渗透油气资源勘探开发技术进展[J]. 地球科学进展,2009,24(8):854-864.
[211] 陈献翠,赵宇新,张贵芳,等. 低渗透致密砂岩气藏开发技术对策探讨[J]. 内蒙古石油化工,2012(23):131-132.

[212] 贾长贵,李双明,王海涛,等. 页岩储层网络压裂技术研究与试验[J]. 中国工程科学,2012,14(6):106-111.

[213] WESTEMARK R V, ROBINOWITZ S, WEYLAND H V. Horizontal water flooding increases injectivity and accelerates recovery[C]. World Oil,2004,225(3):81-82.

[214] YILDIZ T. Multilateral horizontal well productivity[C]. SPE 94223,2005.

[215] LI HUJUN, JIA ZHENGQI, WEI ZHAOSHENG. A new method to predict performance of fractured horizontal wells[C]. SPE 37051,1996.

[216] QI ZHILIN, DU ZHIMIN,LIANG BAOSHENG,et al. An approach for snaky well productivity under steady-state condition[C]. SPE 99374,2006.

[217] RYSZARD SUPRUNOWICZ. The productivity and optimum pattern shape for horizontal wells arranged in staggered rectangular arrays[J]. Journal of Canadian Petroleum Technology,1992,31(6):41-46.

[218] 陈守雨,杜林麟,贾碧霞,等. 多井同步体积压裂技术研究[J]. 石油钻采工艺,2011,33(6):59-65.

[219] 蔡田田. 低渗透油藏体积压裂数值模拟研究[D]. 大庆:东北石油大学,2013.

[220] DOSSARY A S. Challenges and achievements of drilling maximum reservoir contact(MRC) wells in Shaybah field[C]. SPE 85307, 2003.

[221] JIM OBERKIRCHER, RAY SMITH. Boon or bane—A surrey of the first 10 years of modern multilateral wells[C]. SPE 84025,2003.

[222] 韩秀玲,熊春明,周福建,等. 一种提高超深裂缝型储集层压裂改造体积的新方法[J]. 新疆石油地质,2013,34(5):567-571.

[223] 穆海林,刘兴浩,刘江浩,等. 非常规储层体积压裂技术在致密砂岩储层改造中的应用[J]. 天然气勘探与开发,2014,37(2):56-60.

[224] 魏子超,綦殿生,孙兆旭,等. 体积压裂技术在低孔致密油藏的应用[J]. 油气井测试,2013,22(4):50-52,77.

[225] 刘晓旭,吴建发,刘义成,等. 页岩气"体积压裂"技术与应用[J]. 天然气勘探与开发,2013,36(4):64-70,9.

[226] 石道涵,张兵,何举涛,等. 鄂尔多斯长7致密砂岩储层体积压裂可行性评价[J]. 西安石油大学学报(自然科学版),2014,29(1):52-55.

[227] 任杨,吴飞鹏,蒲春生,等. 深井延迟长脉冲燃爆压裂火药优配与评价[J]. 陕西科技大学学报(自然科学版),2014,32(4):84-88.

[228] 任杨,吴飞鹏,蒲春生,等. 长脉冲燃爆压裂复合燃速火药配方优化与应用[J]. 科学技术与工程,2014,14(24):68-73.

[229] 刘静,蒲春生,张鹏,等. 燃爆诱导压裂油井产能计算模型[J]. 应用化工,2012,41(11):2016-2018.

[230] 任山,蒲春生,慈建发,等. 深层致密气藏异常高破裂压力储层复合改造新工艺[J]. 钻采工艺,2011,34(3):41-43.

[231] 吴飞鹏,蒲春生,陈德春. 高能气体压裂载荷计算模型与合理药量确定方法[J]. 中国石油大学学报(自然科学版),2011,34(3):94-98.

[232] 裴润有,蒲春生,吴飞鹏,等. 胡尖山油田水力压裂效果模糊综合评判模型[J]. 特种油气藏,2010,17(2):109-110,119.

[233] 吴飞鹏,蒲春生,吴波. 燃爆压裂中压挡液柱运动规律的动力学模型[J]. 爆炸与冲击,2010,30(6):633-640.

[234] 蒲春生,裴润有,吴飞鹏,等. 胡尖山油田水力压裂效果灰色关联评价模型[J]. 石油钻采工艺,2010,

32(4):54-56.

[235] 周敏,蒲春生,王香增,等.高能气体压裂弹燃气组分安全性试验评价研究[J].石油天然气学报,2009,31(2):126-129.

[236] 蒲春生,任山,吴飞鹏,等.气井高能气体压裂裂缝系统动力学模型研究[J].武汉工业学院学报,2009,28(3):12-17.

[237] 温庆志,蒲春生.启动压力梯度对压裂井生产动态影响研究[J].西安石油大学学报(自然科学版),2009,24(4):50-53,64.

[238] 吴飞鹏,蒲春生,陈德春,等.燃爆强加载条件下油井破裂压力试验研究[J].岩石力学与工程学报,2009,28(s2):3430-3434.

[239] 温庆志,蒲春生,曲占庆,等.低渗透、特低渗透油藏非达西渗流整体压裂优化设计[J].油气地质与采收率,2009,16(6):102-104,107.

[240] 蒲春生,周少伟.高能气体压裂最佳火药量理论计算[J].断块油气田,2008,15(1):55-57.

[241] 肖曾利,蒲春生,秦文龙.低渗砂岩油藏压力敏感性实验[J].断块油气田,2008,15(2):47-48.

[242] 蒲春生,孙志宇,王香增,等.多级脉冲气体加载压裂技术[J].石油勘探与开发,2008,35(5):636-639.

[243] 孙志宇,蒲春生,罗明良,等.水平井多级脉冲气体加载压裂及产能评价[J].西南石油大学学报(自然科学版),2008,30(5):104-107.

[244] 张荣军,蒲春生,陈军斌.物质平衡中的线性处理方法研究[J].钻采工艺,2007,30(2):62-64.

[245] 秦文龙,蒲春生.高能气体压裂中CO气体生成富集规律[J].石油钻采工艺,2007,29(3):42-44.

[246] 秦文龙,蒲春生,肖曾利,等.高能气体压裂中CO气生成及井口聚散规律研究[J].油田化学,2007,24(2):127-130.

[247] 秦文龙,陈智群,蒲春生.高能气体压裂弹燃气安全性评价[J].西安石油大学学报(自然科学版),2007,22(4):53-55,59.

[248] 蒲春生,孙志宇,王香增.多级脉冲气体加载压裂裂缝扩展及增产效果分析[J].大庆石油地质与开发,2007,26(6):99-101,106.

[249] 蒲春生,秦文龙,邹鸿江,等.高能气体压裂增产措施中一氧化碳气体生成机制[J].石油学报,2006,27(6):100-102.

[250] 吴晋军,蒲春生,廖红伟,等.射孔压裂多元优化复合技术的应用及发展[J].石油矿场机械,2003,32(3):4-7.

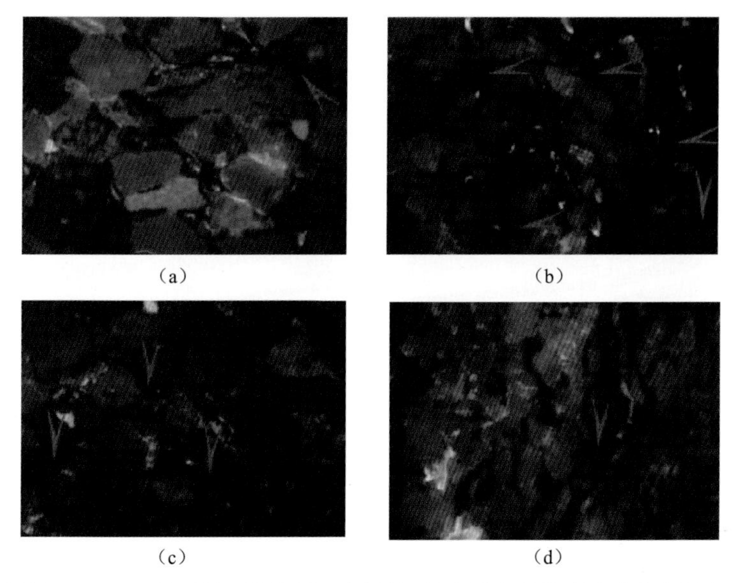

(a)　(b)　(c)　(d)

彩图 2-1　ML 地区长 8 段储层荧光照片(图中箭头所指为孔隙中的沥青)

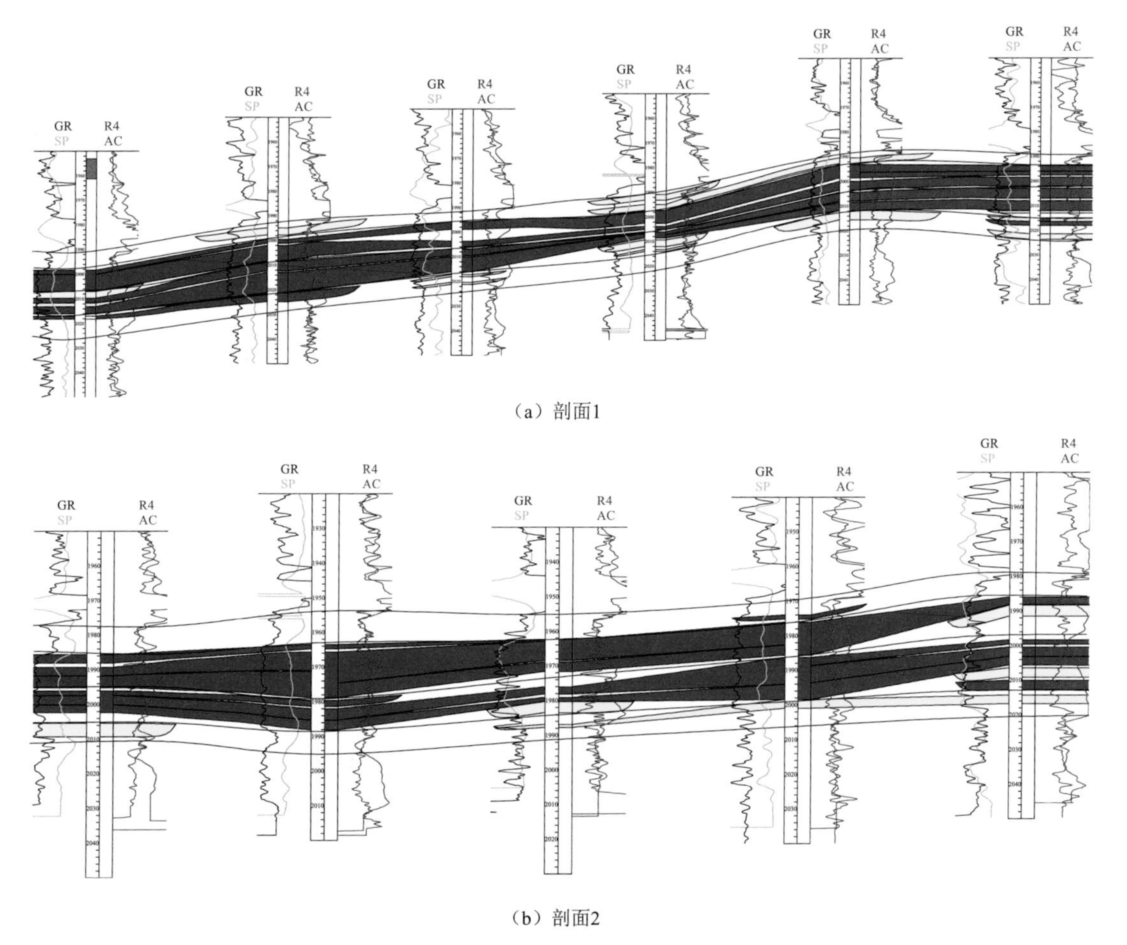

(a) 剖面1

(b) 剖面2

彩图 2-2　某地区油藏剖面

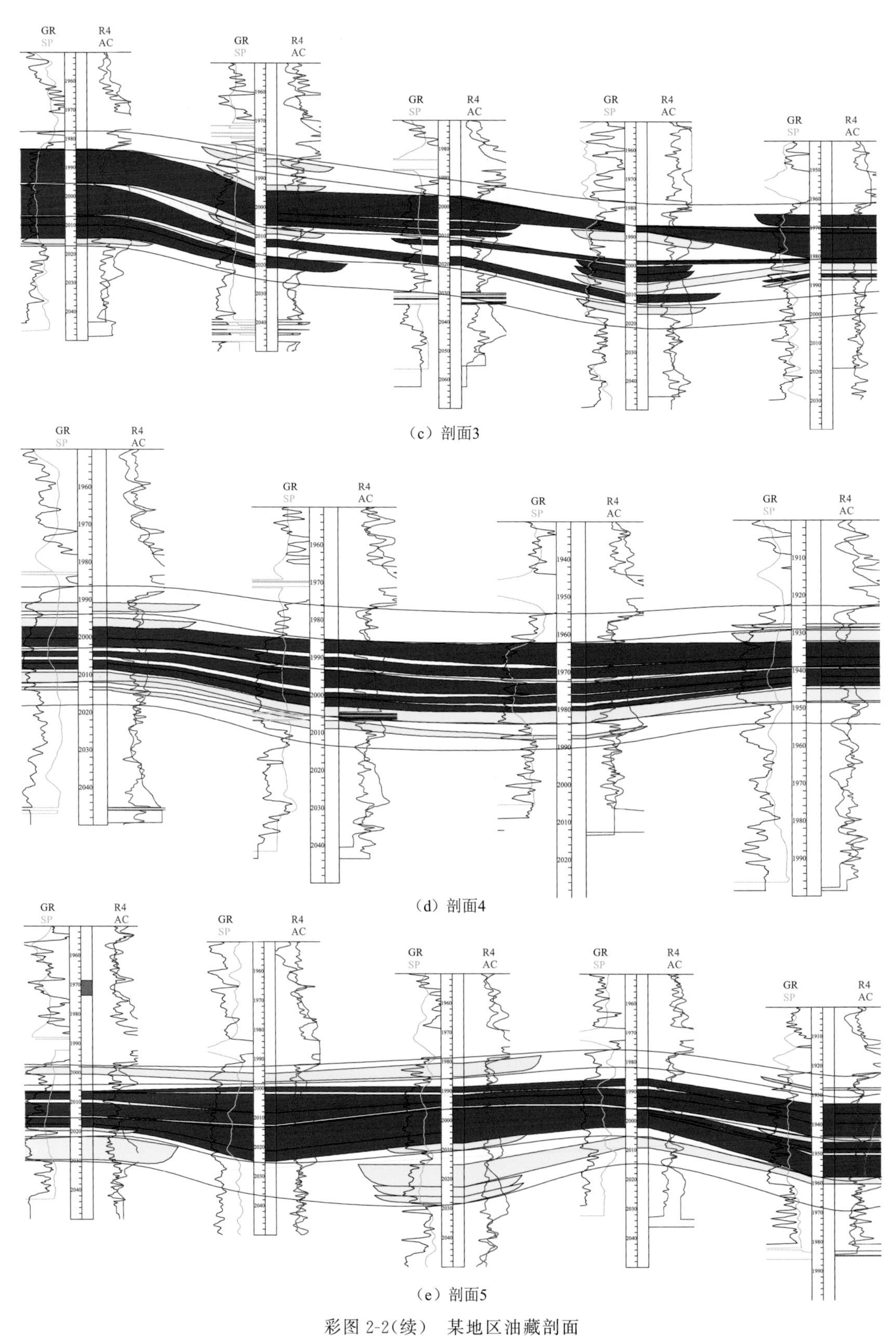

（c）剖面3

（d）剖面4

（e）剖面5

彩图 2-2(续) 某地区油藏剖面

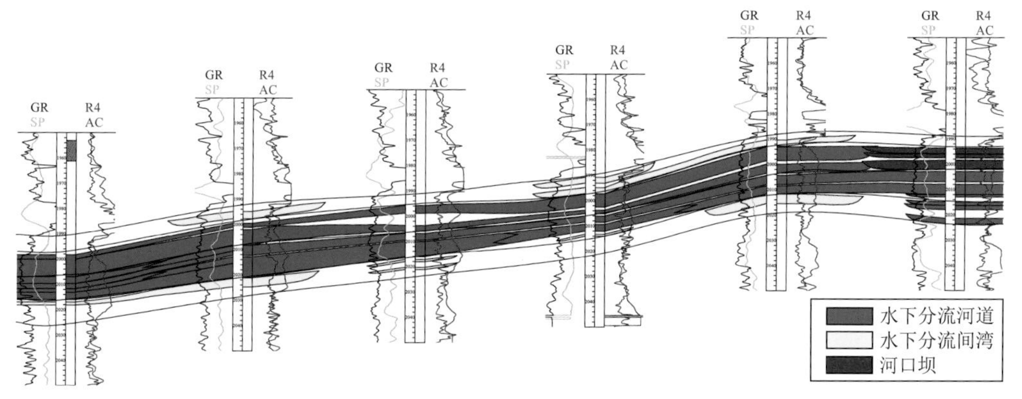

彩图 2-3　DZ 区沉积微相剖面 1

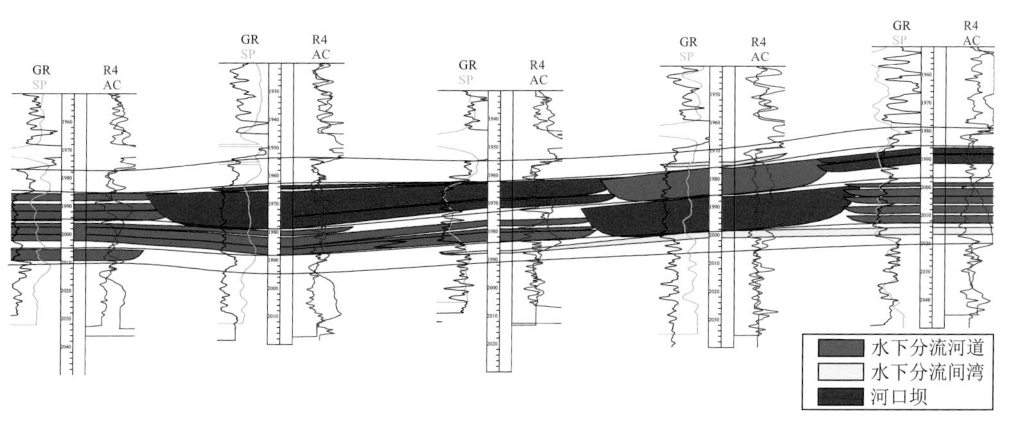

彩图 2-4　DZ 区沉积微相剖面 2

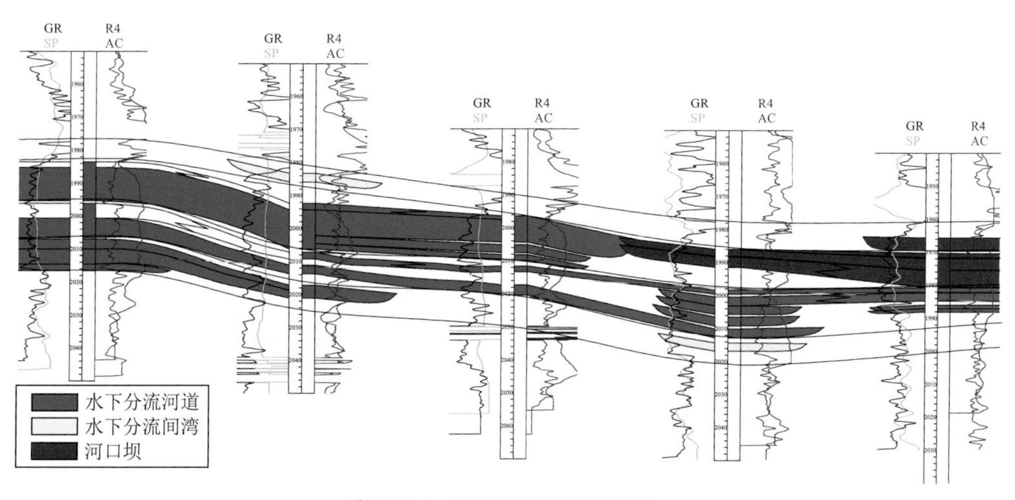

彩图 2-5　DZ 区沉积微相剖面 3

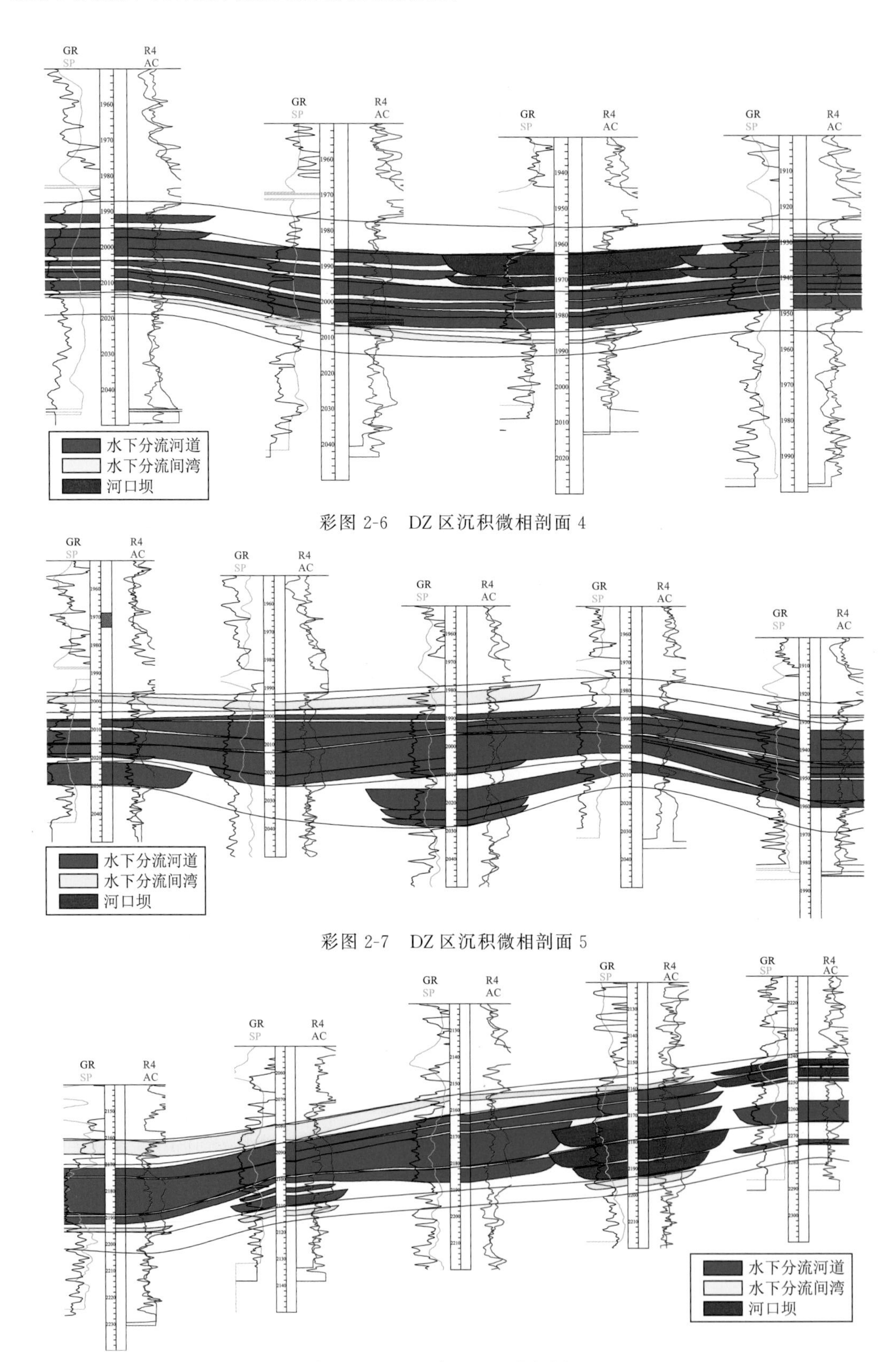

彩图 2-6　DZ 区沉积微相剖面 4

彩图 2-7　DZ 区沉积微相剖面 5

彩图 2-8　BM 南区沉积微相剖面 1

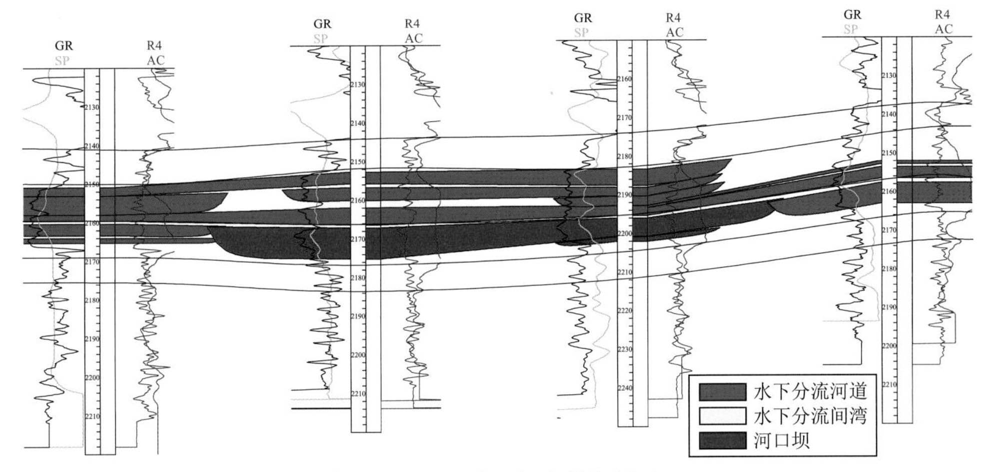

彩图 2-9 BM 南区沉积微相剖面 2

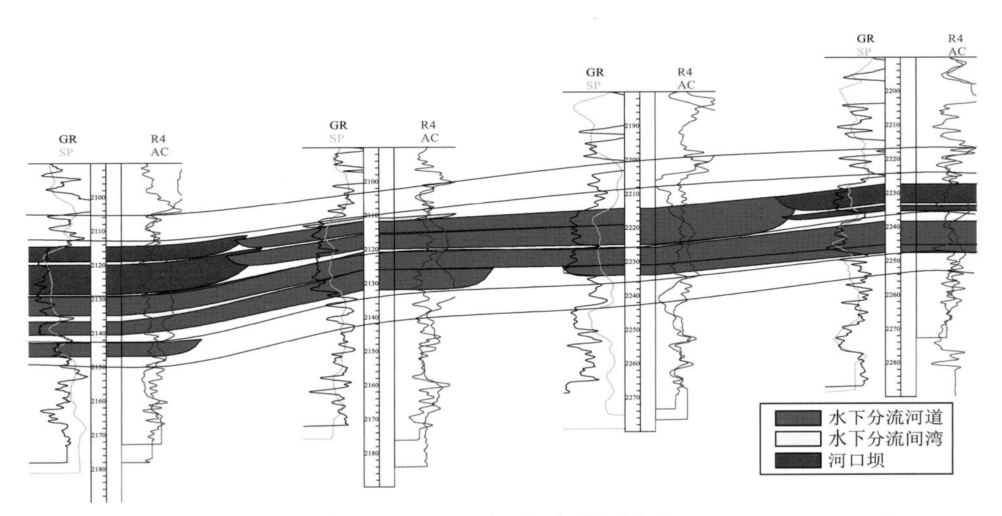

彩图 2-10 BM 南区沉积微相剖面 3

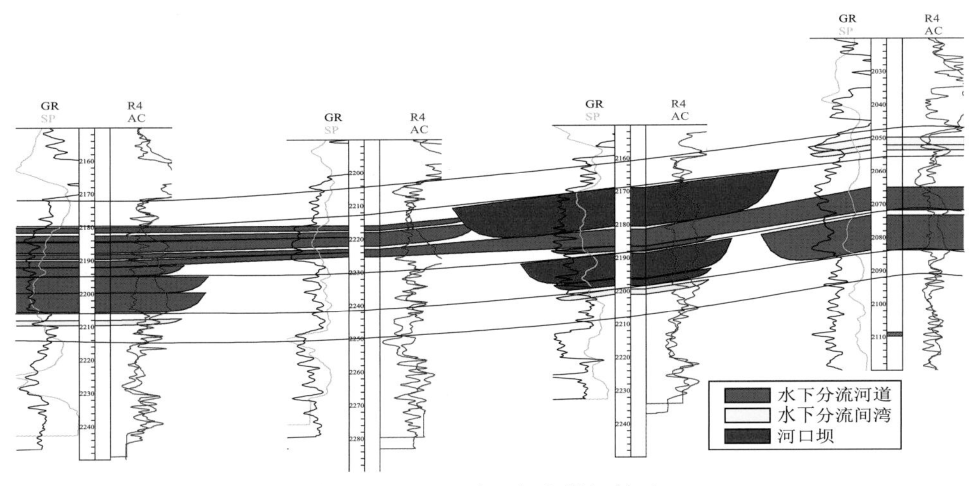

彩图 2-11 BM 南区沉积微相剖面 4

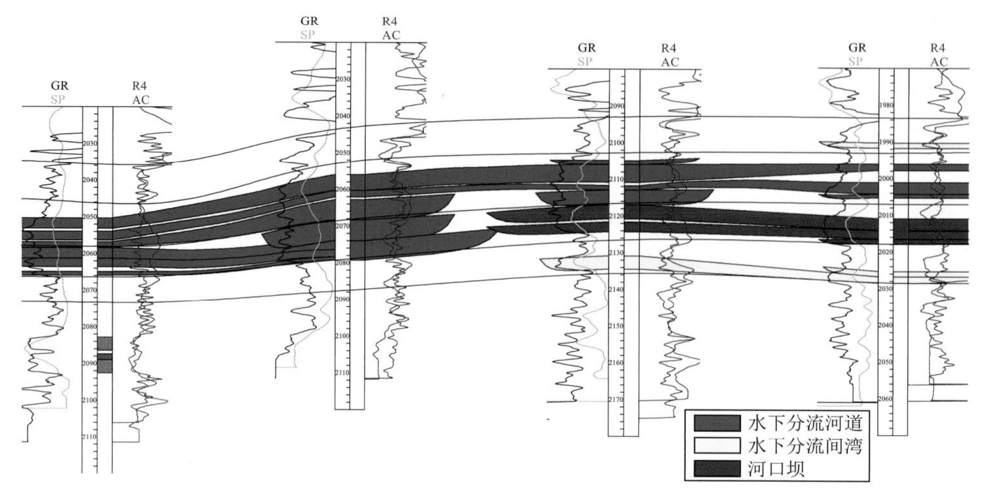

彩图 2-12　BM 南区沉积微相剖面 5

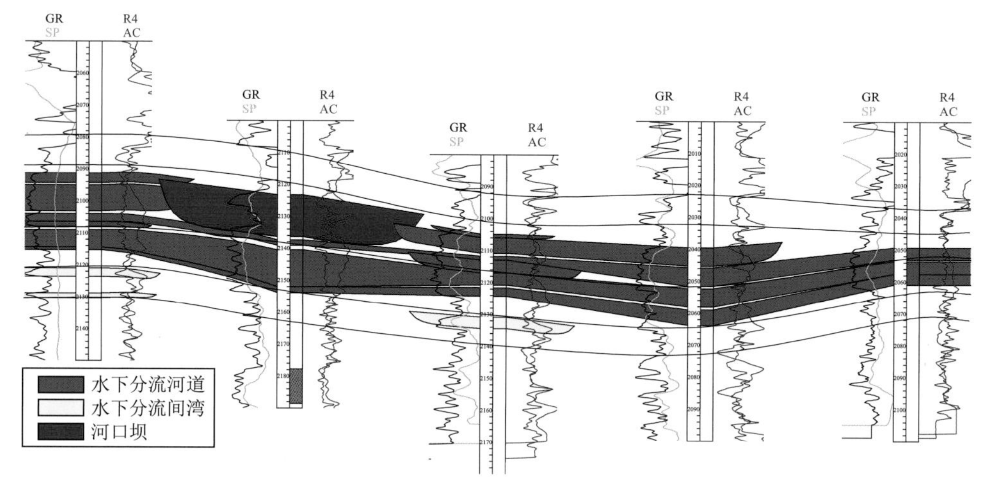

彩图 2-13　BM 南区沉积微相剖面 6

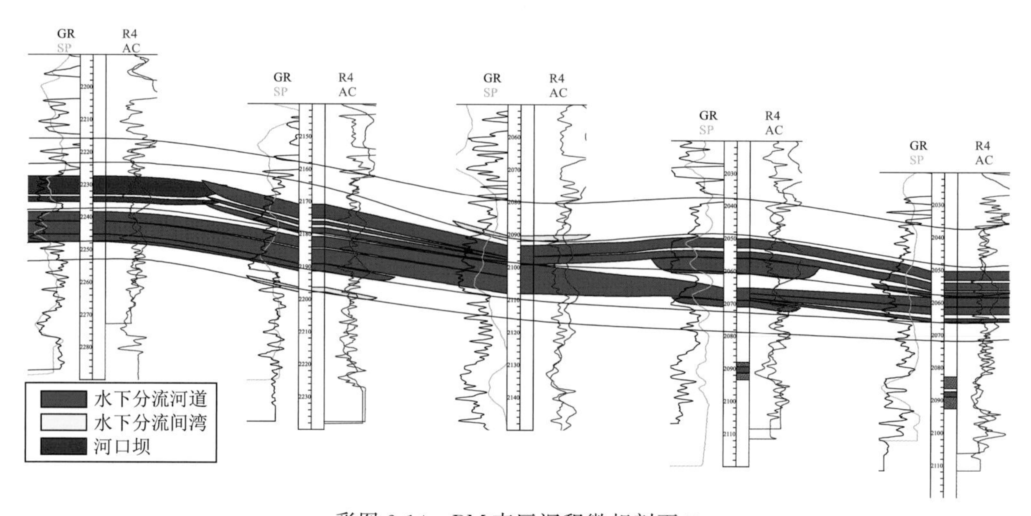

彩图 2-14　BM 南区沉积微相剖面 7

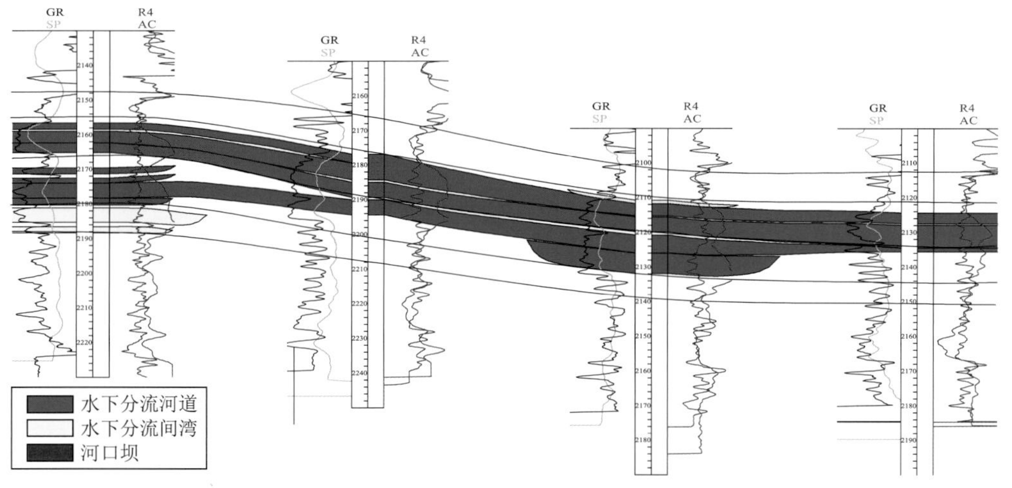

彩图 2-15　BM 南区沉积微相剖面 8

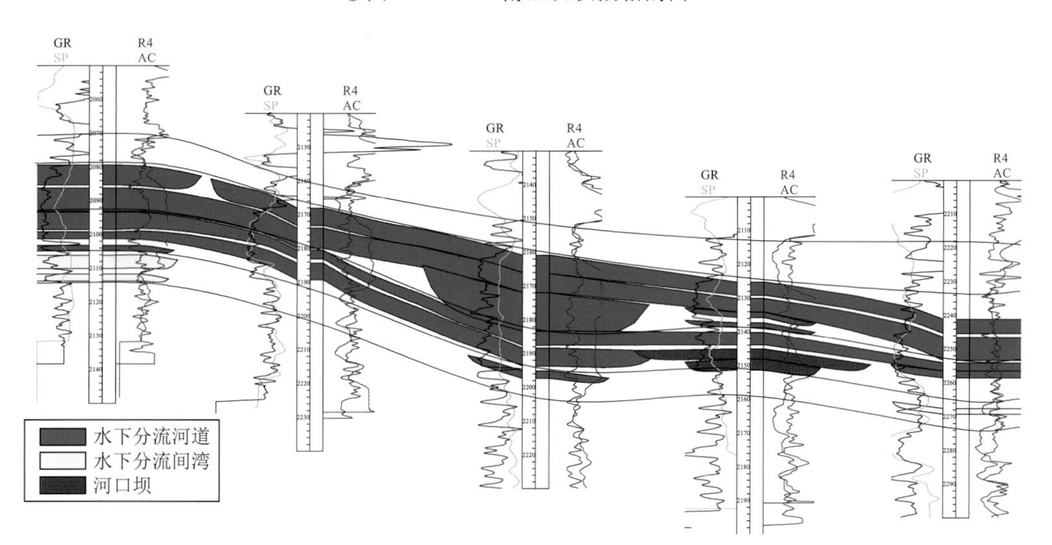

彩图 2-16　BM 南区沉积微相剖面 9

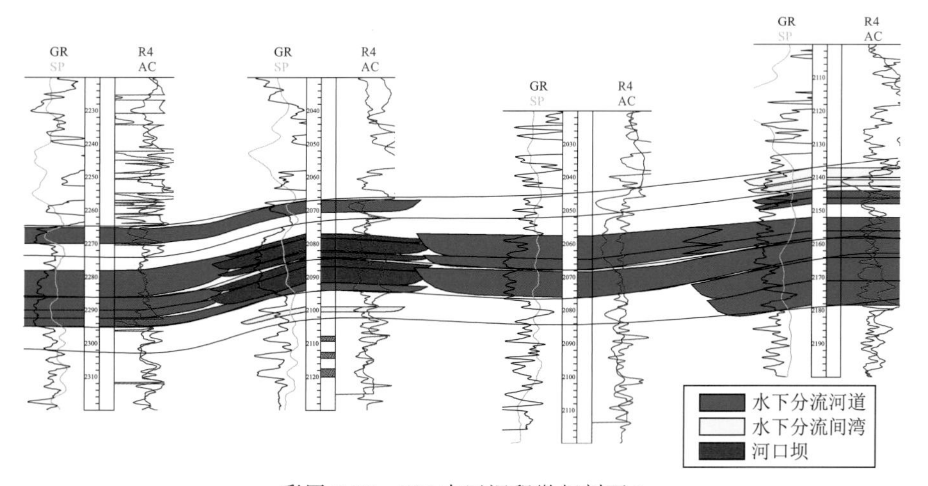

彩图 2-17　BM 中区沉积微相剖面 1

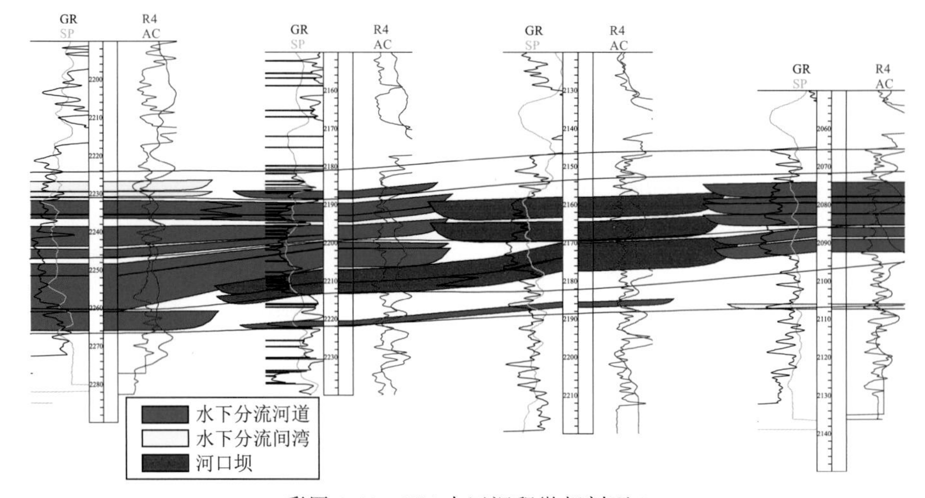

彩图 2-18　BM 中区沉积微相剖面 2

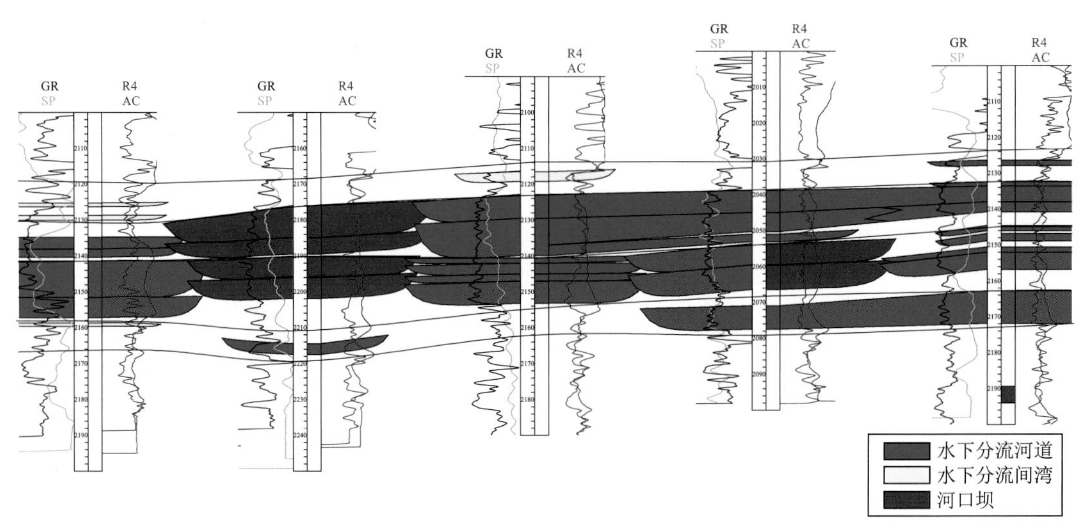

彩图 2-19　BM 中区沉积微相剖面 3

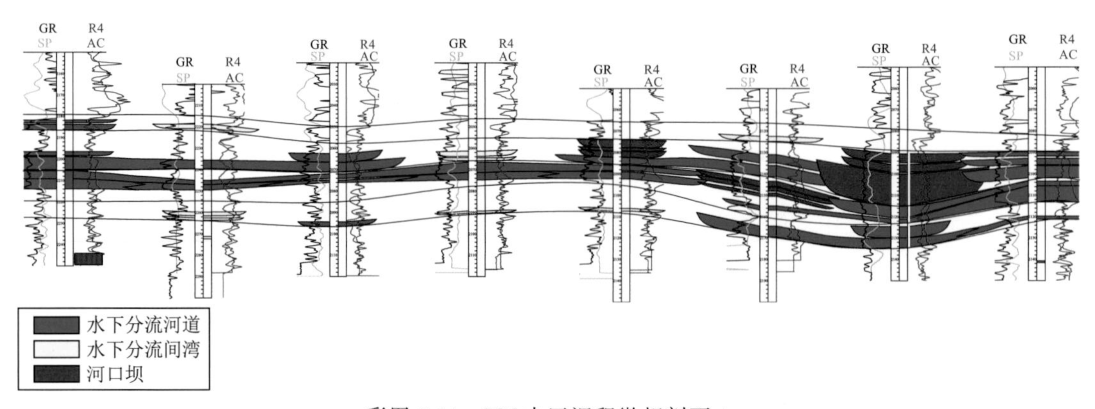

彩图 2-20　BM 中区沉积微相剖面 4

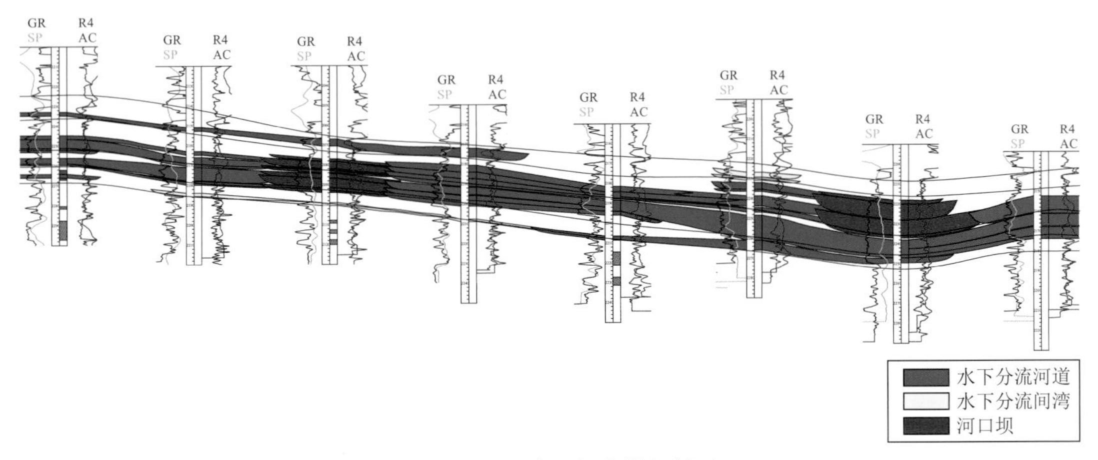

彩图 2-21　BM 中区沉积微相剖面 5

彩图 2-22　溶孔-粒间孔

彩图 2-23　粒间孔-溶孔

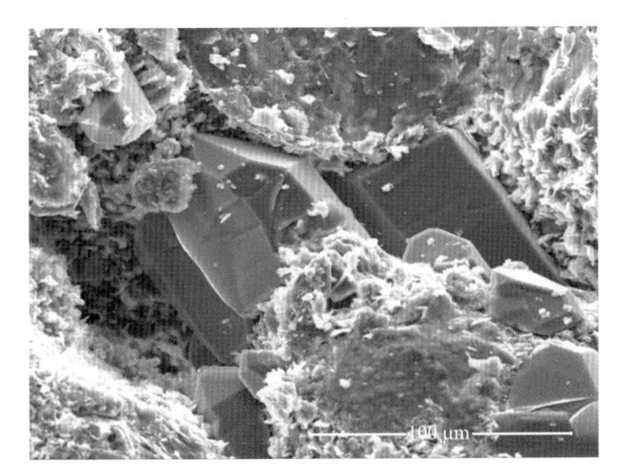

彩图 2-24　砂岩，结构较紧密，少量粒间孔喉中石英充填

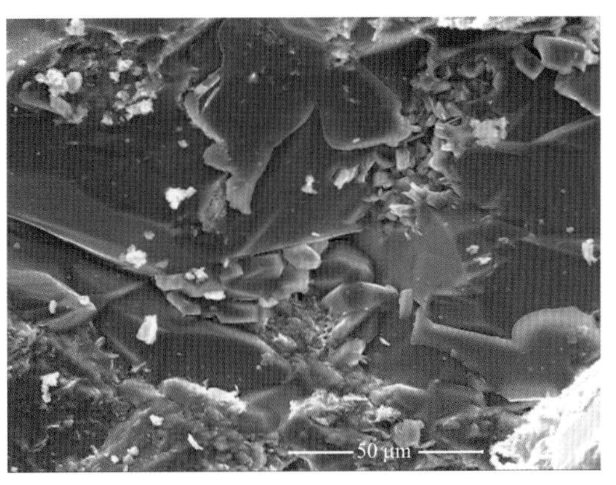

彩图 2-25　砂岩，石英加大胶结使粒间孔喉消失

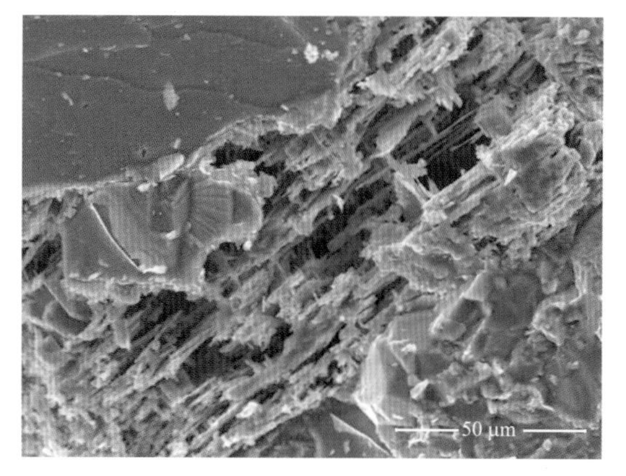

彩图 2-26　长石溶孔-残余孔

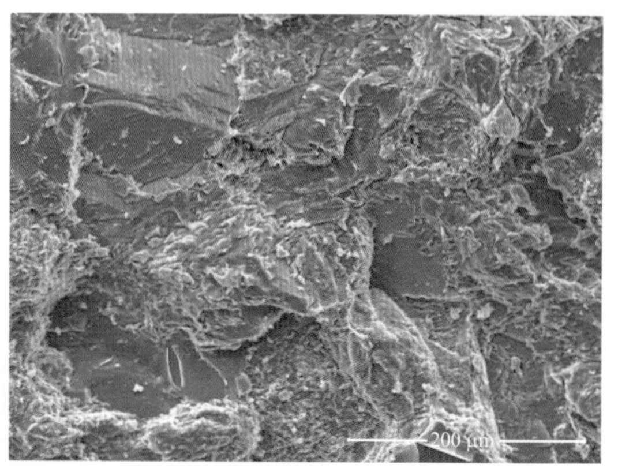

彩图 2-27　颗粒之间紧密镶嵌，结构致密

彩图 2-28　残余粒间孔喉中的石英充填

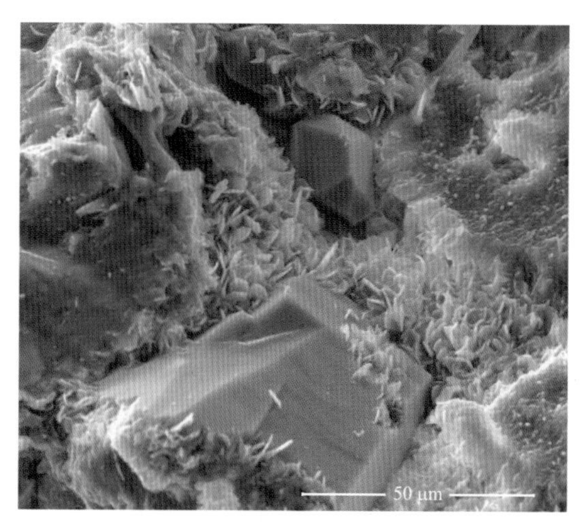

彩图 2-29　少量石英充填的粒间孔喉

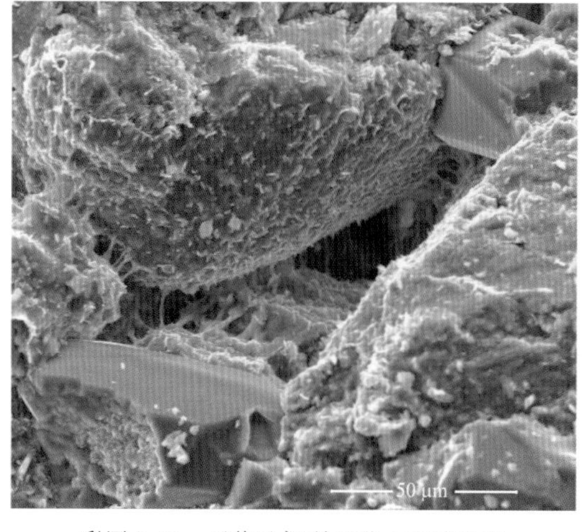

彩图 2-30　石英及伊利石黏土充填孔喉

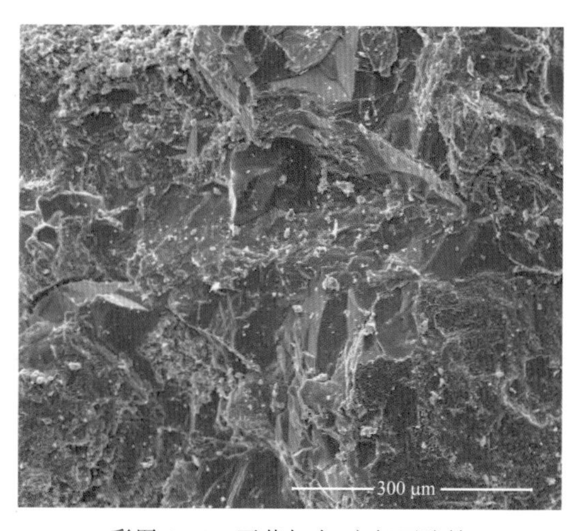

彩图 2-31　石英加大，方解石胶结

彩图 2-32　粒间孔-溶孔

彩图 2-33　溶孔-粒间孔

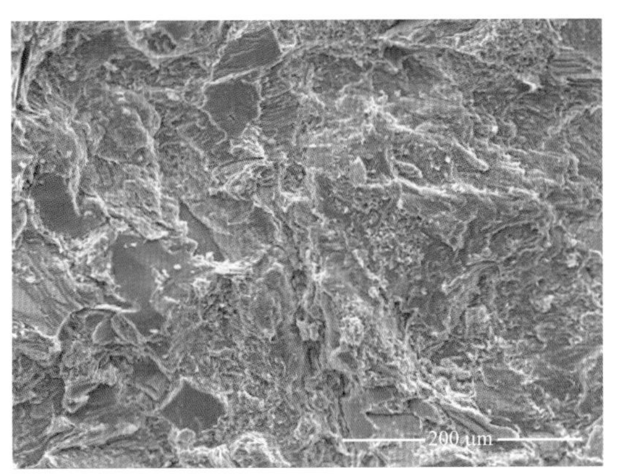

彩图 2-34　致密结构特征

彩图 2-35　粒间孔喉发育石英充填

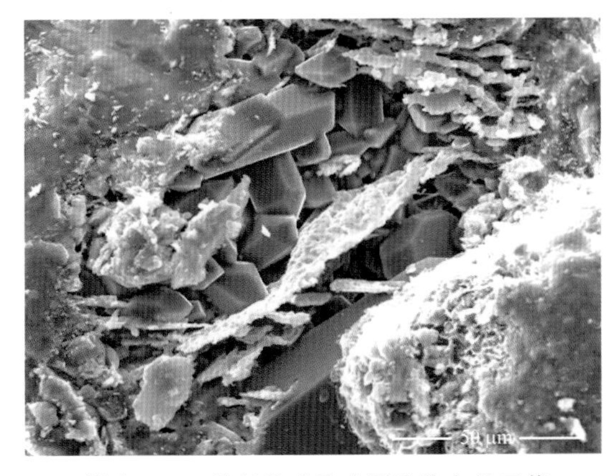

彩图 2-36　粒间孔喉及碎屑溶孔中的石英

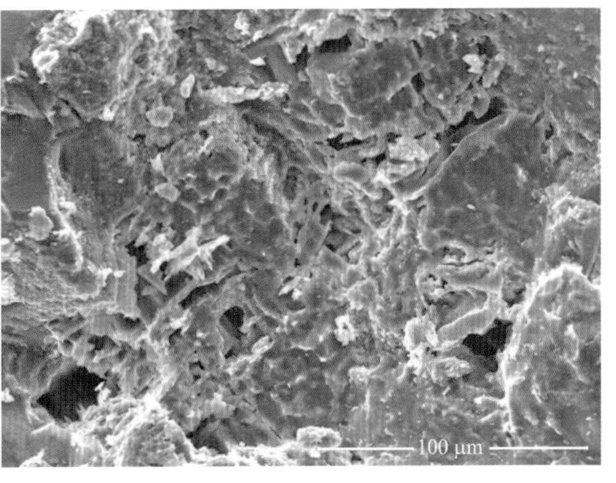

彩图 2-37　少量长石溶孔

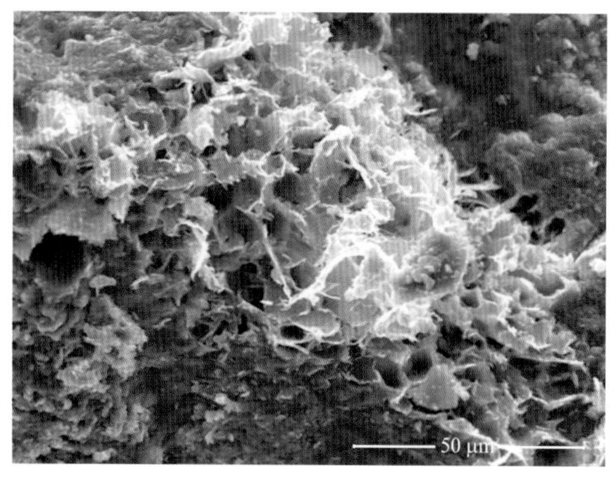

彩图 2-38　部分碎屑伊利石化蚀变

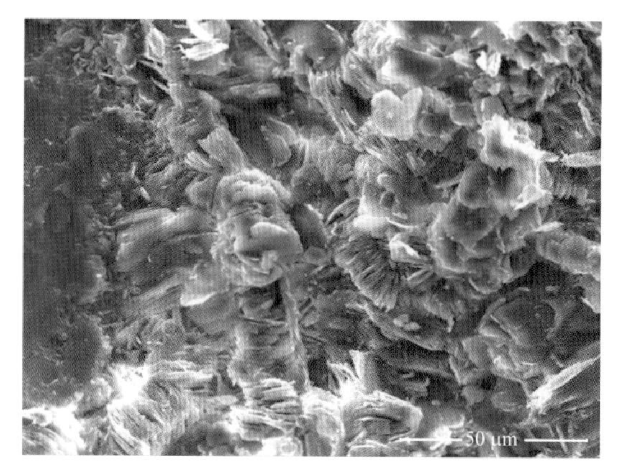

彩图 2-39　碎屑蚀变,高岭石充填

彩图 2-40　自生石英晶间孔

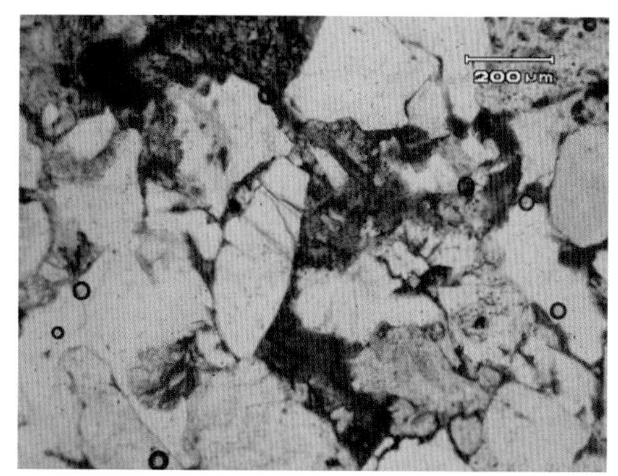

彩图 2-41　自生石英晶间孔

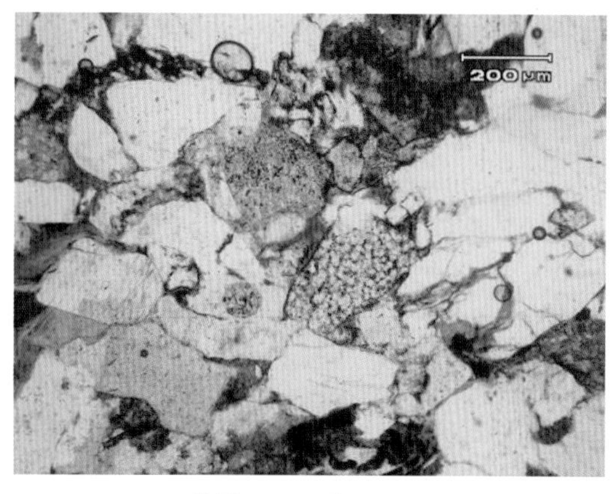

彩图 2-42　黏土微孔

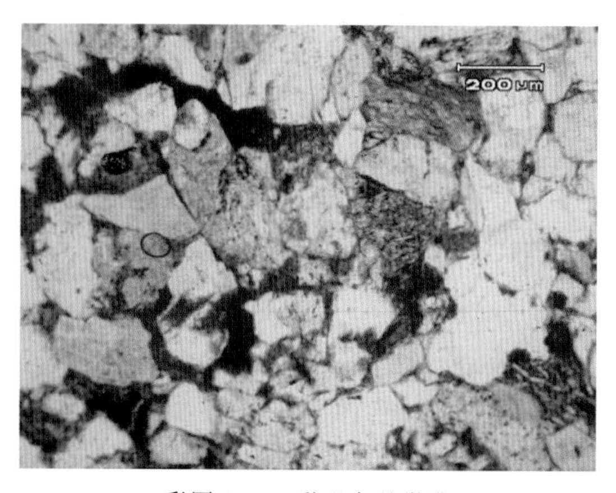

彩图 2-43　黏土杂基微孔

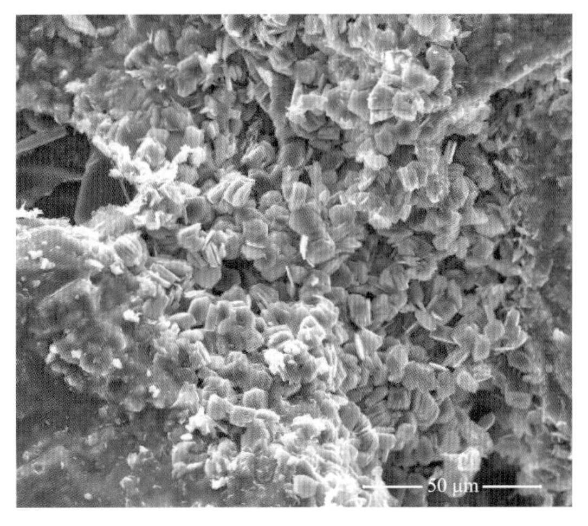

彩图 2-44　高岭石黏土胶结充填较普遍

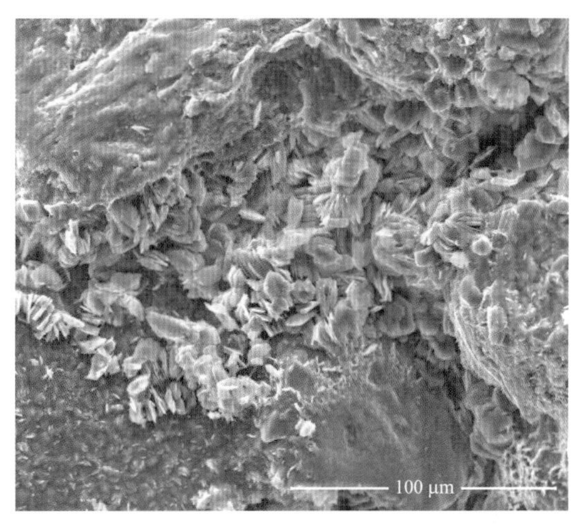

彩图 2-45　部分孔喉中充填高岭石等黏土矿物

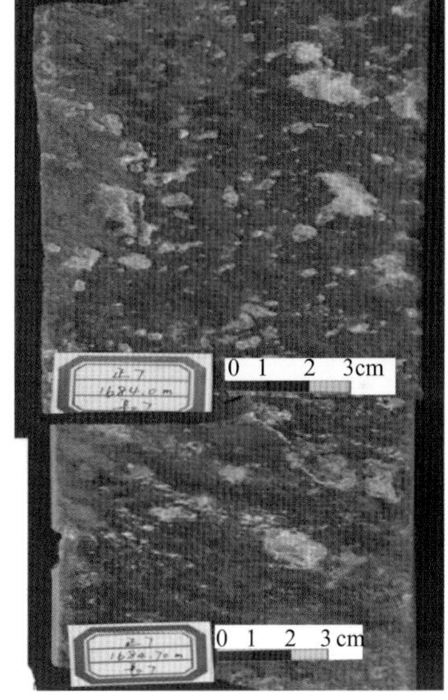

彩图 3-1　长 7 储层裂缝发育情况

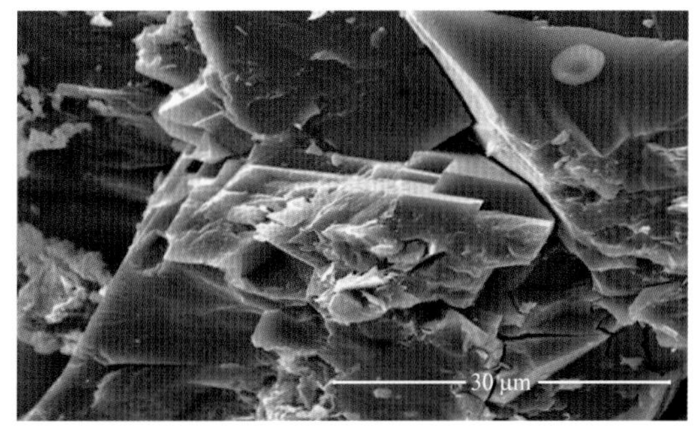

彩图 3-2　岩心薄片

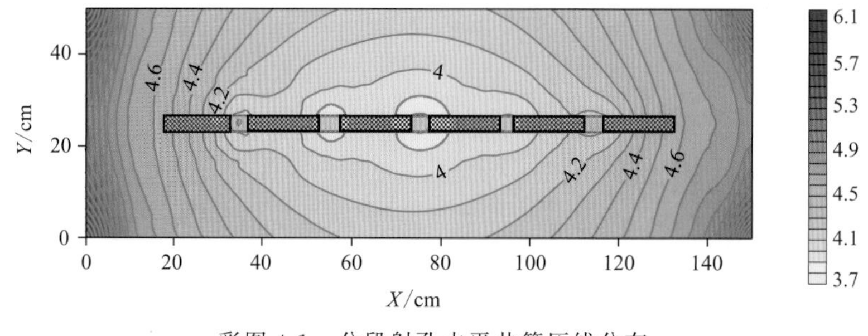

彩图 4-1　分段射孔水平井等压线分布

（a）传统压裂面缝实物

（b）分段多簇矩形体积缝实物

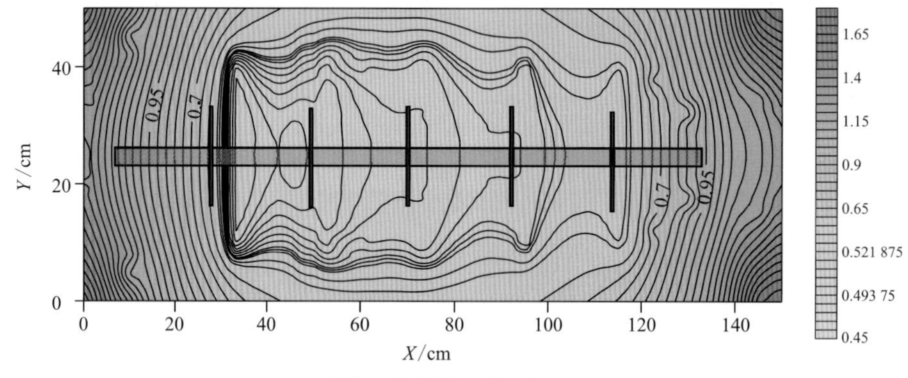

（c）传统压裂面缝等压线分布

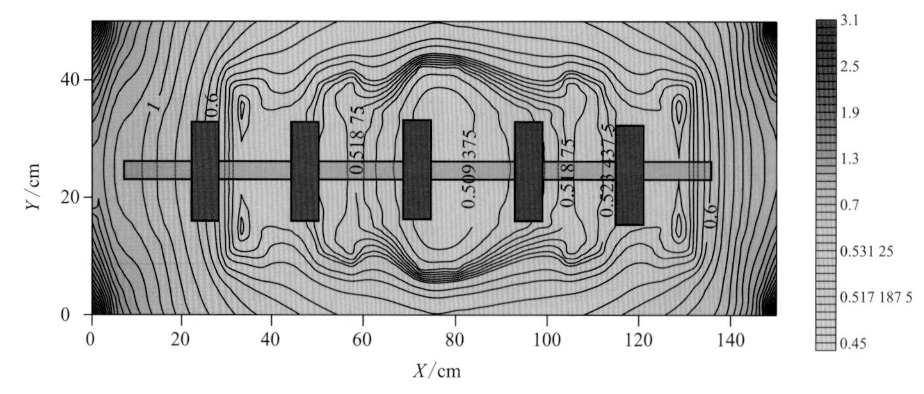

（d）分段多簇矩形体积缝等压线分布

彩图 4-2　水平井模拟实物及测试等压线分布

（a）纺锤形裂缝体系实物

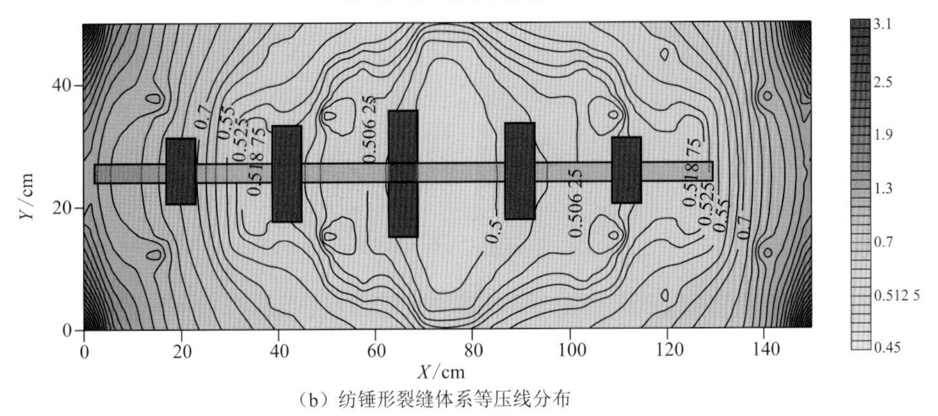

（b）纺锤形裂缝体系等压线分布

彩图 4-3　纺锤形裂缝体系实物及等压线分布

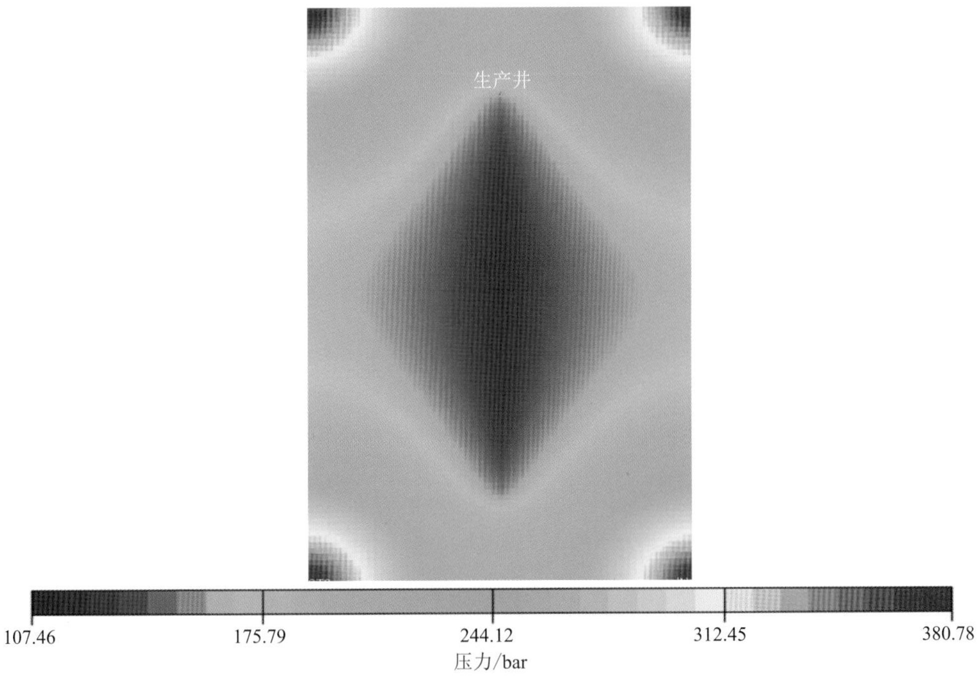

彩图 5-1　未压裂水平井稳定生产阶段压力分布

（1 bar＝0.1 MPa）

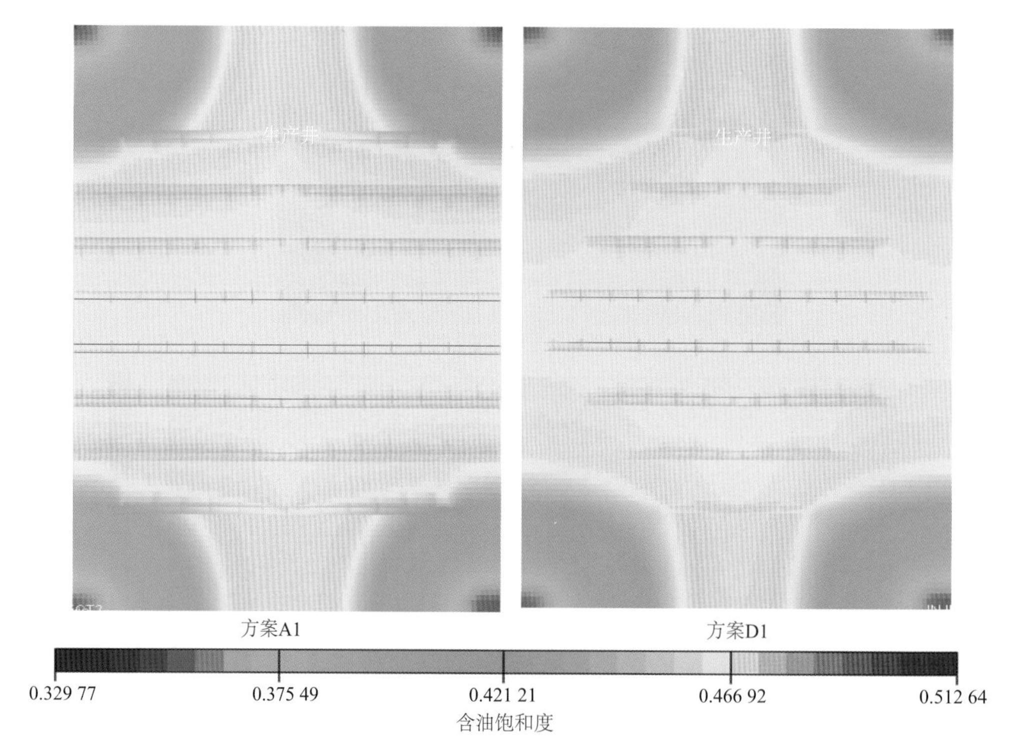

彩图 5-2 含油饱和度分布

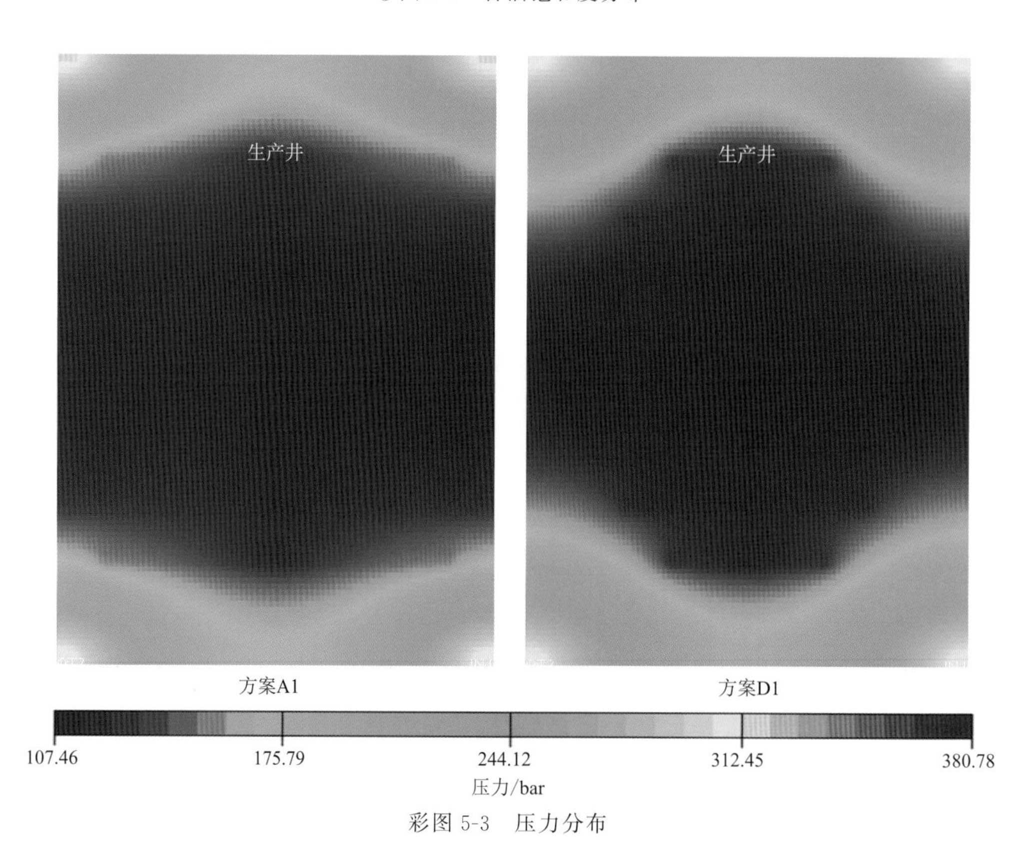

彩图 5-3 压力分布

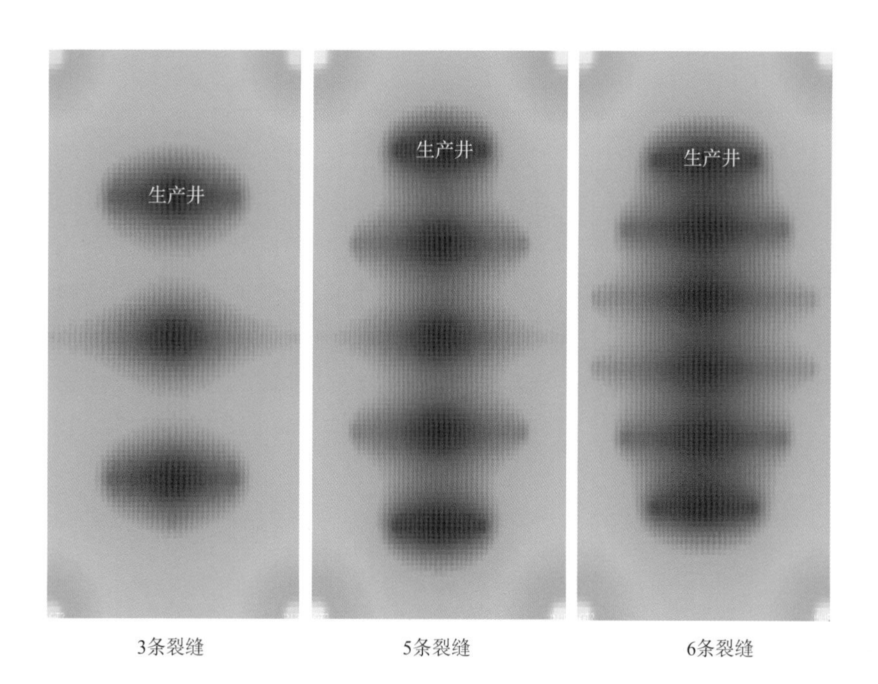

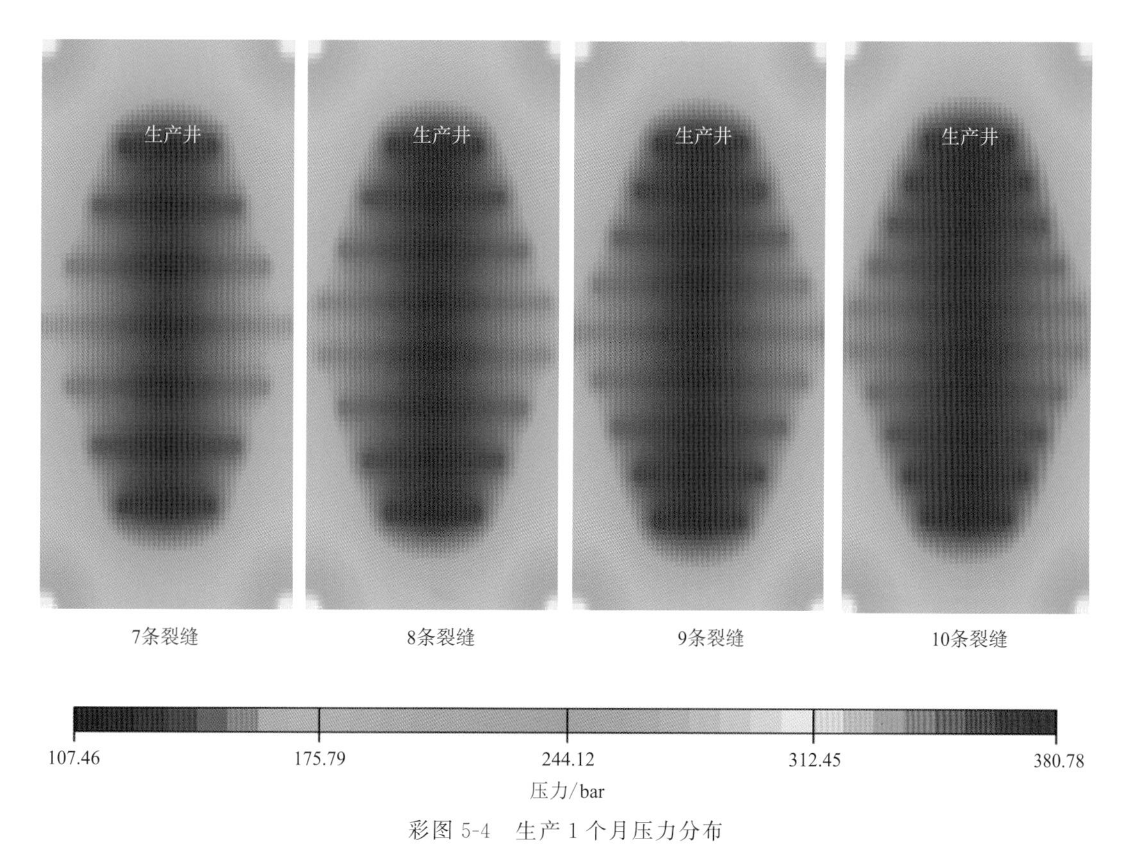

彩图 5-4　生产 1 个月压力分布

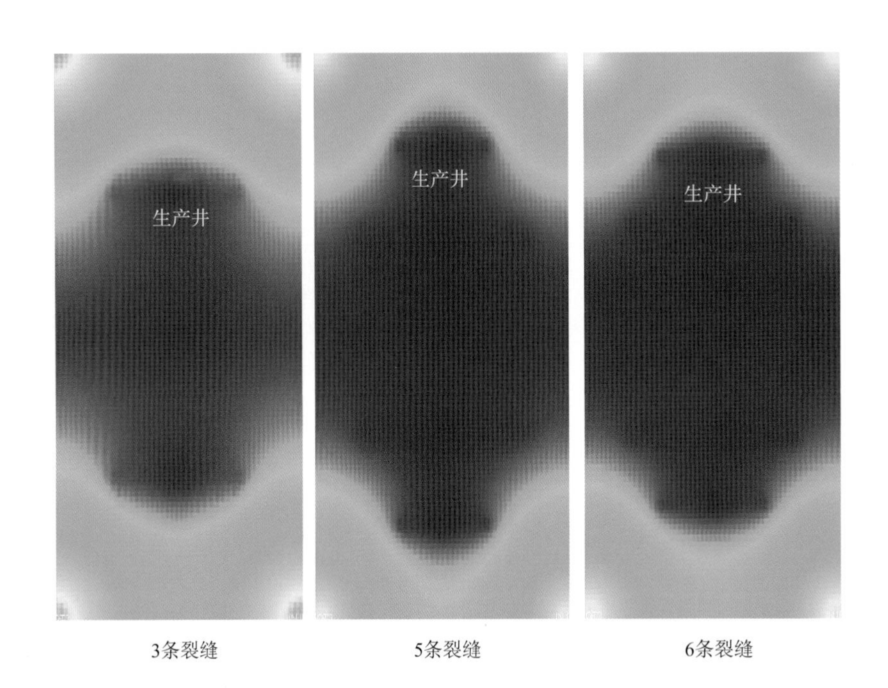

生产井 生产井 生产井 生产井

7条裂缝 8条裂缝 9条裂缝 10条裂缝

107.46 175.79 244.12 312.45 380.78

压力/bar

彩图 5-5 生产 5 年压力分布

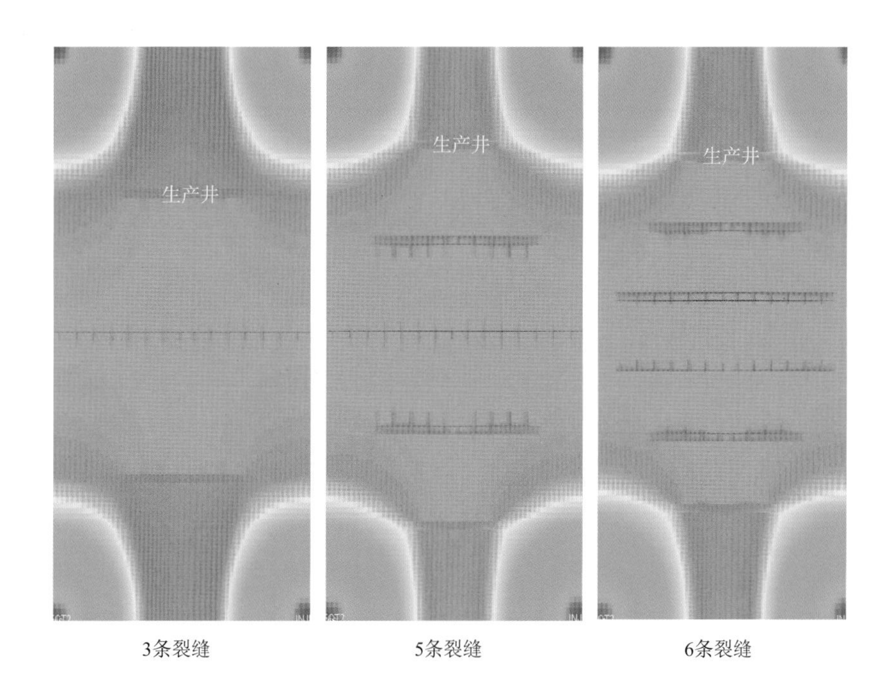

3条裂缝　　5条裂缝　　6条裂缝

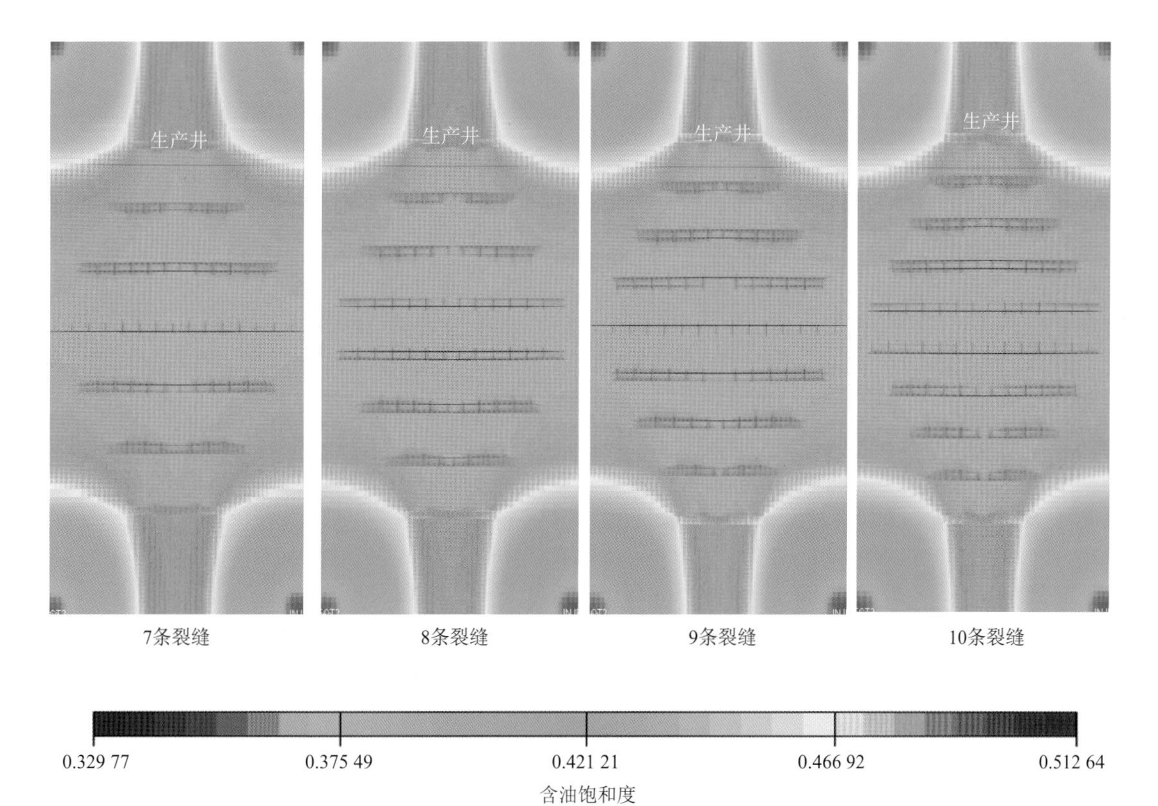

7条裂缝　　8条裂缝　　9条裂缝　　10条裂缝

0.329 77　　0.375 49　　0.421 21　　0.466 92　　0.512 64

含油饱和度

彩图 5-6　生产 5 年含油饱和度分布

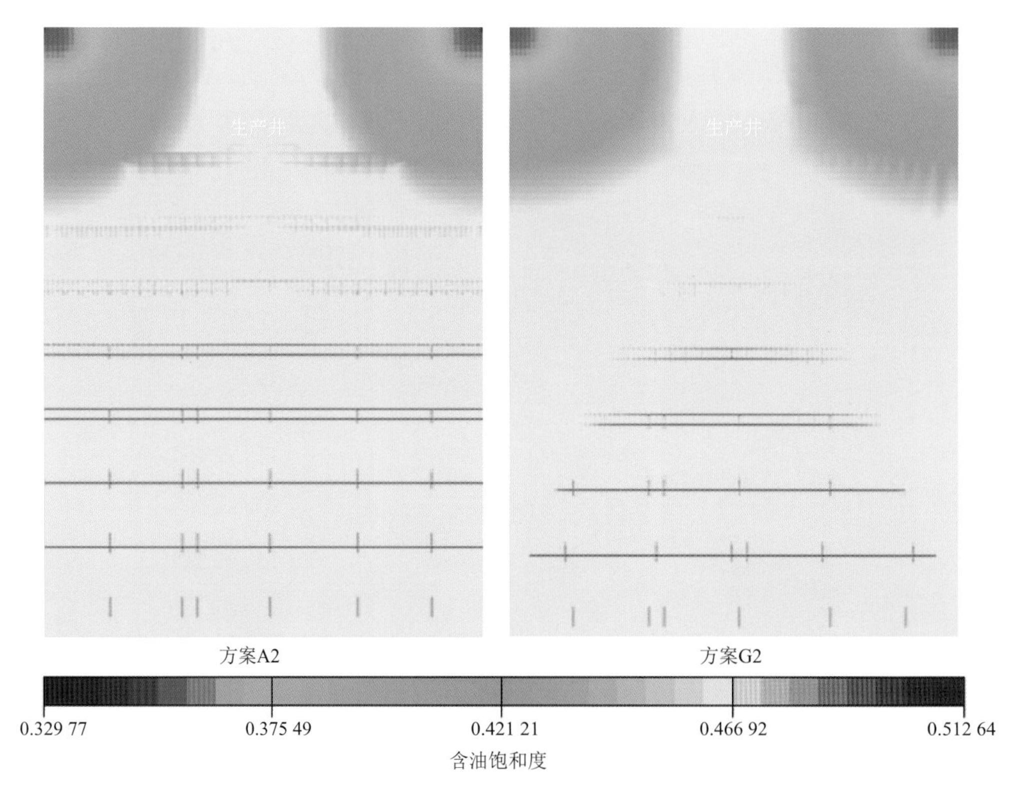

彩图 5-7 含油饱和度分布

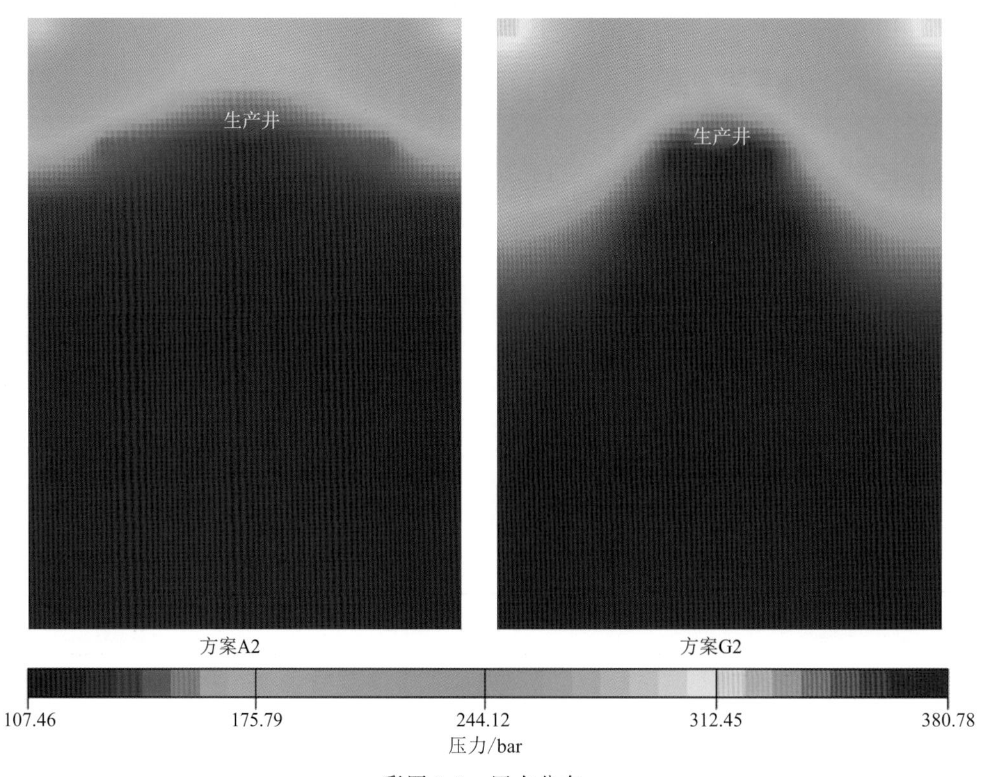

彩图 5-8 压力分布

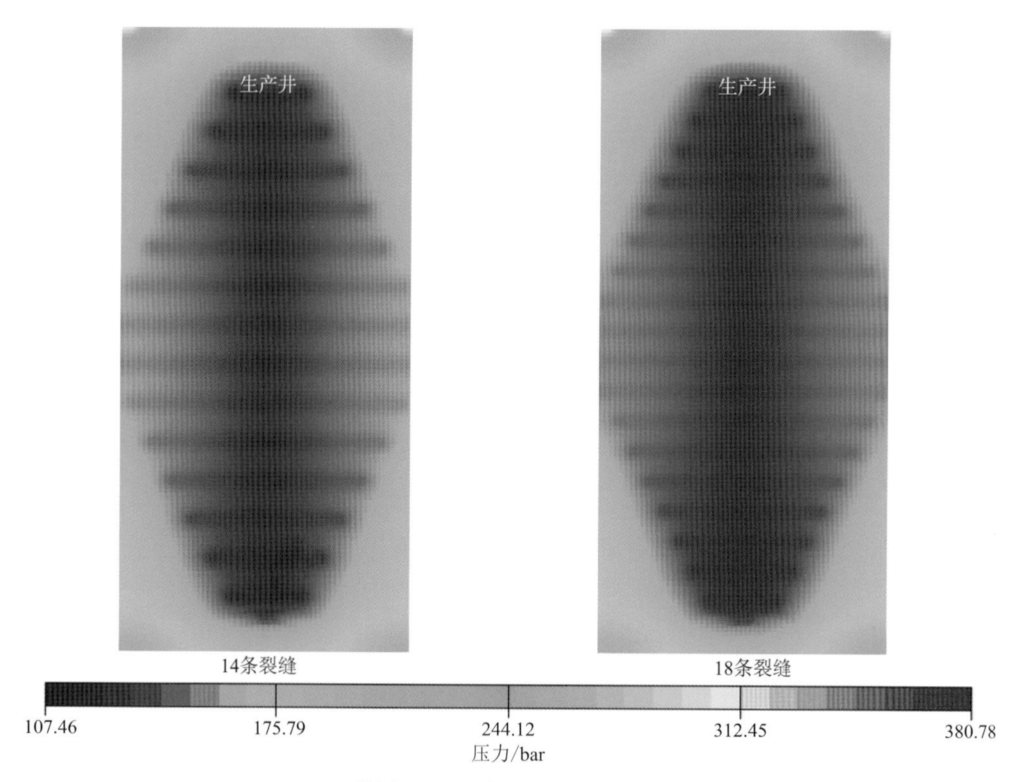

彩图 5-9 生产 1 个月压力分布

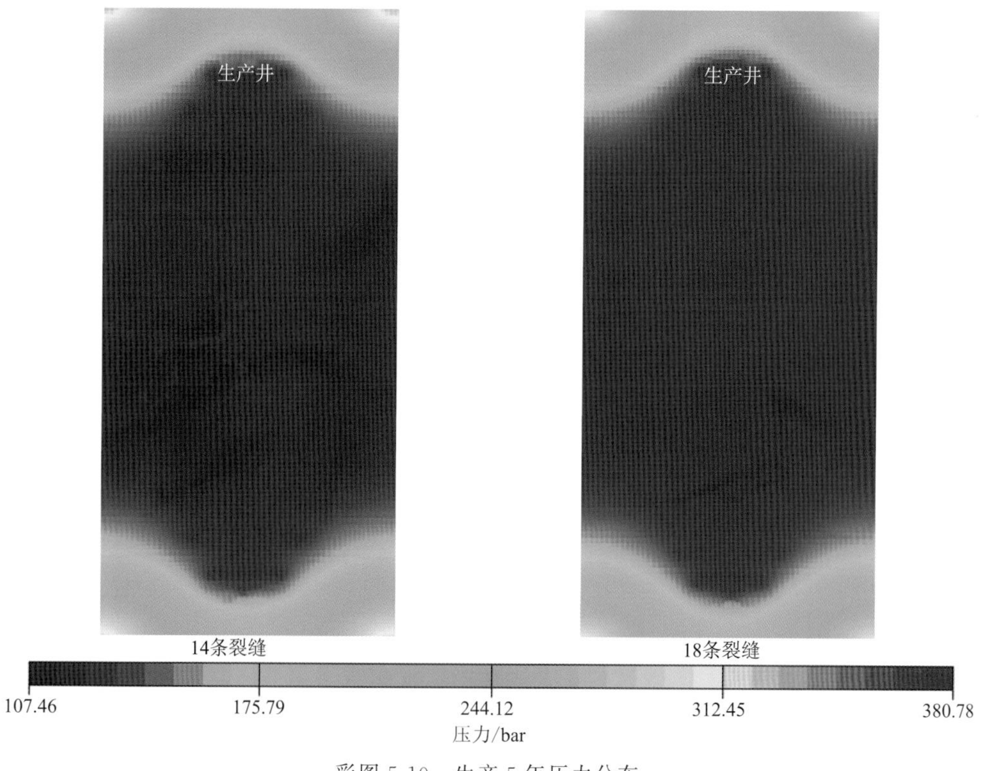

彩图 5-10 生产 5 年压力分布

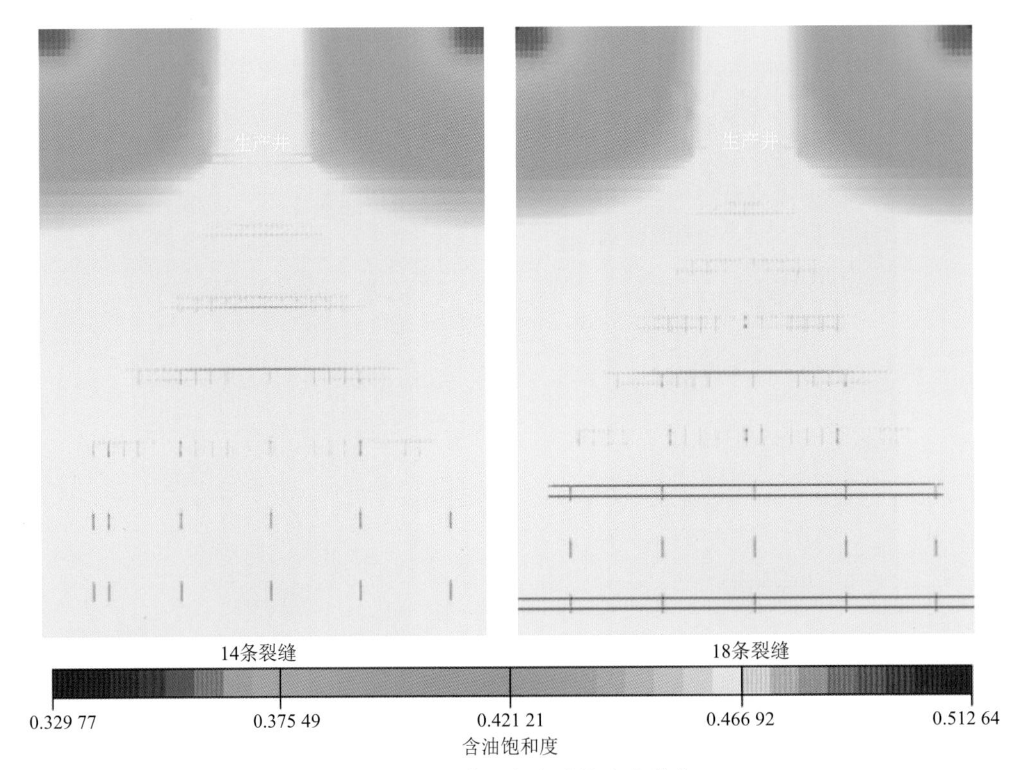

彩图 5-11　生产 5 年含油饱和度分布

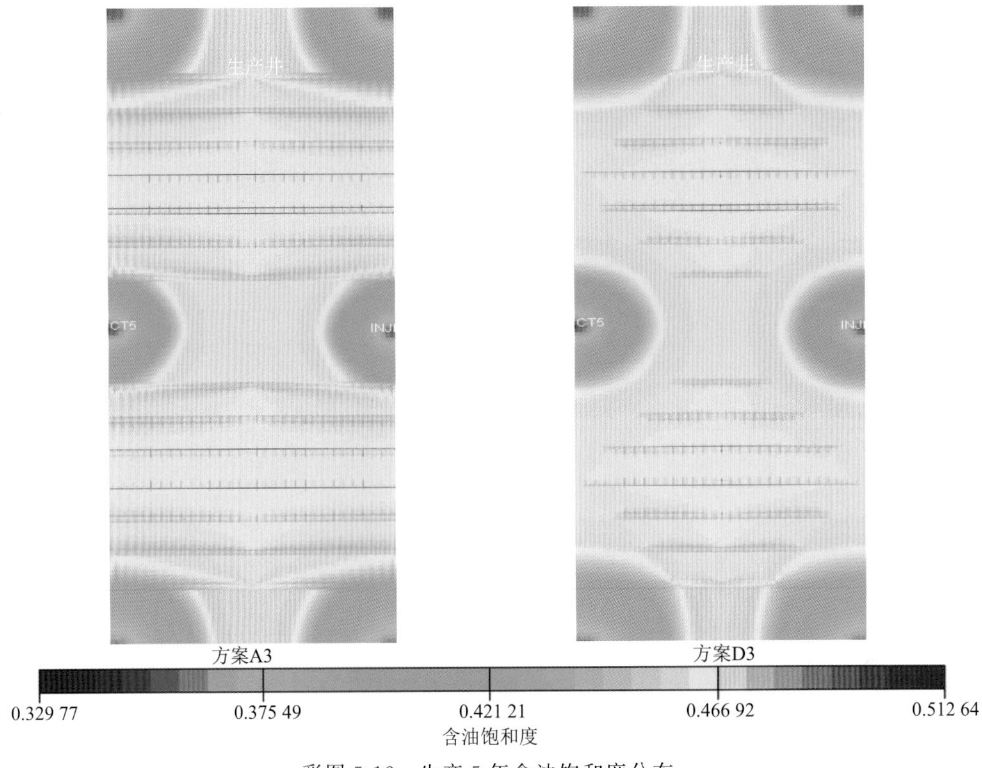

彩图 5-12　生产 5 年含油饱和度分布

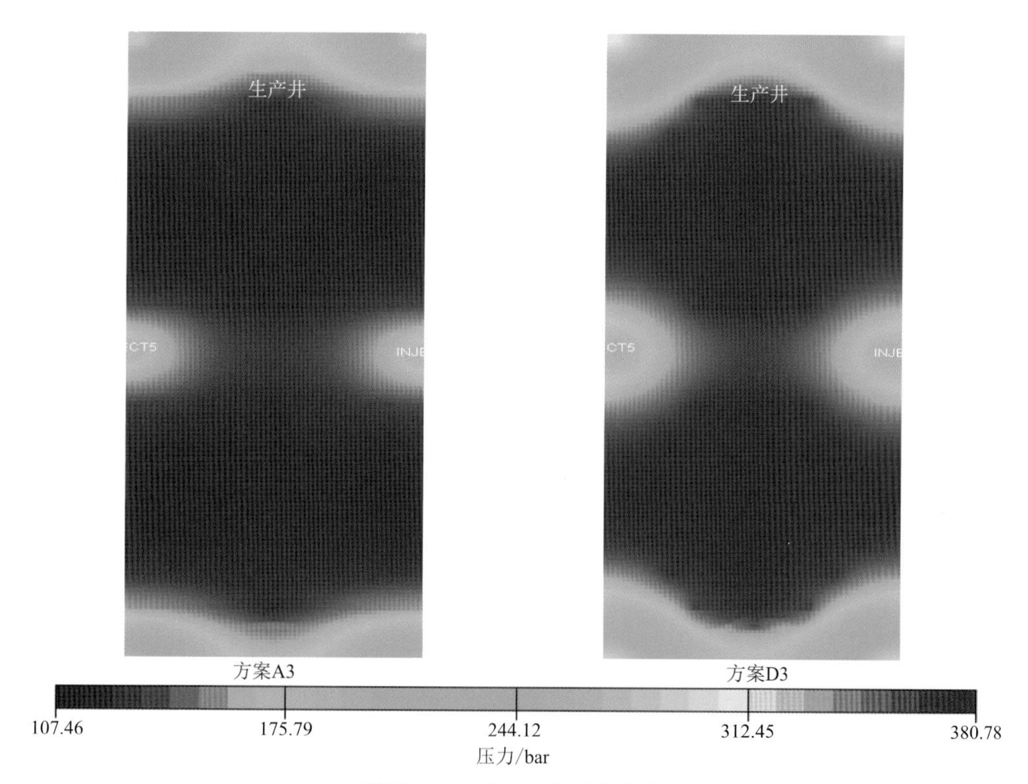

彩图 5-13 生产 5 年压力分布

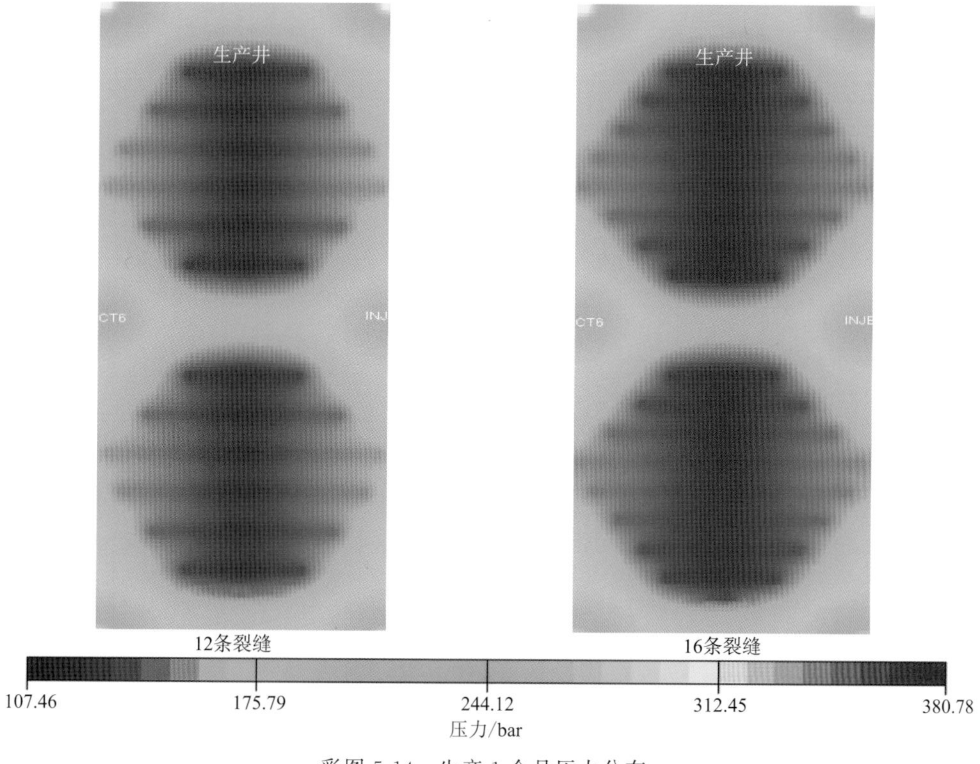

彩图 5-14 生产 1 个月压力分布

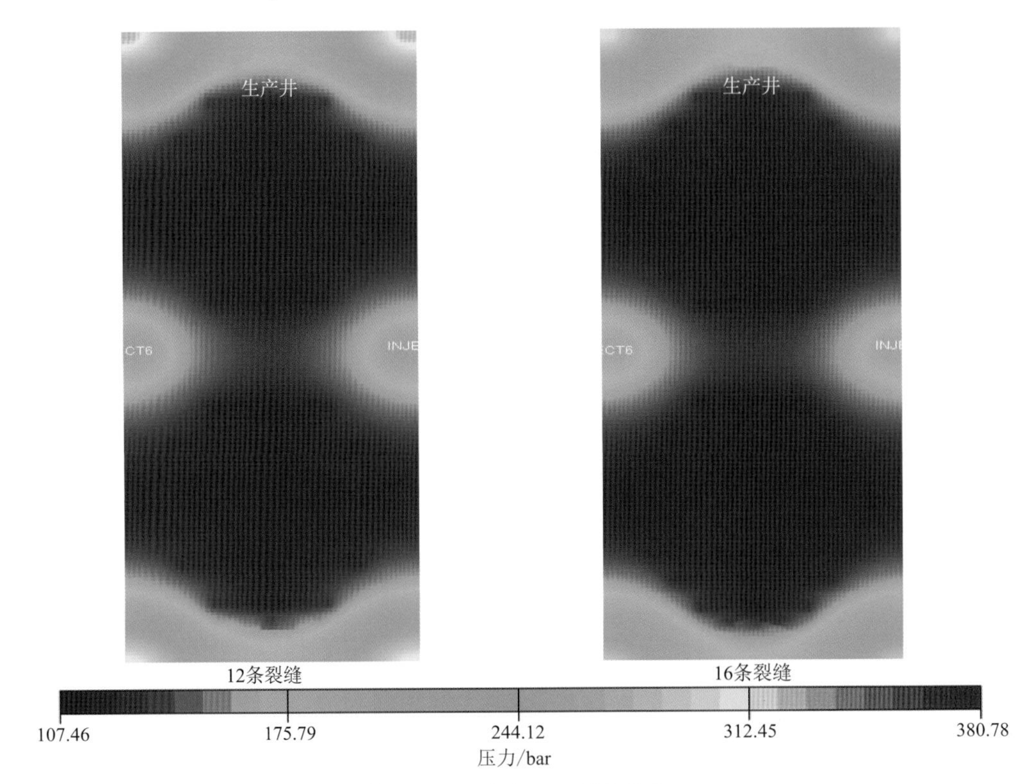

彩图 5-15　生产 5 年压力分布

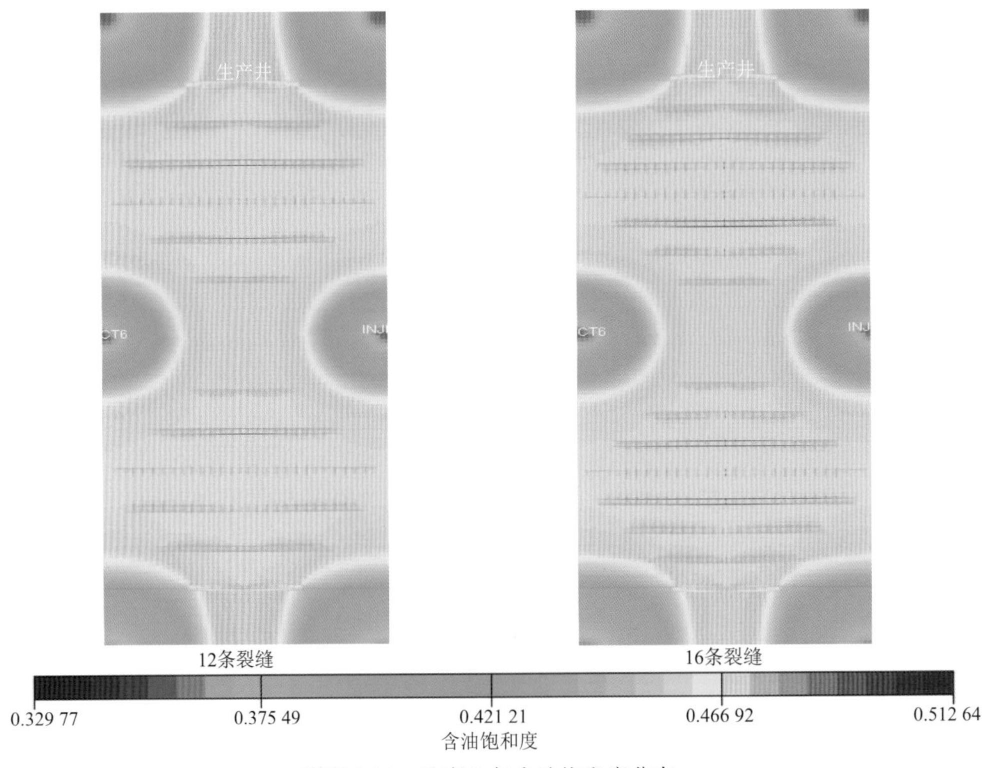

彩图 5-16　生产 5 年含油饱和度分布